移动平台开发书库

Android游戏开发从入门到精通

第2版

王玉芹◎编著

机械工业出版社
CHINA MACHINE PRESS

本书深入讲解了 Android 游戏开发的核心知识，并通过具体实例的实现过程，演练了开发 Android 游戏程序的方法和流程。全书共 17 章，分别讲解了认识 Android 移动操作系统，掌握 Android 游戏开发必备技术，Graphics 游戏绘图，3D 技术的应用，纹理映射特效，绘制 3D 图形，坐标变换和混合，摄像机、雾特效和粒子系统，让游戏和网络互联，游戏中的音频特效和视频，游戏中的数学，碰撞检测，使用传感器技术，AI 版五子棋游戏，高仿抖音潜艇大挑战游戏，跨平台坦克大战游戏（Android/iOS/桌面），国际象棋游戏。全书简明而不失技术深度，内容丰富全面，历史资料详实齐全，以简洁的文字介绍复杂的案例，同时介绍了其他同类图书中涉及的历史参考资料，是学习 Android 游戏开发的完美教程。本书附赠所有案例源码，获取方式见封底。

本书适用于已经了解并想进一步学习 Android 游戏开发、Android 项目架构的读者，还可以作为大专院校相关专业师生的参考用书和培训学校的专业教材。

图书在版编目（CIP）数据

Android 游戏开发从入门到精通 / 王玉芹编著. 2 版. -- 北京 : 机械工业出版社, 2024. 7. --（移动平台开发书库）. -- ISBN 978-7-111-76316-1

Ⅰ. TN929. 53; TP311. 5

中国国家版本馆 CIP 数据核字第 20242AB437 号

机械工业出版社（北京市百万庄大街 22 号　邮政编码 100037）

策划编辑：李晓波　　　　责任编辑：李晓波　陈崇昱

责任校对：王荣庆　梁　静　　责任印制：邓　博

北京盛通数码印刷有限公司印刷

2024 年 10 月第 2 版第 1 次印刷

184mm×260mm · 19. 5 印张 · 470 千字

标准书号：ISBN 978-7-111-76316-1

定价：99. 00 元

电话服务

客服电话：010-88361066

010-88379833

010-68326294

网络服务

机　工　官　网：www. cmpbook. com

机　工　官　博：weibo. com/cmp1952

金　书　网：www. golden-book. com

机工教育服务网：www. cmpedu. com

前言

PREFACE

在智能手机时代，移动游戏行业正迅速崛起，成为全球娱乐市场的一股重要力量。随着Android操作系统的普及，开发者拥有了更多机会来创造令人惊艳的移动游戏，吸引全球玩家的关注。本书旨在帮助开发者掌握 Android 游戏的开发，以 Java 和 Kotlin 双语言方案为支持，提供了深入而全面的知识，涵盖了从基础到高级的所有方面。无论您是一名初学者，还是有一定经验的开发者，都能从中获得宝贵的知识，将自己的游戏开发技能推向新的高度。无论是开发独立游戏还是开发商业应用，本书都将成为您不可或缺的参考工具。

本书的特色

- 全面覆盖游戏开发技术：本书深入研究了 Android 游戏开发的方方面面，从游戏基础知识到高级 3D 图形、音频、视频、AI 和跨平台开发，提供了一站式的学习体验。
- Java 和 Kotlin 双语言支持：为了满足不同读者的需求，每个示例和案例都提供了 Java 和 Kotlin 两种编程语言的实现，读者可以根据自己的偏好选择合适的语言。
- 丰富的实战演练：本书不仅提供了理论知识，还包括大量实际项目示例，让读者能够亲自动手实践，从而更好地理解和掌握游戏开发技术。
- 涵盖多个游戏类型：本书不仅局限于特定类型的游戏开发，还展示了多种游戏类型的开发示例，包括棋类游戏、潜水艇游戏、坦克大战等，为读者提供广泛的实际案例。
- 深度讲解核心技术：本书不仅介绍应用层面，还深入研究了 Android 游戏开发的核心技术，如绘图、3D 图形、碰撞检测、传感器技术和人工智能，使读者能够构建更复杂和引人入胜的游戏。
- 实际项目驱动：通过详细的项目介绍，本书将读者引导到实际游戏开发中，以解决实际问题，帮助他们应对真实的游戏开发挑战。

本书的内容

- Android 基础知识和开发环境：本书首先介绍了 Android 操作系统的基础知识，包括系统发展、Android Studio 开发环境的搭建，以及第一个 Android 应用程序的创建和调试。

- Android 游戏开发基础：涵盖了游戏类型、开发流程、数据存储方式、用户界面组件和常用游戏框架等基本概念和技术。
- 游戏绘图技术：深入研究了 Android 的绘图系统，包括使用 Canvas 画布、画笔类 Paint、位图操作类 Bitmap，以及其他绘图工具类。
- 3D 技术的应用：介绍了 OpenGL ES 的基本应用，包括绘制三角形、实现 3D 投影特效和光照特效。
- 纹理映射特效：讲解了纹理映射的基础知识和应用实战，包括纹理贴图和纹理拉伸。
- 绘制 3D 图形：探讨了游戏场景和建模，以及如何绘制常见的 3D 图形，如圆柱体、圆环和抛物面。
- 坐标变换和混合：介绍了坐标变换、使用 Alpha 实现纹理混合，以及其他高级视觉效果。
- 摄像机、雾特效和粒子系统：包括摄像机操作、雾特效、粒子系统和镜像技术的应用。
- 游戏和网络互联：探讨了网络游戏的现状和前景，以及 HTTP 传输、URL 和 URLConnection 的使用。
- 音频和视频处理：涵盖了 Android 的音频处理和视频应用程序开发，包括声音特效、音频处理 API、录音、音频播放和视频播放。
- 数学在游戏中的应用：介绍了数学在游戏中的应用，包括物理坐标系、矢量、路径与搜索以及网格地图。
- 碰撞检测：讨论了碰撞检测的基础知识、物理中的碰撞检测和各种碰撞检测算法。
- 传感器技术：深入研究了 Android 中的常用传感器技术，包括光线传感器、磁场传感器和加速度传感器。
- 实际项目示例：通过两个实际游戏项目（分别是 AI 版五子棋游戏和高仿抖音潜艇大挑战游戏）演示了如何将所学知识应用于实际游戏开发中。
- 跨平台游戏开发：介绍了如何在 Android、iOS 和桌面平台上开发跨平台的坦克大战游戏。
- 国际象棋游戏开发：讲解了国际象棋游戏的规则和开发过程，包括引擎交互、Activity、游戏界面和游戏引擎的实现。

本书的读者对象

- 初级游戏开发者：本书提供了广泛的游戏开发知识，从 Android 基础知识到高级技术，适合那些刚刚入门游戏开发领域的新手。
- 有经验的 Android 开发者：对于已经具有一定 Android 开发经验的开发者，本书提供了进一步扩展技能和深入了解游戏开发的机会。
- 学生和教育机构：学生和教育机构可以使用本书作为学习游戏开发的教材，以及为学生提供实际项目经验的资源。
- 独立游戏开发者：独立游戏开发者可以通过本书学习如何创建精彩的 Android 游戏，从而在市场上获得成功。

- 游戏设计师：虽然本书主要关注技术方面，但游戏设计师也可以从中了解游戏开发的技术细节，以便更好地与开发团队合作。

总之，无论是初学者还是有经验的开发者，无论是希望创建个人项目，还是在商业领域寻求发展的开发者，都能从书中获益。本书提供了深入的技术知识和实际项目示例，有助于读者掌握Android 游戏开发的核心技术和实践技巧。

致谢

本书在编写过程中，得到了机械工业出版社各位编辑的大力支持，正是各位专业人士的务实、耐心和效率，才使得本书能够在这么短的时间内出版。另外，也十分感谢我的家人给予的巨大支持，在我写作期间，家人承担了所有的家庭琐事。

本人水平有限，书中纰漏之处在所难免，诚请读者提出宝贵的意见或建议，以便修订并使之更臻完善。

最后感谢您购买本书，希望本书能成为您编程路上的领航者，祝您阅读快乐！

编 者

目录 CONTENTS

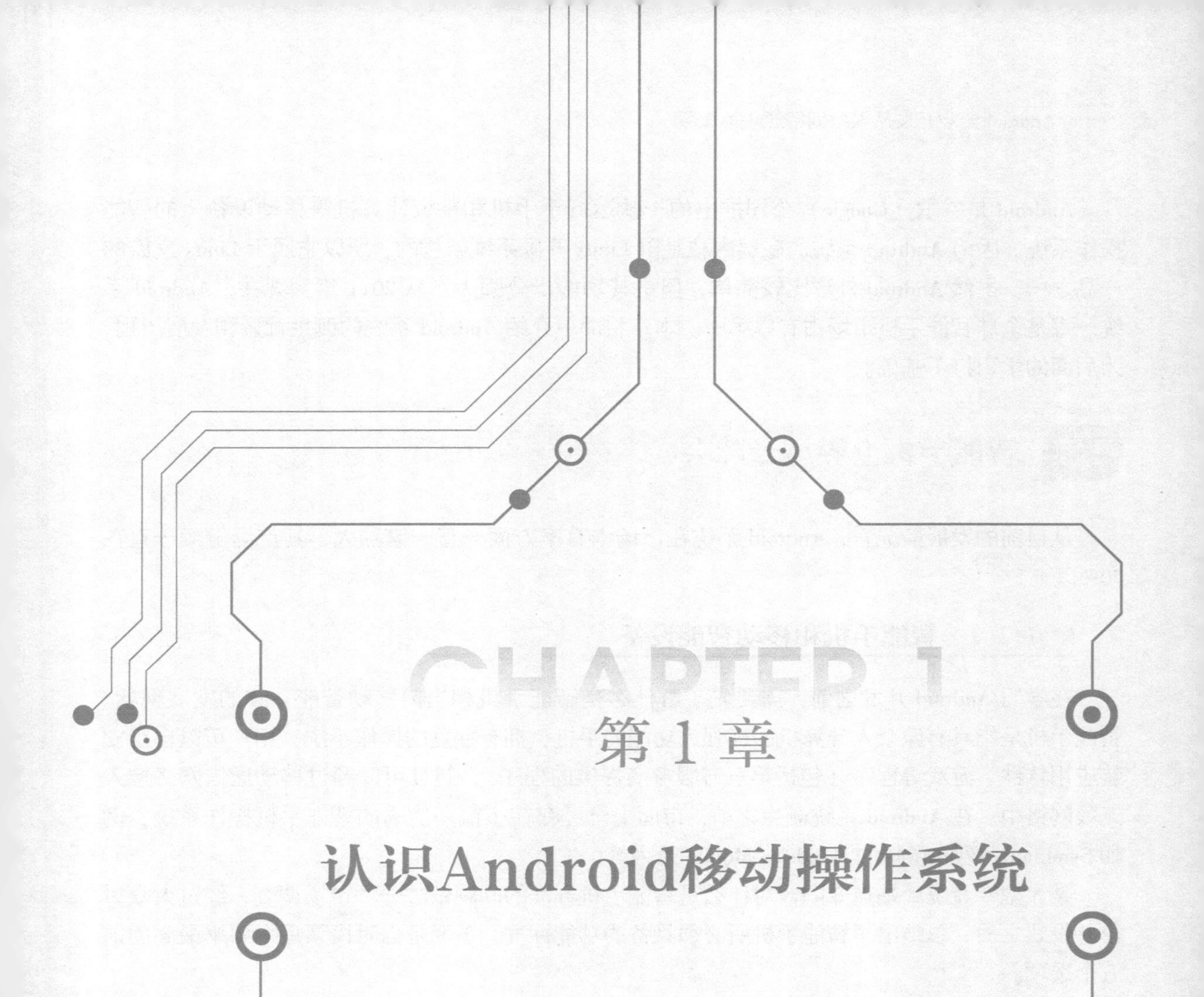

CHAPTER 1

第1章 认识Android移动操作系统

Android 是谷歌（Google）公司推出的一款运行于手机和平板计算机等移动设备上的智能操作系统。因为 Android 系统的底层内核是以 Linux 开源系统架构的，所以它属于 Linux 家族的产品之一。虽然 Android 外形比较简单，但是其功能十分强大。从 2011 年到现在，Android 系统一直是全球智能手机市场占有率第一。本章将简单介绍 Android 系统的诞生背景和发展历程，为后面的学习打下基础。

1.1 智能手机世界风云际会

从目前的发展情况看，Android 系统在市场占有率方面一直一家独大，其市场份额一直在 70%以上。

1.1.1 智能手机和移动智能设备

在学习 Android 开发之前，需要先了解什么是智能手机和当前移动智能系统的发展现状。智能手机是指具有像个人计算机那样强大功能的手机，拥有独立的操作系统，用户可以自行安装应用软件、游戏等程序（包括第三方服务商提供的程序），并且可以通过移动通信网络接入无线网络中。在 Android 系统诞生之前，市面上已经存在了很多优秀的智能手机操作系统，例如 Symbian 系列和微软的 Windows Mobile 系列等。

某大型专业统计站点专门针对什么是智能手机标准的问题做过一项市场调查，经过大众讨论并投票之后，总结出了智能手机所必须具备的功能标准，下面是当时投票后得票率最高的前五个选项。

1）操作系统必须支持新应用的安装；

2）高速度处理芯片；

3）支持播放式的手机电视；

4）大存储芯片和存储扩展能力；

5）支持 GPS 导航。

根据大众投票结果，手机联盟制定了一个标准。并根据这个标准为基础，总结出了如下智能手机的主要特点。

1）具备普通手机的全部功能，例如可以进行正常的通话和发短信等手机应用；

2）是一个开放性的操作系统，在系统平台上可以安装更多的应用程序，从而实现功能的无限扩充；

3）具备上网功能；

4）具备 PDA 的功能，实现个人信息管理、日程记事、任务安排、多媒体应用、浏览网页；

5）可以根据个人需要扩展机器的功能；

6）扩展性能强，并且可以支持很多第三方软件。

随着科技的进步和发展，智能手机被归纳到移动智能设备这一类别中。在移动智能设备中，还包含了平板计算机、游戏机和笔记本计算机等产品。也就是说，你即将要学习的 Android 系统可以运行在手机、平板计算机、游戏机和笔记本计算机等移动智能设备中。

1.1.2 盘点其他主流的智能手机系统

（1）iOS

iOS 作为苹果移动设备 iPhone 和 iPad 的操作系统，在 App Store 的推动之下，成为世界上引领潮流的操作系统之一。原本这个系统名为“iPhone OS”，直到 2010 年 6 月 7 日 WWDC 大会上才宣布改名为“iOS”。iOS 作为苹果公司的移动设备操作系统，横跨 iPod Touch、iPad、iPhone 等产品线，成为苹果公司最强大的操作系统，甚至苹果 PC 操作系统 Mac OS X 也借鉴了 iOS 系统的一些设计。iOS 是苹果公司的一个成功的操作系统，能给用户带来极佳的使用体验。iOS 拥有优秀的系统设计以及严格的 App Store，并且是应用数量最多的移动设备操作系统之一，加上强大的硬件支持以及内置的 Siri 语音助手，无疑使得用户体验得到更大的提升。

（2）鸿蒙（HarmonyOS）

鸿蒙（HarmonyOS）是由华为公司推出的一种分布式操作系统，HarmonyOS 旨在为各种终端设备提供统一的操作系统，包括智能手机、平板计算机、智能穿戴、智能家居、汽车系统等。HarmonyOS 被设计为一种开放源代码的操作系统，以便更多的设备制造商能够采用并为其定制。HarmonyOS 系统的特点和优势如下。

- 分布式架构：鸿蒙 OS 采用分布式架构，可以实现设备之间的快速连接和数据共享，为用户提供更加流畅和一致的跨设备体验。
- 统一开发平台：开发者可以使用相同的开发工具和框架来开发鸿蒙 OS 上的应用程序，从而降低了开发成本和学习成本。
- 多设备适配：鸿蒙 OS 支持多种类型的设备，开发者可以编写一套代码，然后在不同的设备上运行，提高了应用程序的跨平台性。
- 更好的性能和效率：鸿蒙 OS 具有更好的性能和效率，可以更好地管理系统资源，提供更快的响应速度和更长的电池续航时间。
- 安全性：鸿蒙 OS 注重安全性，采用了多种安全技术和机制来保护用户的隐私及数据安全。

总的来说，鸿蒙 OS 旨在打造一个统一、开放、安全、高效的操作系统，为用户提供更加智能、便捷和愉悦的使用体验。

1.2 Android 系统基础

2007 年 11 月 5 日，谷歌正式对外宣布 Android 开源手机操作系统平台，此平台基于 Linux，由操作系统、中间件、用户界面和应用软件组成。同时谷歌与另外 33 家手机制造商（包含摩托罗拉、宏达电子、三星、LG）、手机芯片供货商、软硬件供货商、电信运营商（包括中国移动）联合组成 Open Handset Alliance（开放手机联盟），这一联盟支持谷歌发布的手机操作系统或者应用软件，共同开发 Android 的开放源代码的移动系统。

1.2.1 Android 系统的发展现状

据 Counterpoint 此前发布的数据，截至 2023 年一季度，华为自研 HarmonyOS 系统已经拿下中国 8% 的市场份额；市场份额最高的是谷歌 Android 系统，占据 72%市场份额；排名第二的是苹果 iOS，市场份额为 20%左右。

快科技 2023 年 11 月 1 日消息，谷歌公布了最新的 Android 各版本的具体占比数据。其中 Android 13 的份额最高，达到了 22.4%；其次是 Android 11，份额是 21.6%；Android 12 和 Android 10 份额相当，分别是 15.8%和 16.1%。Android 9 之前的版本份额都在 10%以下，最早的 Android 版本可追溯到 4.4，依然占有 0.4%的份额。

纵观上面的数据，Android 系统是当前占有率第一的移动设备操作系统。市面上 Android 用户的设备涵盖了从 Android 4.4 到 Android 13，一共 13 个版本号，碎片化依然很严重。

1.2.2 Android 系统的巨大优势

（1）系出名门

Android 出身于 Linux 世家，是一款开源的手机操作系统。Android 功成名就之后，各大手机联盟纷纷加入，这个联盟由包括中国移动、摩托罗拉、高通、HTC 和 T-Mobile 在内的 30 多家技术和无线应用的领军企业组成。通过与运营商、设备制造商、开发商和其他有关各方结成深层次的合作伙伴关系，希望借助建立标准化、开放式的移动电话软件平台，在移动产业内形成一个开放式的生态系统。

（2）强大的开发团队

Android 的研发队伍阵容强大，包括摩托罗拉、谷歌、HTC（宏达电子）、PHILIPS、T-Mobile、高通、魅族、三星、LG 以及中国移动在内的 34 家企业。这些企业都将基于该平台开发手机的新型业务，应用之间的通用性和互联性将在最大程度上得到保持，并且还成立了手机开放联盟，联盟中的成员都是通信行业的世界 500 强企业。

（3）诱人的奖励机制

谷歌为了提高程序员的开发积极性，不但为他们提供了一流的硬件设置，一流的软件服务，而且还提出了振奋人心的奖励机制，例如定期组织开发大赛，用创意和应用夺魁的程序员将会得到重奖。

（4）开源

开源意味着对开发人员和手机厂商来说，Android 是完全无偿免费使用的。因为源代码公开的原因，所以吸引了全世界各地无数程序员的关注。于是很多手机厂商都纷纷采用 Android 作为自己产品的系统，包括很多代工厂商。因为免费，所以降低了成本，提高了利润。而对于开发人员来说，众多厂商的采用就意味着人才需求大，所以纷纷加入了 Android 开发大军。于是有一些程序员禁不住高薪的诱惑，都纷纷改行做 Android 开发。以至于很多觉得现状不尽如人意的程序员，就更加坚定了“改行做 Android 手机开发”的决心，目的是想寻找自己程序员生涯的转机，也有很多遇到发展瓶颈的程序员加入 Android 阵营中，因为这样可以学习一门新技术，使自己的未来更加有保障。

1.3 蓬勃发展的手机游戏产业

近年来随着电竞比赛的宣传和游戏直播的推广，游戏产业的发展速度越来越快，整个产业规模随之不断增长。各大游戏巨头看到了巨大的商机，纷纷大量投入人力和物力开发游戏程序，并且随着智能手机的普及，游戏已经由传统的 PC 转换到手游战场。中国游戏市场持续增长，用户体量进入存量博弈。

1.3.1 游戏产业的规模

据权威统计公司数据显示，中国游戏市场规模在过去几年皆保持高速增长，行业销售规模突破 2000 亿元，最近 3 年复合增长率达到 21.2%。2011 年前，市场规模的扩大主要来自于用户数量的飞速增长以及页游的快速发展。而 2011 年之后，页游市场保持高增速的同时，手游市场也随着智能手机数量的提升而飞速发展，使得游戏行业规模进一步提高。2014 年，游戏市场用户总规模突破 5 亿人次，之后新增用户增速减缓至 4%，人口红利逐渐消失，用户数量进入存量市场，此后行业的增长主要得益于精细化运营与用户付费习惯的形成。2023 年，国内游戏市场实际销售收入达到 3029.64 亿元人民币，同比增长 13.95%，首次突破了 3000 亿元的关口。

1.3.2 手游将主导游戏市场

随着移动智能手机功能的发展，游戏产业的主要市场已经由 PC 迈入手游。据权威公司统计，国内网络游戏以手游为主，占据了游戏市场近 60%的市场份额。由于手游无须长时间下载且具有通过智能手机随时随地可玩的方便与便携性，其市占率从 2011 年的 11.6%逐步增长到 2018 年的 75%，市场规模达到 1462 亿人民币，成为行业主导游戏品类。而 PC 市占率则逐步从 2011 年的 76%的绝对主导地位预计下滑到 2017 年 23%的份额。页游市场由于质量与流量的不对等以及受到的手游的影响，在 2014 年达到巅峰后份额从 2015 年的 15.1%逐步下滑至 2018 年的 6.4%，预计今后还将持续下滑。由此可见，基于移动智能操作系统开发游戏项目将大有可为，更加符合当前市场发展的现状和预期。

下面是 2023 年全年的数据：

- 移动游戏市场的实际销售收入为 2268.5 亿元人民币，同比增长 17.51%，在整体游戏市场收入中占比高达 74.88%，继续占据主导地位。
- 客户端游戏市场实际销售收入为 662.83 亿元人民币，同比增长 8%，占比 21.88%。
- 网页游戏市场继续萎缩，整体规模为 47.5 亿元人民币，同比下降 10.04%，占比仅为 1.57%，已连续第 8 年下滑。

1.4 搭建 Android 应用开发环境

“工欲善其事，必先利其器”，意思是要想高效完成一件事，需要有一个合适的工具。对于 Android 开发人员来说，开发工具是开发者的武器，其重要性等同于武林高手们的兵器。作为一项新兴技术，在进行开发前，首先要搭建一个对应的开发环境。而在搭建开发环境前，需要了解安装开发工具所需要的硬件和软件配置条件。

注意：Android 开发包括底层开发和应用开发，底层开发大多数是指和硬件相关的开发，并且是基于 Linux 环境的，例如开发驱动程序。应用开发是指开发能在 Android 系统上运行的程序，例如游戏和地图等程序。因为读者开发 Android 应用程序的主流系统是 Windows，所以本书只介绍在 Windows 系统下配置 Android 应用开发环境的过程。

1.4.1 安装 Android SDK 的系统要求

在搭建 Android 应用开发环境之前，一定先明确基于 Android 应用软件所需开发环境，具体如表 1-1 所示。

表 1-1　开发系统所需参数

项　目	版本最低要求	说　明	备　注
操作系统	Windows 10 以上、macOS Ventura 及以上或 Linux Ubuntu Drapper 以上	根据自己的计算机自行选择	选择自己最熟悉的操作系统
软件开发包	Android SDK	建议选择最新版本的 SDK	建议选择最新的版本下载
IDE	Eclipse IDE+ADT/Android Studio	Eclipse 和 Android Studio 是两种独立的开发环境	Eclipse IDE 选择 “for Java Developer” Android Studio 选择最新版本
其他	JDK Apache Ant	Java SE Development Kit 7 或 8，Linux 和 Mac 上使用 Apache Ant 1. 6. 5+，Windows 上使用 1. 7+版本	单独的 JRE 是不可以的，必须要有 JDK，兼容 Gnu Java 编译器（gcj）

Android 工具是由多个开发包组成的，具体说明如下。

- JDK：可以登录网址 http://www.oracle.com/technetwork/java/javase/downloads/index.html 下载。
- Android Studio：可以登录谷歌提供的官方网站 https://developer.android.google.cn/下载。
- Android SDK：可以登录谷歌提供的官方网站 https://developer.android.google.cn/下载。

1.4.2 安装 JDK

在进行任何 Java 开发工作之前，必须先安装好 JDK，并配置好相关的环境，这样才能在计算机中编译并运行一个 Java 程序。JDK 是整个 Java 运行环境的核心，包括 Java 运行环境（简称 JRE）、Java 工具和 Java 基础的类库，是开发和运行 Java 环境的基础。下面讲解获得各操作系统对应 JDK 的方法。

1）虽然 Java 语言是 Sun 公司发明的，但是现在 Sun 公司已经被 Oracle 公司收购，所以我们安装 JDK 的工作得从 Oracle 官方网站上找到相关的下载页面开始。登录 Oracle 官网中的 Java 主页 https://www.oracle.com/java/，如图 1-1 所示。

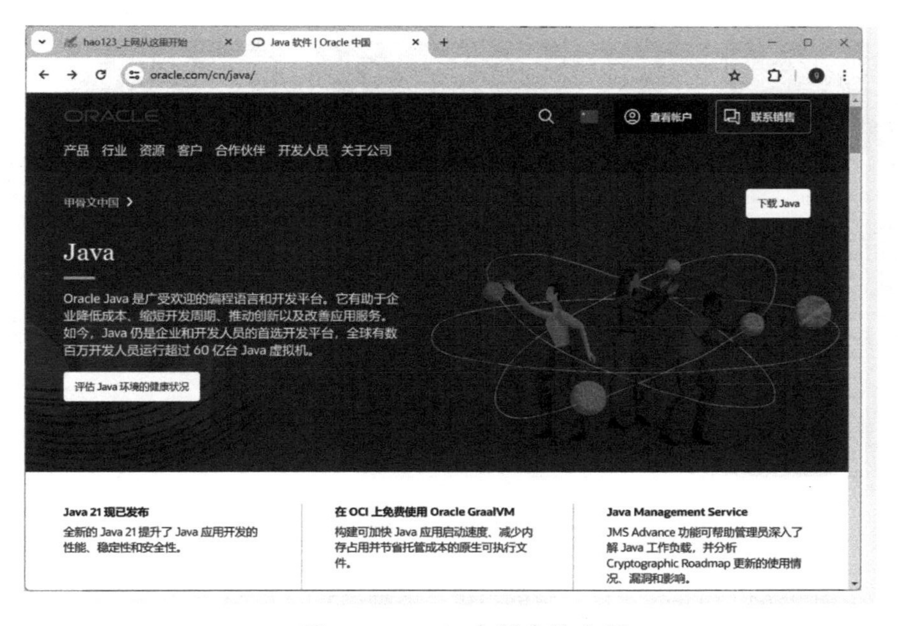

● 图 1-1　Oracle 官网中的主页

2）单击右上角的“下载 Java”按钮，在弹出的页面中选择要安装的版本。目前 Java 的长期支持版本是 JDK 21，因此本书选择安装 JDK 21。如图 1-2 所示。

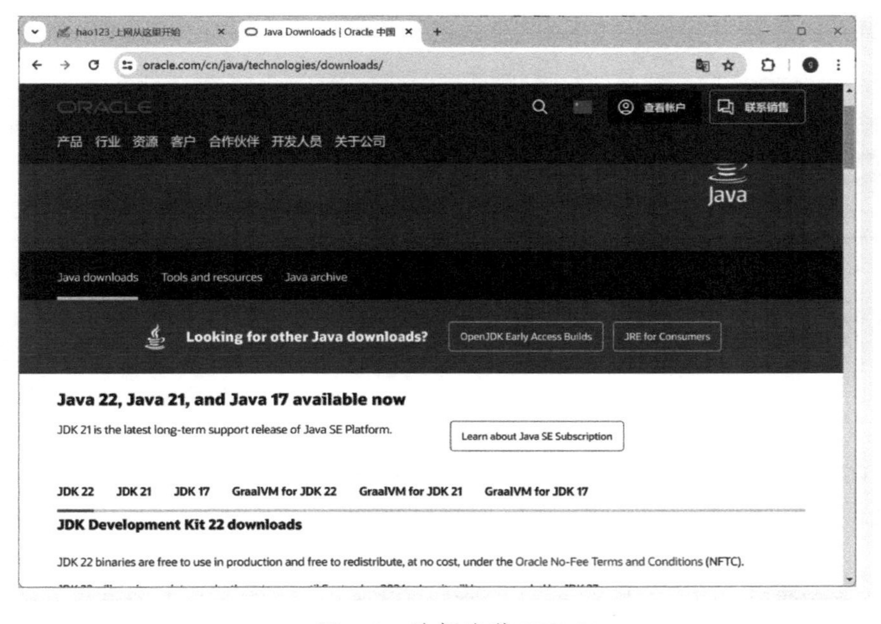

● 图 1-2　选择安装 JDK 21

3）在页面下方列出了 JDK 21 不同操作系统的安装包，如图 1-3 所示，读者可以根据自己所用的操作系统下载相应的版本。下面对各版本对应的操作系统进行具体说明。

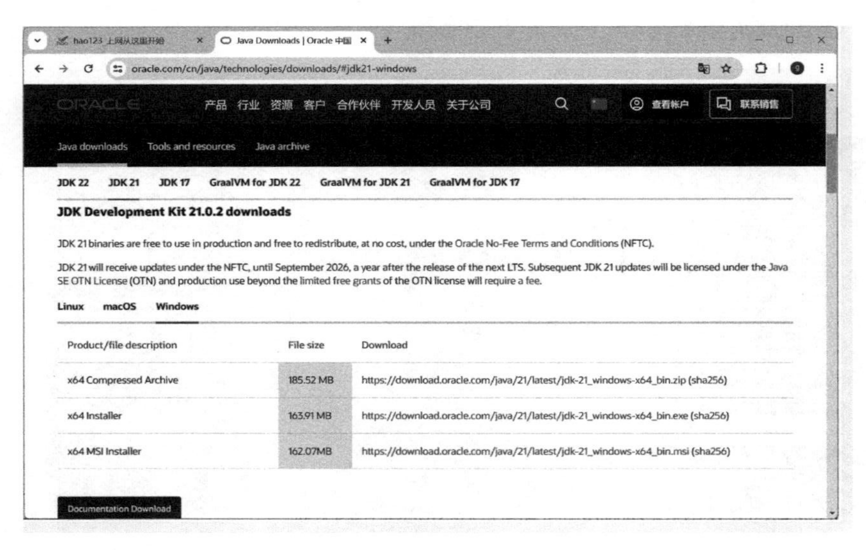

● 图 1-3　JDK 21 不同操作系统的不同安装包

- Linux：基于 64 位 Linux 系统，官网提供了多种类型的下载包。
- macOS：基于 64 位苹果操作系统，官网提供了多种类型的下载包。
- Windows：基于 64 位 Windows 系统，官网提供了多种类型的下载包。

4）因为笔者计算机的操作系统是 64 位的 Windows 系统，所以单击 x64 MSI Installer 后面的链接进行下载。下载过程如图 1-4 所示，显示下载进度。

5）下载完成后会得到一个“.exe”格式的可安装文件 jdk-21_windows-x64_bin.exe，如图 1-5 所示。

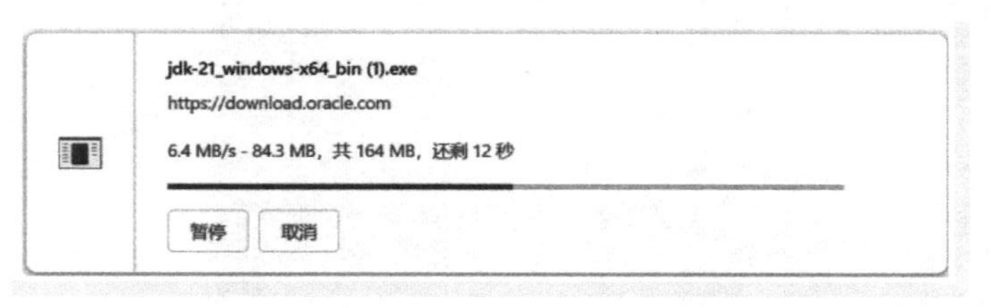

● 图 1-4　下载过程

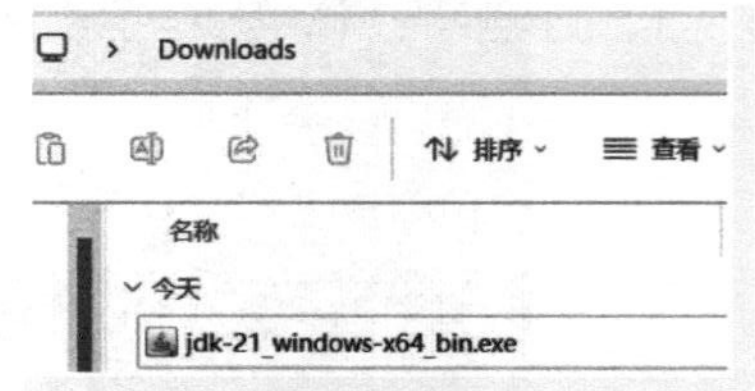

● 图 1-5　下载的安装文件 jdk-21_windows-x64_bin.exe

注意：此步骤可能会要求下载者注册成为 Oracle 会员用户，在注册成功后再按照上面的步骤继续下载。另外，如果下载的版本和自己计算机的操作系统不对应，后续在安装 JDK 时就会面临失败。

6）待下载完成后，双击下载的“.exe”文件，将弹出“安装程序”对话框开始进行安装，如图 1-6 所示。

7）单击“下一步”按钮，安装程序将会弹出设置安装位置对话框。可以在此选择 JDK 的安装路径，笔者设置的安装路径是“C:\Program Files\Java\jdk-21\bin”，如图 1-7 所示。

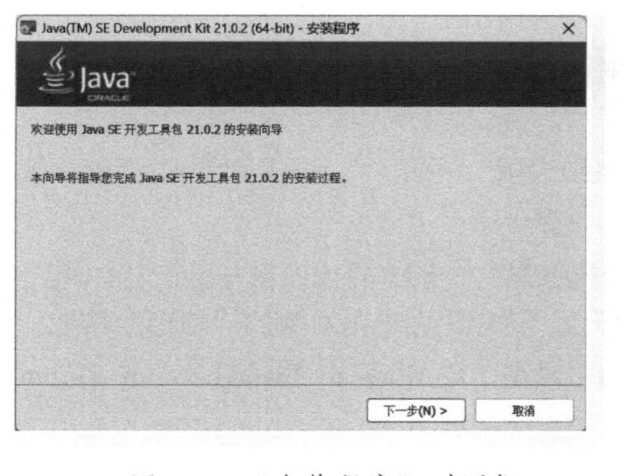

● 图 1-6 “安装程序”对话框

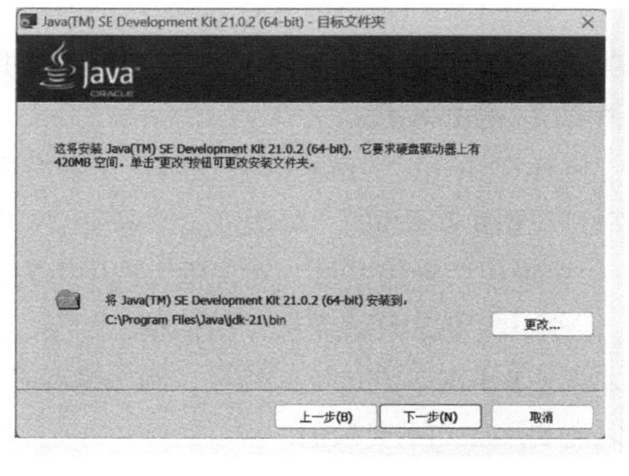

● 图 1-7 设置安装位置

8）设置好安装路径后，继续单击“下一步”按钮，安装程序就会提取安装文件并进行安装，如图 1-8 所示。

9）安装完成会弹出“完成”对话框，单击“关闭”按钮即可完成整个安装过程，如图 1-9 所示。

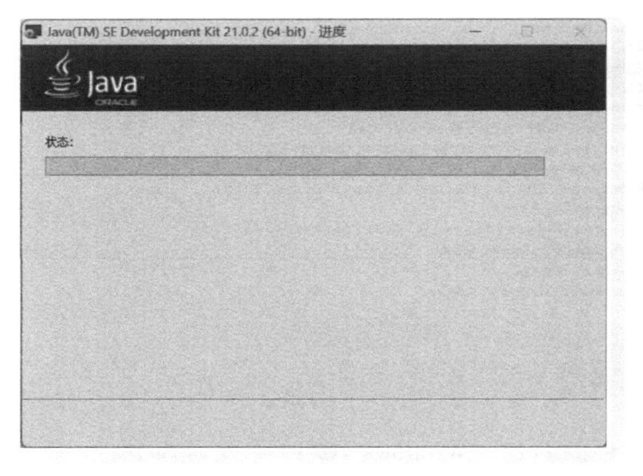

● 图 1-8 提取安装文件并进行安装

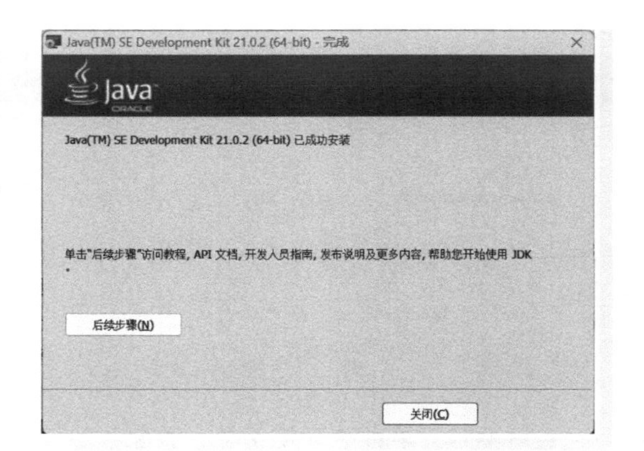

● 图 1-9 完成安装

10）最后还需检测 JDK 是否真的安装成功。打开 CMD 命令提示符窗口，然后在 CMD 窗口中输入“java -version”，如果显示如图 1-10 所示的提示信息，则说明安装成功。注意，在 java 和横杠之间有一个空格。

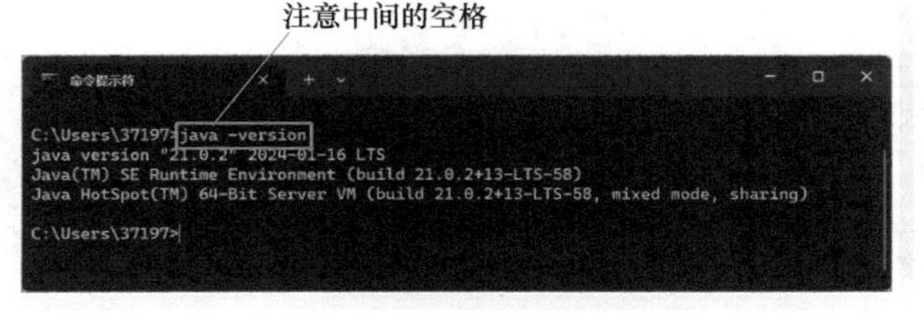

● 图 1-10 CMD 窗口

1.4.3　配置开发环境——Windows 10/11

如果在 CMD 窗口中输入“java -version”命令后提示出错信息，表明 Java 并没有完全安装成功。这时候读者不必紧张，只需将其目录的绝对路径添加到系统的 PATH 中即可解决。以下是该解决办法的流程。

1）依次单击“开始”→“设置”→“高级系统设置”，弹出“系统属性”对话框，单击“高级”选项卡下面的“环境变量”按钮，如图 1-11 所示。

2）弹出“环境变量”对话框，选中下方“系统变量”中的 PATH 变量并单击“编辑”按钮，会弹出“编辑环境变量”对话框，如图 1-12 所示。这里需要单击右侧的“新建”按钮，然后才能添加 JDK 所在的绝对路径，例如笔者的安装目录是“C:\Program Files\Java\jdk-21\bin”，所以需要添加如下变量值。

```
C:\Program Files\Java\jdk-21\bin
```

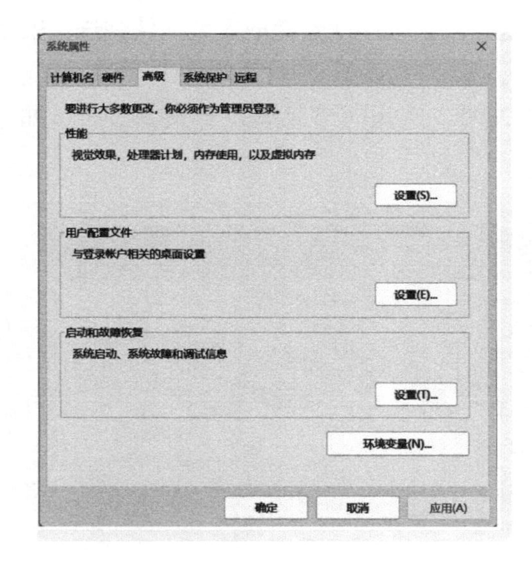

● 图 1-11　单击“环境变量”按钮

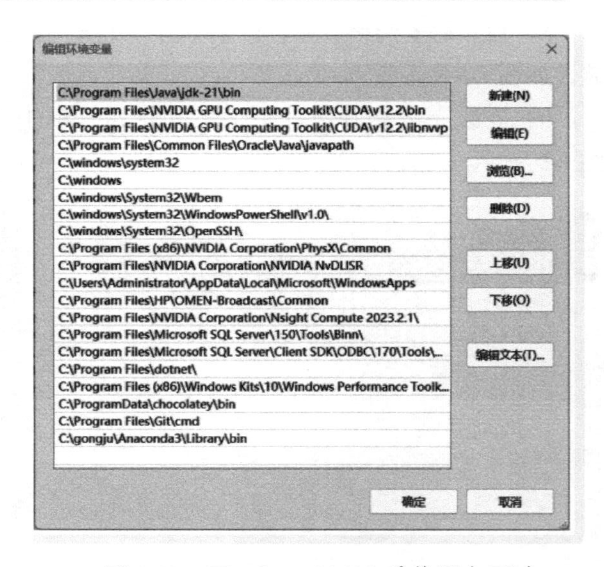

● 图 1-12　Windows 10/11 系统添加两个绝对路径的变量值

完成上述操作后，打开 CMD 命令提示符窗口，然后输入“java -version”，就会看到如图 1-13 所示的提示信息，输入 javac 就会看到如图 1-14 所示的提示信息，这就说明 JDK 21 安装成功。

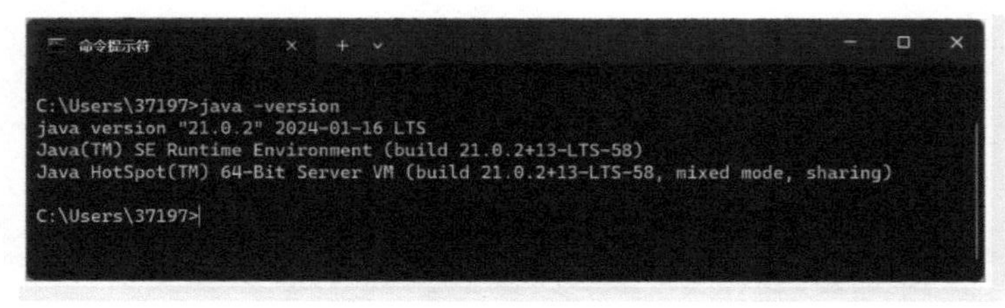

● 图 1-13　输入“java -version”后的提示信息

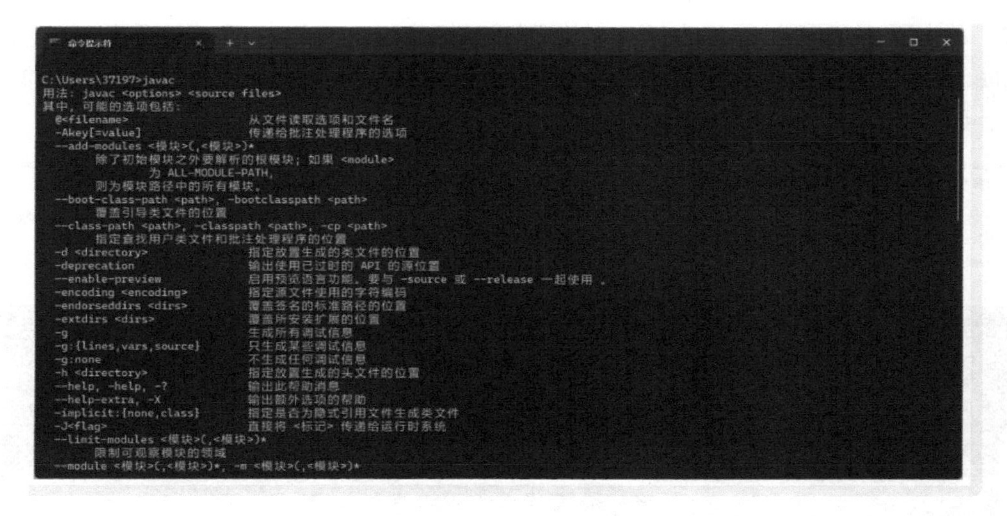

● 图 1-14　输入“javac”后的提示信息

1.5 搭建 Android Studio 开发环境

在 Android 6.0 以前，谷歌公司官方提供的 Android 应用可视化开发工具是 Eclipse。在推出 Android 6.0 系统以后，谷歌宣布以后将主推 Android Studio 开发工具，从 2015 年年底开始不再对 Eclipse 进行任何支持。本书将对使用 Android Studio 开发 Android 游戏程序进行讲解。

1.5.1 官方方式获取工具包

1）登录谷歌开发者的官方网站 https://developer.android.google.cn/，如图 1-15 所示。

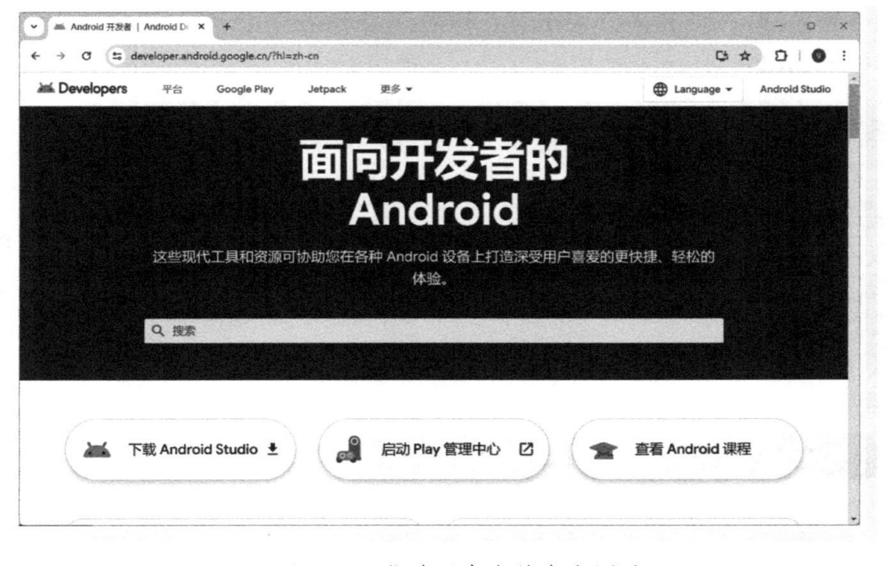

● 图 1-15　谷歌开发者的官方网站

2）单击图 1-15 所示网站左下方的“下载 Android Studio”按钮，在新页面中展示了 Android Studio 的下载链接和相关信息，在此页面显示的是当前最新版本（正式版）的 Android Studio，如图 1-16 所示。

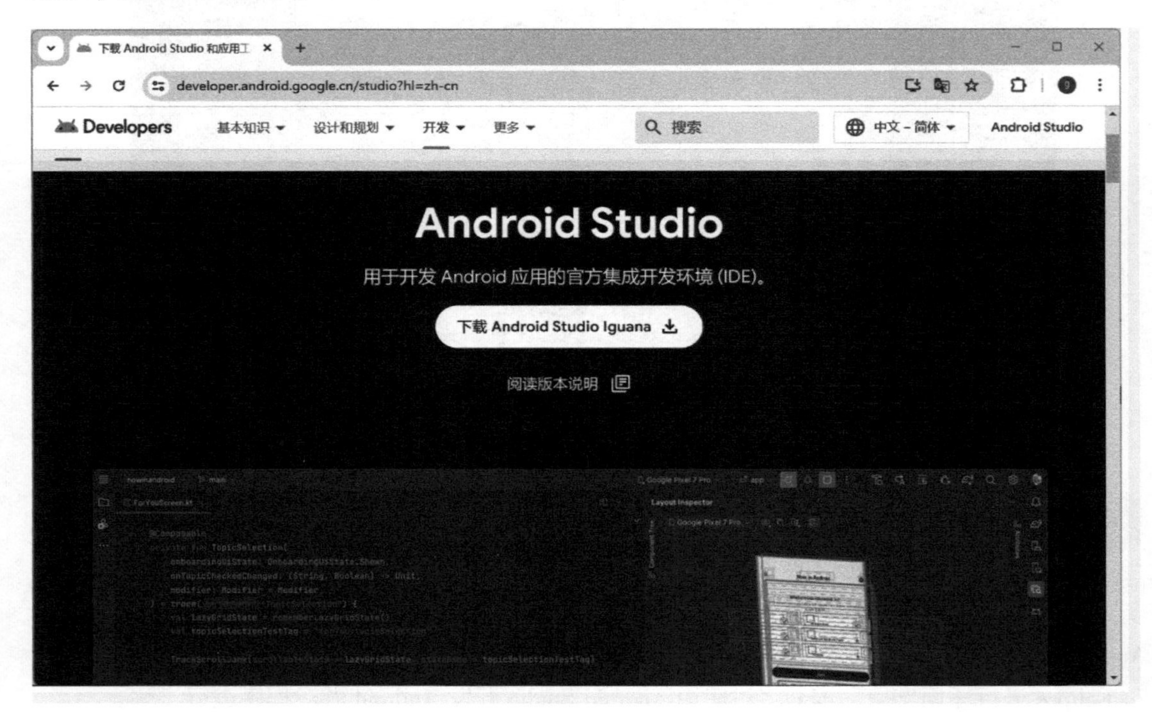

● 图 1-16　Android Studio 的下载链接页面

3）单击“下载 Android Studio Iguana”按钮后，弹出“同意条款”界面，如图 1-17 所示。

13.1 Google 在发布新版 SDK 时可能会对本许可协议进行一些变更。做出这些更改后，Google 将在提供 SDK 的网站上公布新版本的许可协议。

14. 一般法律条款

14.1 本许可协议构成您和 Google 之间的完整法律协议，且您对 SDK 的使用（不包括 Google 根据单独书面协议为您提供的任何服务）将受本协议的约束。同时，本协议将完全取代您和 Google 之前就 SDK 达成的任何协议。14.2 您同意，即使 Google 未行使或强制执行本许可协议中所述的（或 Google 根据任何适用法律所享有的）任何法定权利或补救措施，也不应视为 Google 正式自动放弃这些权利，Google 仍然可以行使这些权利或采取相应补救措施。14.3 如果对此类事项有司法管辖权的任何法院判定本许可协议的任何规定无效，我们会将相应规定从本许可协议中移除，本协议其余部分不受影响。本许可协议的其余条款将继续有效并可强制执行。14.4 您承认并同意，Google 的每一个子公司都应为本许可协议的第三方受益人，此类其他公司应有权直接执行本许可协议，并根据本许可协议的规定主张相关权益（或有利于他们的权利）。除此之外，其他任何个人或公司均不得成为本许可协议的第三方受益人。14.5 出口限制。SDK 会受到美国出口法律和法规的限制。您必须遵守所有适用于 SDK 的国内以及国际出口法律和法规。这些法律包括对目的地、最终用户和最终用途的限制。14.6 未经另一方的事先书面许可，您或 Google 不得转让或转移本许可协议中授予的权利。未经另一方事先书面批准，您或 Google 均不得将其在本许可协议下的责任或义务委托给他人。14.7 本许可协议以及您与 Google 依据本许可协议而建立的关系应受美国加利福尼亚州法律（该州的法律冲突条款除外）的约束。您和 Google 同意服从加利福尼亚州圣克拉拉县法院的专有司法管辖权，以此来解决因本许可协议产生的任何法律事务。尽管有上述规定，您同意仍允许 Google 在任何管辖区申请禁令救济（或同等类型的紧急法律救济）。*2021 年 7 月 27 日*

☑ 我已阅读并同意上述条款及条件

下载 Android Studio Iguana | 2023.2.1 Patch 1 适用平台： Windows

android-studio-2023.2.1.24-windows.exe

● 图 1-17　“同意条款”界面

4）勾选“我已阅读并同意上述条款及条件”前面的复选框，然后单击“下载 Android Studio Iguana | 2023. 2. 1 Patch 1 适用平台：Windows”按钮后，会弹出下载对话框。例如笔者使用的是谷歌浏览器，在浏览器中会显示对应的下载进度，如图 1-18 所示。

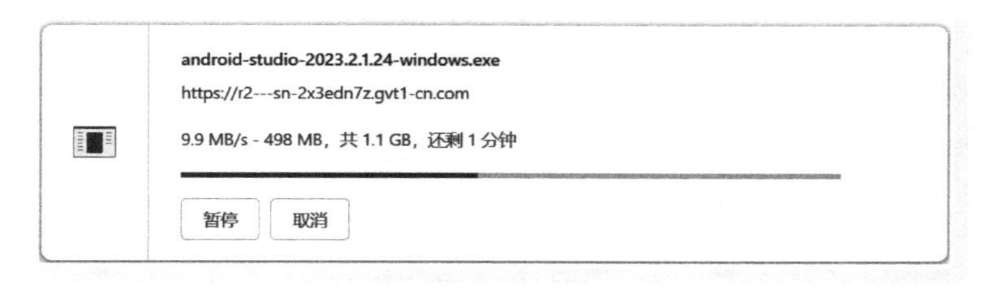

● 图 1-18　下载进度界面

1. 5. 2　安装工具包

1）下载完成之后会得到一个“.exe”格式的可安装文件，使用鼠标双击该安装文件后弹出欢迎界面，如图 1-19 所示。

2）单击“Next”按钮后进入选择工具界面，如图 1-20 所示。由此可见，Android Studio 是集成了 Android Virtual Device（Android 虚拟模拟器）的，在安装的时候一定要勾选“Android Virtual Device”选项。

● 图 1-19　欢迎界面

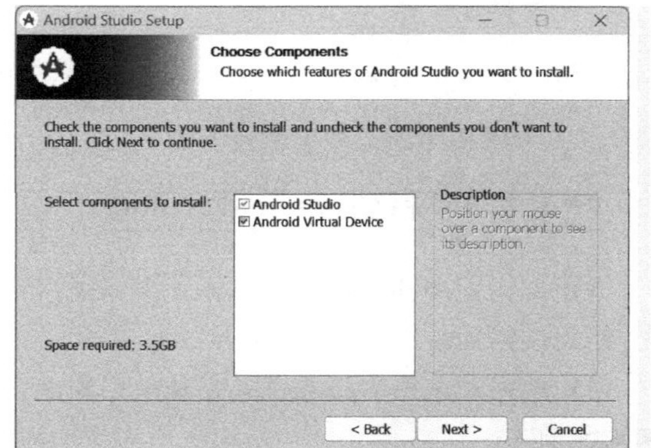

● 图 1-20　选择工具界面

3）单击“Next”按钮后进入安装目录设置界面，在此设置 Android Studio 的安装目录，如图 1-21 所示。

4）单击“Next”按钮后进入启动菜单设置界面，在此设置开始菜单中的启动菜单名，如图 1-22 所示。

5）单击“Install”按钮后弹出一个安装进度条，显示当前的安装进度，如图 1-23 所示。

6）当安装进度条完成后单击“Next”按钮，在弹出的新界面中单击“Finish”按钮，此时完成全部的安装工作，如图 1-24 所示。

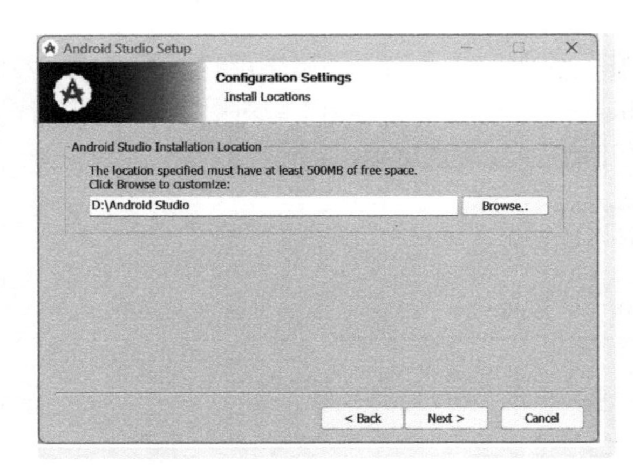

● 图 1-21　安装目录设置界面

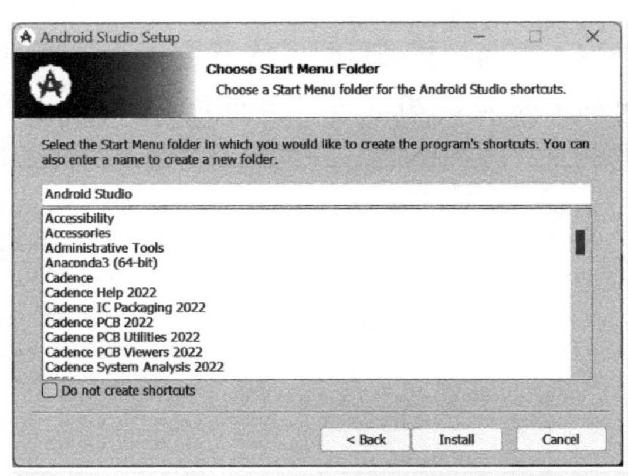

● 图 1-22　启动菜单设置界面

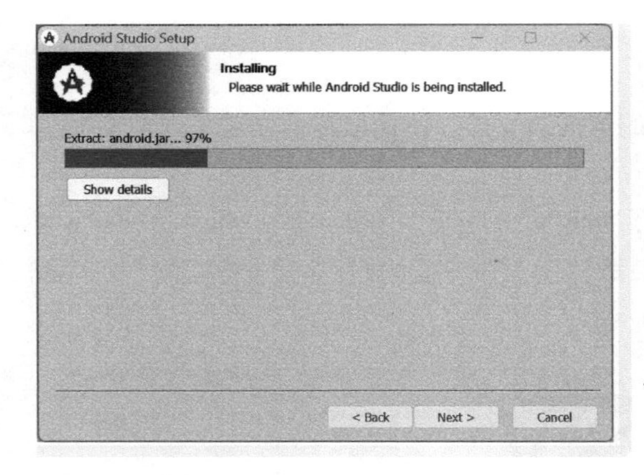

● 图 1-23　安装进度界面

● 图 1-24　完成安装界面

1.5.3　启动 Android Studio

1）双击“studio64. exe”或在开始菜单中单击“Android Studio”后启动 Android Studio，首先弹出欢迎界面，如图 1-25 所示。

2）单击“Next”按钮进入安装类型界面，在此可以选择第一项“Standard”（典型），如图 1-26 所示。

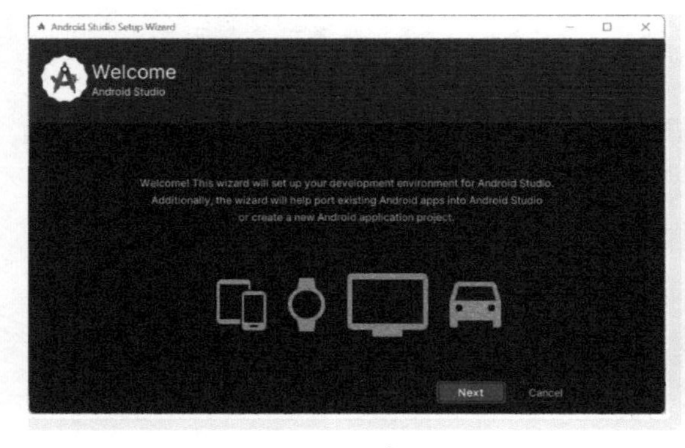

● 图 1-25　欢迎界面

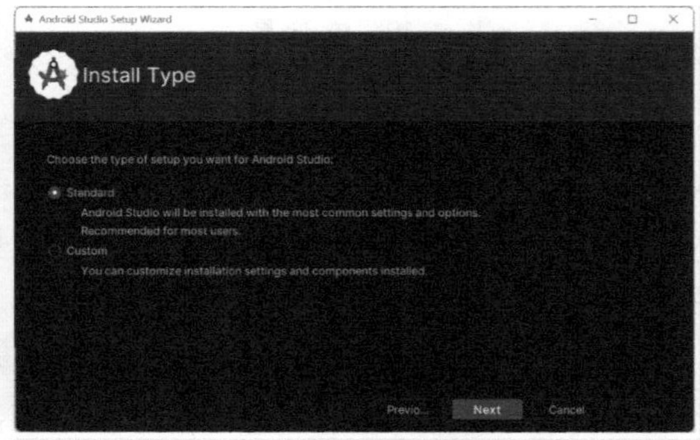

● 图 1-26　安装类型界面

3）单击“Next”按钮进入验证设置界面，在此列出了 Android Studio 需要安装的组件信息，如图 1-27 所示。

4）单击“Next”按钮后进入同意条款界面，在此勾选“Accept”复选框，如图 1-28 所示。

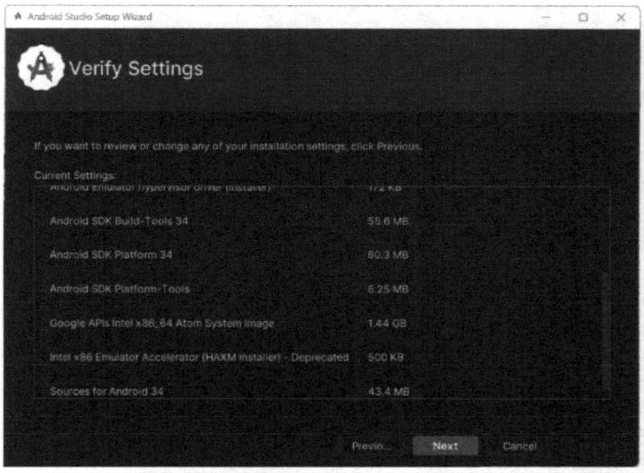

● 图 1-27　验证设置界面

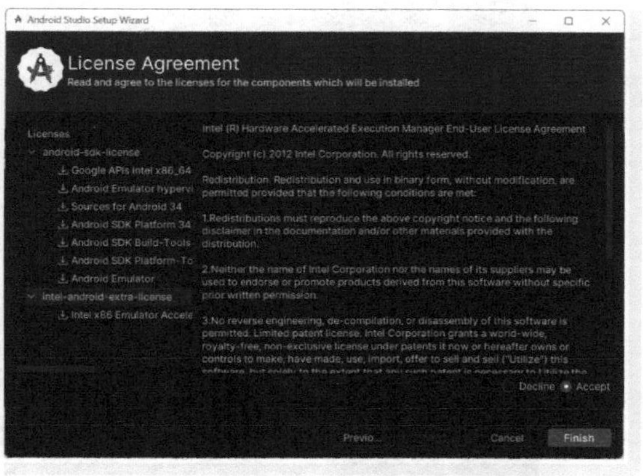

● 图 1-28　同意条款界面

5）单击“Finish”按钮后开始下载组件，下载完成后进入“Welcome to Android Studio”界面，如图 1-29 所示。如果以前已经用 Android Studio 创建或打开过 Android 项目，那么会在左侧的导航栏目中显示最近用过的工程。

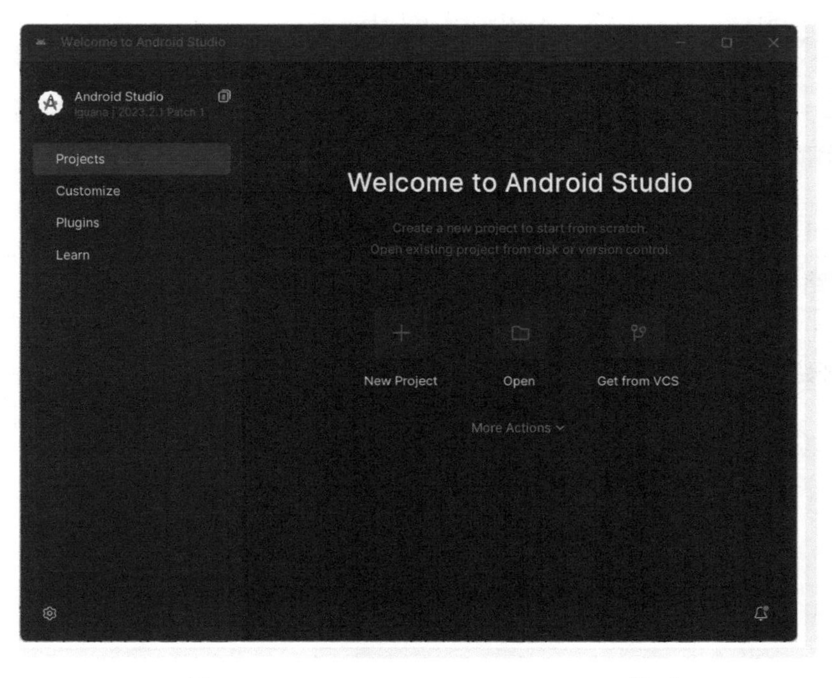

● 图 1-29　“Welcome to Android Studio”界面

6）打开一个工程后的主界面如图 1-30 所示，本书后面的内容中将进一步详细讲解 Android Studio 工具各个面板的基本知识。

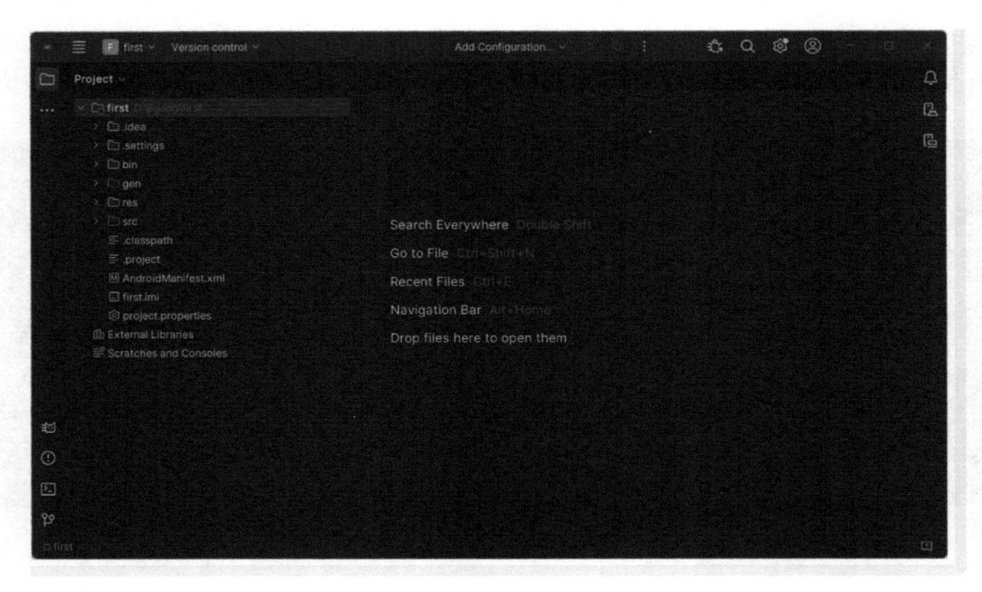

● 图 1-30　打开一个工程后的主界面效果

1.6 实战演练：第一个 Android 应用程序

开始编写并运行第一个 Android 应用程序，本实例的功能是在手机屏幕中显示问候语“张无忌决战光明顶!”。

实例 1-1	在手机屏幕中显示“张无忌决战光明顶!”
源码路径	光盘\daima\1\1-1\

在具体开始之前，先做一个简单的流程规划，如图 1-31 所示。

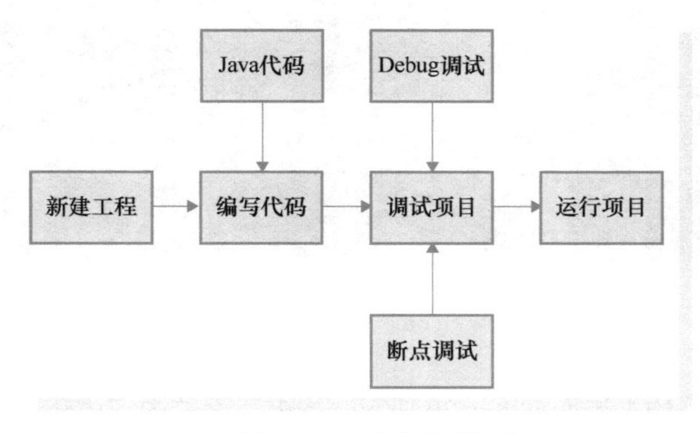

● 图 1-31　流程规划图

1.6.1 新建 Android 工程

打开 Android Studio 创建一个 Android 工程，创建一个名为“first”的工程文件，其目录结构如图 1-32 所示。

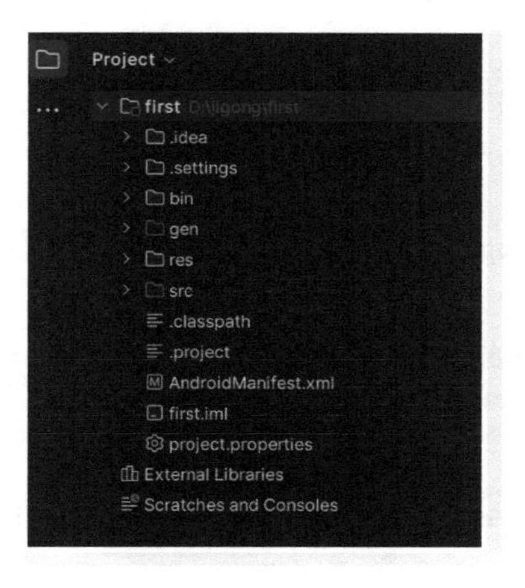

● 图 1-32 工程目录结构

1.6.2 编写代码和代码分析

打开文件 first.java，会显示自动生成的如下代码。

```
class MainActivity : ComponentActivity() {
    override fun onCreate(savedInstanceState: Bundle?) {
        super.onCreate(savedInstanceState)
        setContent {
            FirstTheme {
                // A surface container using the 'background' color from the theme
                Surface(
                    modifier = Modifier.fillMaxSize(),
                    color = MaterialTheme.colorScheme.background
                ) {
                    Greeting("Android")
                }
            }
        }
    }
}

@Composable
fun Greeting(name: String, modifier: Modifier = Modifier) {
    Text(
        text = "Hello $name!",
        modifier = modifier
```

```
    )
}

@Preview(showBackground = true)
@Composable
fun GreetingPreview() {
    FirstTheme {
        Greeting("Android")
    }
}
```

对上述代码进行一些修改，执行程序后输出“张无忌决战光明顶!”。修改后的代码如下所示。

```
class MainActivity : ComponentActivity() {
    override fun onCreate(savedInstanceState: Bundle?) {
        super.onCreate(savedInstanceState)
        setContent {
            FirstTheme {
                // A surface container using the 'background' color from the theme
                Surface(
                    modifier = Modifier.fillMaxSize(),
                    color = MaterialTheme.colorScheme.background
                ) {
                    Greeting("决战光明顶!")
                }
            }
        }
    }
}

@Composable
fun Greeting(name: String, modifier: Modifier = Modifier) {
    Text(
        text = "张无忌 $name",
        modifier = modifier
    )
}

@Preview(showBackground = true)
@Composable
fun GreetingPreview() {
    FirstTheme {
        Greeting("决战光明顶!")
    }
}
```

1.6.3　创建 Android 模拟器

大家都知道程序开发需要调试工作，只有经过调试之后，才能知道程序是否正确运行。作为一款移动智能设备系统，如何才能在计算机上调试 Android 程序？谷歌公司提供了 Android

Virtual Device（虚拟模拟器，简称模拟器）来解决这个问题。所谓模拟器，是指在计算机上模拟运行 Android 系统。也就是说，开发人员不需要一个真实的 Android 手机，完全可以通过计算机模拟一个 Android 手机环境，从而方便地使用计算机开发并调试 Android 程序。创建 Android 模拟器的基本流程如下。

1）使用 Android Studio 打开上面创建的 Android 工程，单击 Android Studio 顶部工具栏中的运行按钮▶，此时会弹出“Select Deployment Target”（选择目标版本）界面，如图 1-33 所示。

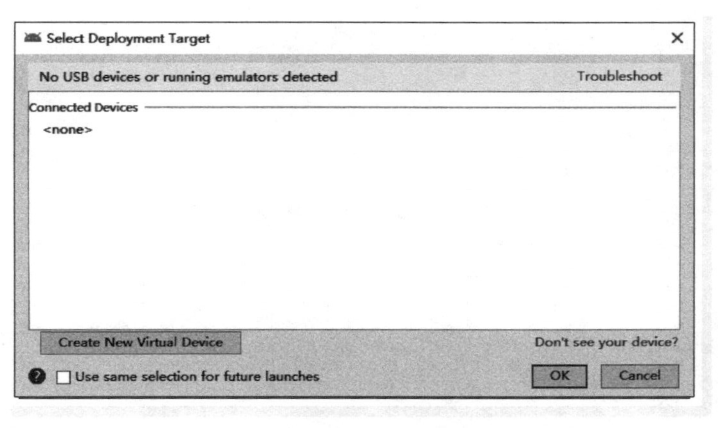

● 图 1-33 “Select Deployment Target” 界面

2）单击左下方的“Create NewVirtual Device”按钮，在弹出的“Select Hardware”（选择硬件）界面中依次选择“Category”（设备类型）“Name”（型号名称）。例如笔者选择的“Category”（设备类型）是 iPhone，表示手机设备。选择“Name”（型号名称）是 Pixel 8，这是谷歌手机的型号，如图 1-34 所示。

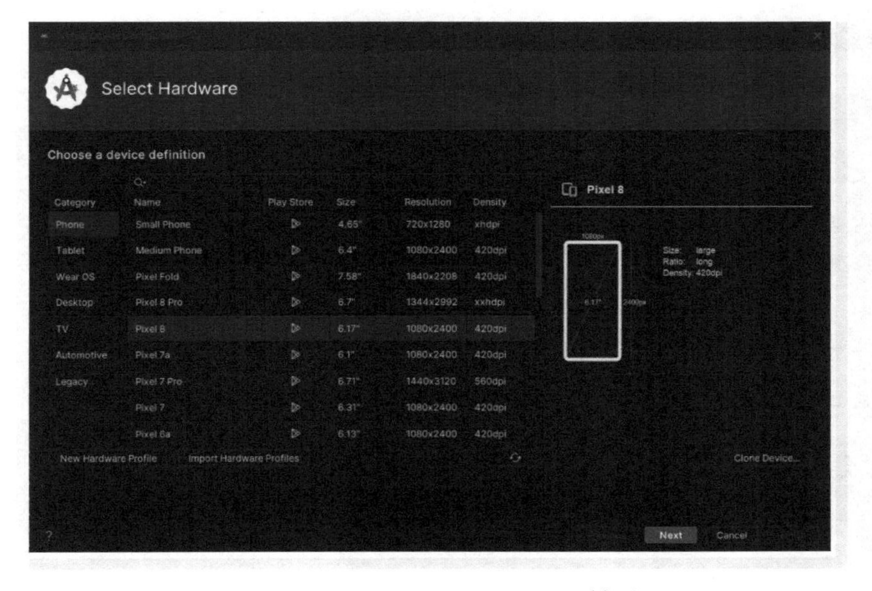

● 图 1-34 “Select Hardware” 界面

3）单击右下方的“Next”按钮进入“Virtual Device Configuration”（设置系统映像）界面，在此可以设置与当前模拟器对应的 Android 版本，例如笔者选择的是 UpsideDownCake 版本，如图 1-35 所示。如果版本名称后面有“Download”链接，说明当前计算机没有安装这个版本，只需单击“Download”链接，即可下载并安装这个 Android 版本。

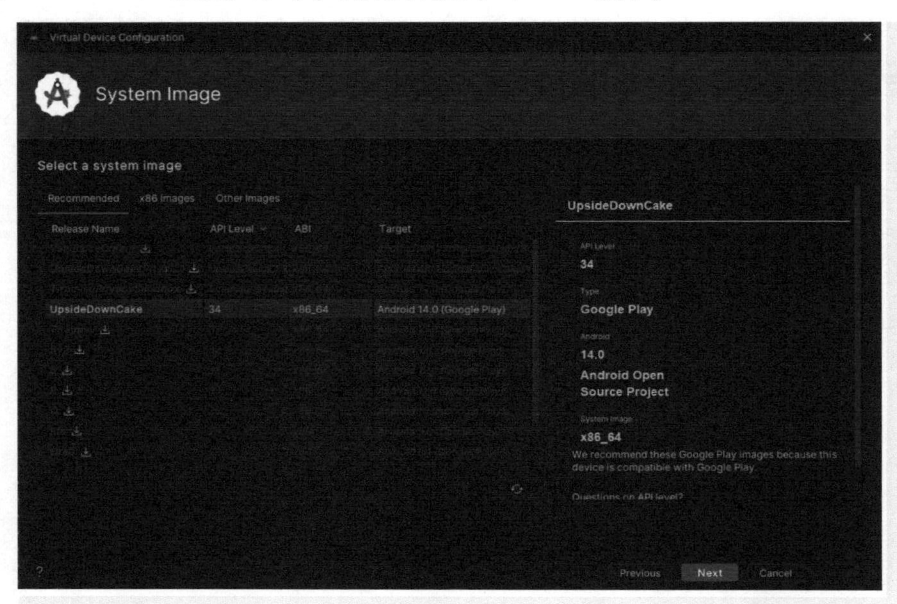

● 图 1-35　“Virtual Device Configuration”界面

4）单击右下方的“Next”按钮进入设置名称界面，在此可以设置当前模拟器的名称，例如笔者设置的是“Pixel 8 API 34”，如图 1-36 所示。

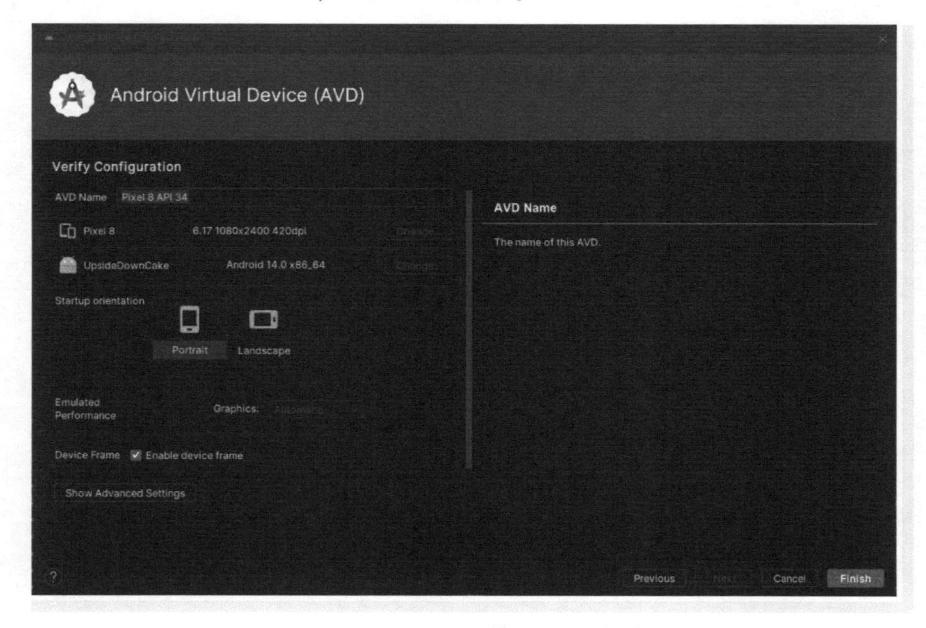

● 图 1-36　设置模拟器的名称

5）单击右下方的“Finish”按钮，成功创建一个 Android 模拟器。

1.6.4 调试程序

Android 调试一般分为 2 个步骤，分别是设置断点和 Debug 调试。

（1）设置断点

此处的断点设置方法和 Java 中的一样，可以通过鼠标单击代码左边的空白区域进行断点设置，在断点代码行前面会出现●标记，如图 1-37 所示。

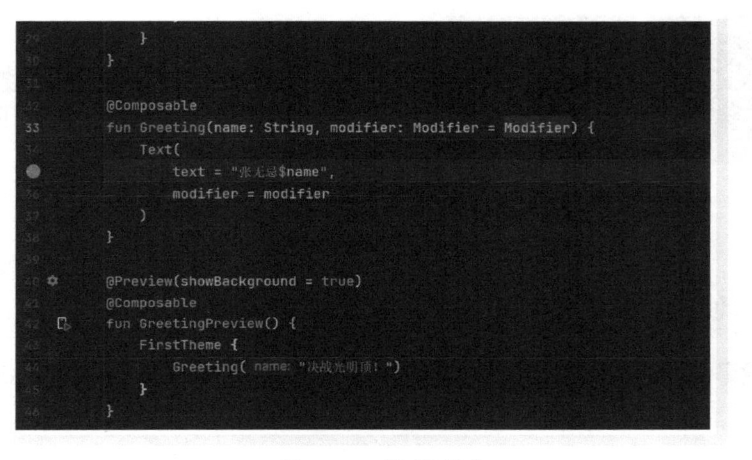

● 图 1-37 设置断点

（2）Debug 项目

Debug Android 调试项目的方法和普通 Debug Java 调试项目的方法类似，唯一的不同是在选择调试项目时选择“Debug ‘app’ ”命令。具体方法是单击 Android Studio 顶部的按钮，如图 1-38 所示。

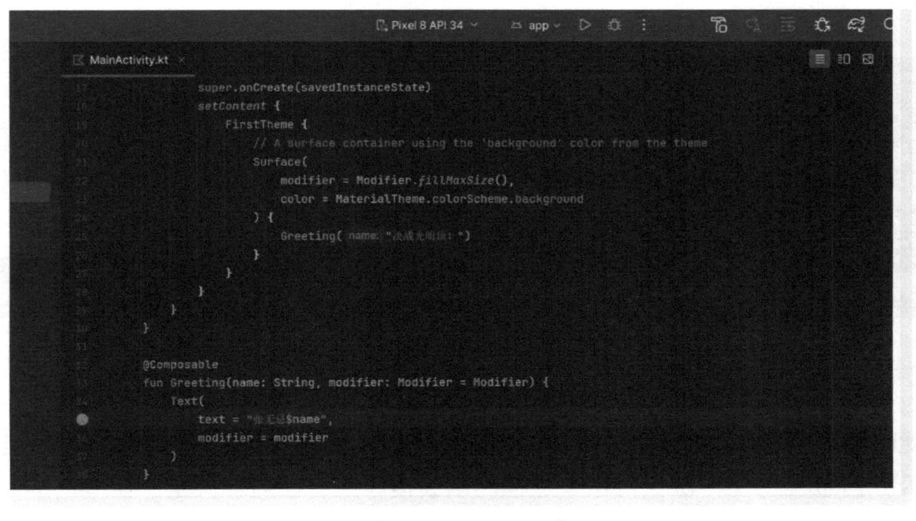

● 图 1-38 Debug 项目

1.6.5 使用模拟器运行项目

使用 Android 模拟器运行本实例的具体流程如下所示。

1）单击 Android Studio 顶部中的▶按钮，在弹出的“Select Deployment Target”界面中选择一个 AVD，如图 1-39 所示。

2）选择在前面刚创建的模拟器“Pixel 8 API 34”，单击“OK”按钮后开始运行这个程序，模拟器的运行速度会比较慢，需要耐心等待。运行后的效果如图 1-40 所示。

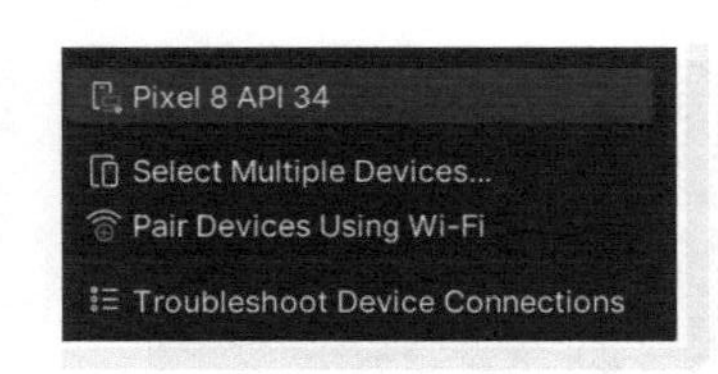

● 图 1-39　“Select Deployment Target”界面

张无忌决战光明顶!

● 图 1-40　运行效果

1.6.6 使用真机运行项目

如果读者觉得使用模拟器运行实例实在是有点慢，可以在真机中调试 Android 程序，具体流程如下所示。

1）首先确保自己的 Android 手机已经打开“开发人员选项”，然后单击 Android Studio 顶部菜单中 app 按钮左侧的下拉框，在弹出的下拉框中展示了当前所有可用的调试方式。

2）在弹出的“Run/Debug Configurations”界面中找到“Target”选项，设置其值为“USB Device”，当前所有可用的调试方式如图 1-41 所示。

3）其中的“Xiaomi 2209129SC”便是我们连接的真机设备，此时选择下拉框中的“Xiaomi 2209129SC”，然后单击右侧的▷按钮，即可使用这个真机调试 Android 程序，如图 1-42 所示。

● 图 1-41　当前所有可用的调试方式

● 图 1-42　使用真机“Xiaomi 2209129SC”调试

4）此时应用程序将在连接的 Android 真机中运行，首先开始生成 APK 格式的安装包，然后自动安装到手机上。第一次执行这个过程的话会慢一些，往后就快了。在 Android Studio 底部的控制台程序中会显示提示信息，如图 1-43 所示。

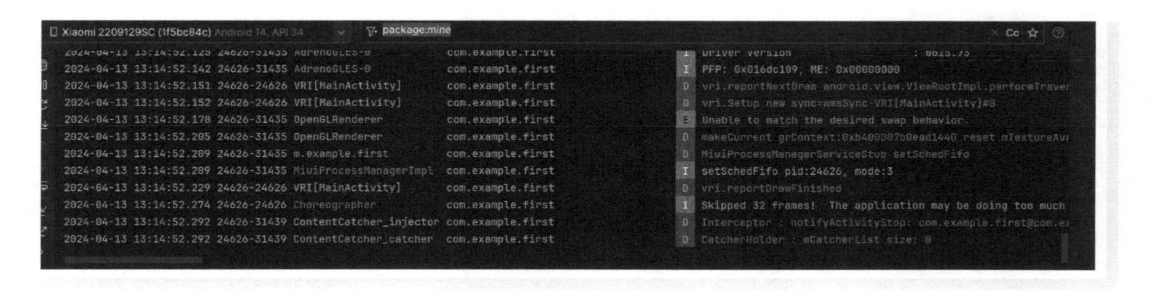

● 图 1-43　控制台提示信息

5）读者会发现 Android 真机的运行速率比模拟器强太多。在真机中的运行效果如图 1-44 所示。

● 图 1-44　真机中的运行效果截图

注意：用模拟器调试 Android 应用程序会比较慢，建议读者尽量用 Android 真机设备进行调试。

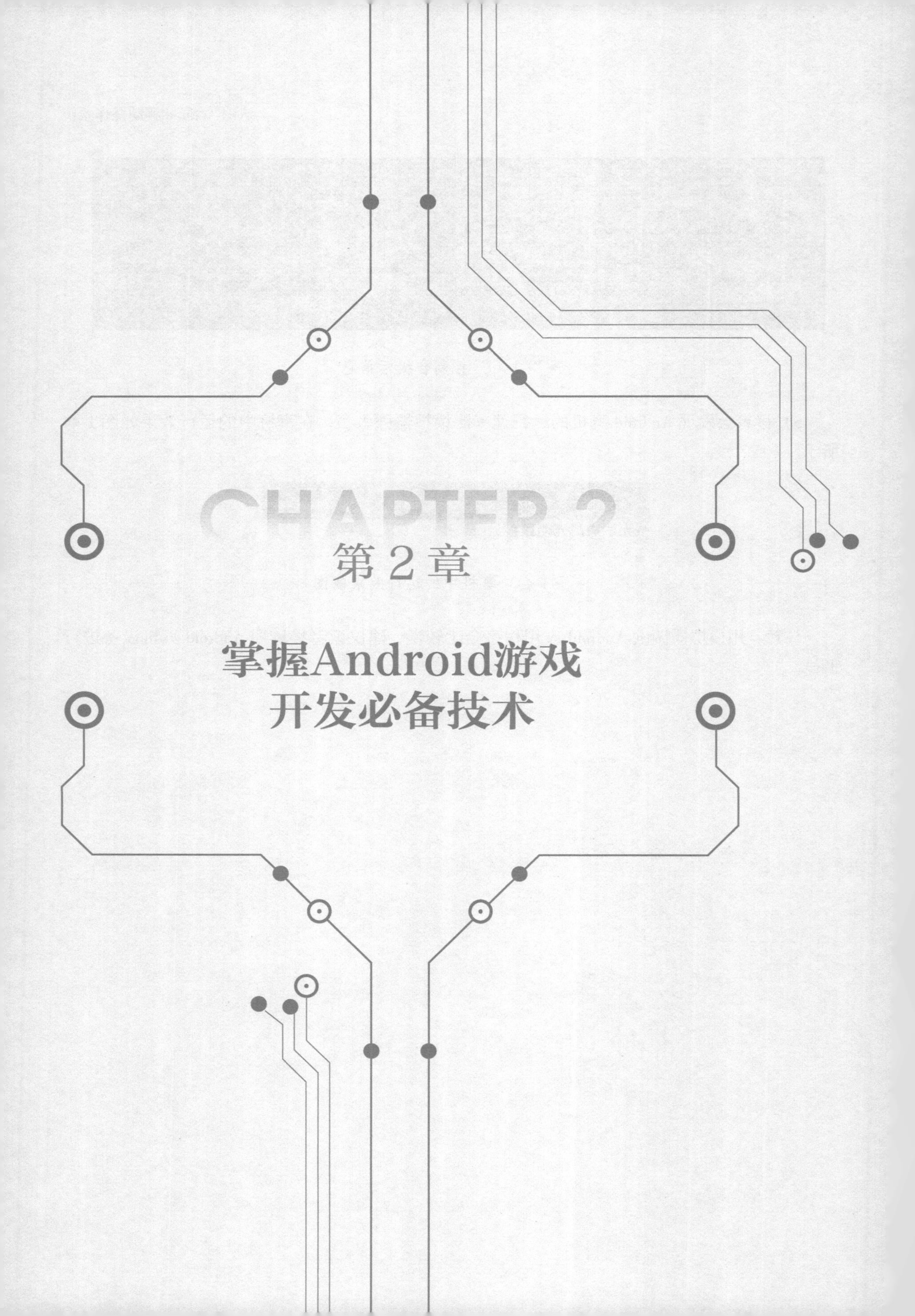

CHAPTER 2

第2章

掌握Android游戏开发必备技术

学习编程不能打无把握之仗，学习 Android 游戏开发也是如此。要想真正精通 Android 游戏开发技术，不但需要学习 Java、Kotlin 和 Android 框架方面的知识，还需要了解一些比较基础的知识，例如游戏开发流程、文件存储、I/O 文件操作和游戏框架等。从本章内容开始，将简要讲解游戏开发的必备技术，为读者本书后面知识的学习打下基础。

2.1 游戏的类型

在现实应用中，游戏的类型多种多样，我们可以根据不同的标准和特征进行分类，其中常见的游戏类型如下所示。

- 动作游戏（Action Games）：这类游戏通常强调玩家的反应速度和手眼协调能力。动作游戏可以分为射击游戏、格斗游戏等子类。
- 冒险游戏（Adventure Games）：冒险游戏强调解谜、探索和故事情节。经典例子包括《塞尔达传说》和《神秘海域》。
- 角色扮演游戏（Role-Playing Games，RPG）：RPG 通常涉及玩家控制的角色的成长和发展，包括角色属性、技能和决策。子类包括回合制 RPG 和动作 RPG。
- 战略游戏（Strategy Games）：战略游戏需要玩家制定战术和策略，涵盖了实时战略游戏（RTS）和回合制战略游戏等不同类型。
- 模拟游戏（Simulation Games）：模拟游戏模拟现实生活或虚构情境，包括飞行模拟器、模拟城市建设游戏等。
- 体育游戏（Sports Games）：这类游戏模拟体育比赛，如足球、篮球、赛车等。
- 音乐和舞蹈游戏（Music and Dance Games）：这类游戏要求玩家按照音乐节奏或舞蹈动作来获得分数，如《吉他英雄》和《舞力全开》。
- 益智游戏（Puzzle Games）：益智游戏强调解决难题和谜题，如《俄罗斯方块》和《三消游戏》。
- 恐怖游戏（Horror Games）：这类游戏旨在让玩家感到害怕和紧张，如《生化危机》和《异形孤儿院》。
- 虚拟现实游戏（Virtual Reality Games，VR）：这类游戏利用虚拟现实技术，让玩家沉浸在游戏世界中。
- 增强现实游戏（Augmented Reality Games，AR）：AR 游戏将虚拟元素叠加到现实世界中，如《精灵宝可梦 GO》。

上面介绍的游戏分类只是众多游戏类型中的一小部分，实际上还有更多的细分类型和混合类型的游戏。不同的游戏类型吸引了不同类型的玩家，因此游戏开发人员经常根据目标受众和玩法风格来选择适合的类型。

2.2 游戏开发的流程

游戏开发是一个复杂的过程，具体的开发流程会根据项目的规模、团队的需求和技术选择而变化。在一般情况下，游戏开发的基本流程如下所示：

（1）创意和概念化

- 确定游戏的核心概念和玩法。
- 制定游戏的故事情节、角色和目标。
- 建立游戏的美术设计和风格概念。

（2）规划和预算

- 确定项目的时间表和预算。
- 制定开发阶段的里程碑和目标。

（3）原型制作

- 创建游戏的简化原型，以验证核心玩法和概念。
- 基于反馈进行迭代，改进原型。

（4）游戏设计

- 制定游戏的规则、关卡设计和难度曲线。
- 确定游戏的系统和机制，包括角色属性和交互元素。

（5）美术和音效

- 制作游戏的美术资源，包括角色模型、场景、动画和界面设计。
- 制作游戏音效和音乐。

（6）开发

- 编写游戏的源代码，实现游戏的功能和机制。
- 进行测试，修复错误和优化性能。
- 集成美术和音效资源。

（7）测试

- 进行功能测试，确保游戏的所有部分按预期工作。
- 进行质量保证测试，寻找和修复潜在问题。
- 执行用户测试，获取反馈并进行修正。

（8）发布和部署

- 准备游戏的发布版本，包括为不同平台生成和打包游戏。
- 提交游戏到应用商店或其他游戏分发平台。
- 进行营销和宣传，以吸引玩家。

（9）维护和更新

- 持续监测游戏的性能和收集用户反馈。
- 提供定期更新和修复程序，以增加内容和改进游戏。

（10）社区互动

- 与玩家互动，收集反馈和建议。
- 创建社交媒体官方账号和在线社区，以促进游戏的社交互动和讨论。

（11）分析和改进

- 使用分析工具跟踪玩家行为和监测游戏性能。

- 根据数据做出决策，以改进游戏质量和玩家体验。

（12）扩展和维护

根据游戏的运营效果和反馈需求，考虑扩展内容、DLC、跨平台支持等。

注意：游戏开发是一个团队合作的过程，其团队成员包括程序员、美术设计师、音效设计师、游戏设计师和质量保证团队，因此沟通和协作在整个开发过程中至关重要。此外，灵活性也很重要，因为游戏开发中可能会遇到许多意外情况和挑战，需要随时调整计划和流程。

2.3 数据存储方式

数据存储即数据保存，是指像数据库那样将数据保存起来，等用到的时候只需调用数据库里面的数据即可。数据库就是实现数据存储功能的工具。而 Android 采用了一种不同的方式存储数据，Android 中所有的应用软件数据（包括文件）为该应用软件私有。然而 Android 同样也提供了一种标准方式供应用软件将私有数据开放给其他应用软件。在 Android 系统中提供了如下 5 种存储方式：SharedPreferences、文件存储、数据库方式（SQLite）、内容提供器（Content-Provider）和网络存储。

2.3.1 SharedPreferences 存储

SharedPreferences 是 Android 中用于存储小型数据的一种持久性存储机制，允许我们存储键值对数据，通常用于存储应用程序的设置、用户首选项、缓存数据等。SharedPreferences 存储的数据在应用关闭后仍然保留，因此可用于在应用的不同会话中存储数据。下面是使用 SharedPreferences 存储的基本方法。

（1）获取 SharedPreferences 实例

想使用 SharedPreferences，首先需要获取一个 SharedPreferences 对象，这通常是在 Activity 或 Fragment 中完成的。可以通过 getSharedPreferences( ) 方法获取它：

```
SharedPreferences sharedPreferences = getSharedPreferences("my_preferences", Context.
MODE_PRIVATE);
```

这里的"my_preferences"是一个用于标识这组共享首选项的名称，Context.MODE_PRIVATE 是访问模式，表示只有你的应用程序可以访问这些首选项。

（2）编辑和保存数据

一旦获取了 SharedPreferences 对象，你可以使用它来读取、编辑和保存数据。例如保存数据的代码如下所示：

```
SharedPreferences.Editor editor = sharedPreferences.edit();
editor.putString("username", "John");
editor.putInt("score", 100);  //设置数据
editor.apply();  //保存设置
```

下面是读取数据的演示代码：

```
String username =sharedPreferences.getString("username", "DefaultUsername");
int score =sharedPreferences.getInt("score", 0);
```

这两个数据的第一个参数是键名，第二个参数是默认值，如果找不到指定键的数据，将返回默认值。

（3）移除数据

也可以使用 **remove( )**方法来删除指定的数据，例如下面的演示代码：

```
SharedPreferences.Editor editor = sharedPreferences.edit();
editor.remove("username");
editor.apply();
```

（4）清除所有数据

如果需要清空所有数据，可以使用 **clear( )**方法实现：

```
SharedPreferences.Editor editor = sharedPreferences.edit();
editor.clear();
editor.apply();
```

SharedPreferences 是一种轻量级的数据存储方式，适用于存储简单的配置信息、用户首选项和应用程序状态。然而，它不适用于存储大量数据或敏感数据，因为数据以明文形式存储在设备上，可能存在安全风险。对于敏感数据，应该考虑使用其他安全的存储方式，如加密数据库或加密文件。

下面通过一个具体实例的实现过程，详细讲解使用 SharedPreferences 方式存储数据的过程。

实例 2-1：查询某个重要客户的电话（Java/Kotlin 双语实现）

1）编写文件 SharedPreferencesHelper.java，主要实现代码如下所示。

```
public class SharedPreferencesHelper {
    SharedPreferences sp;
    SharedPreferences.Editor editor;
        Context context;
        public SharedPreferencesHelper(Context c,String name){
        context = c;
        sp = context.getSharedPreferences(name, 0);
        editor = sp.edit();
    }
        public void putValue(String key, String value){
        editor = sp.edit();
        editor.putString(key, value);
        editor.commit();
    }
    public StringgetValue(String key){
        return sp.getString(key, null);
    }
}
```

2）编写文件 SharedPreferencesUsage.java，主要实现代码如下所示。

```
public class SharedPreferencesUsage extends Activity {
    public final static String COLUMN_NAME ="name";
    public final static String COLUMN_MOBILE ="mobile";
    SharedPreferencesHelper sp;
    @Override
    public void onCreate(BundlesavedInstanceState) {
        super.onCreate(savedInstanceState);
        sp = new SharedPreferencesHelper(this, "contacts");
        sp.putValue(COLUMN_NAME, "王经理");
        sp.putValue(COLUMN_MOBILE, "1506907XXXX");
        String name = sp.getValue(COLUMN_NAME);
        String mobile = sp.getValue(COLUMN_MOBILE);
        TextView tv = new TextView(this);
        tv.setText("客户:"+ name + "\n" + "电话:" + mobile);
        setContentView(tv);
    }
}
```

执行后的效果如图 2-1 所示。

● 图 2-1　执行效果

其中“客户”和“电话”这两个值就是在 SharedPreferences 中存储的，因为上面例子的 **pack_name** 为：

```
package com.android.SharedPreferences;
```

所以存放数据的路径为：**data/data/com.android.SharedPreferences/share_prefs/contacts.xml**。其中文件 **contacts.xml** 的内容如下所示。

```
<? xml version='1.0' encoding='utf-8' standalone='yes' ? >
<map>
<string name="mobile">1506907XXXX</string>
<string name="name">王经理</string>
</map>
```

2.3.2 文件存储

前面介绍的 SharedPreferences 存储方式非常方便，但是有一个缺点，即只适合于存储比较简单的数据，如果需要存储更多的数据就不合适了。在 Android 系统中，可以将一些数据保存在记事本等格式的文件中。和传统的 Java 中实现 I/O 的程序类似，在 Android 中提供了 openFile-Input( )和 openFileOuput( )两个方法来读取设备上的文件，具体说明如下所示。

- 写文件：调用 Context.openFileOutput( )方法。这个方法根据指定的路径和文件名来创建文件，并返回一个 FileOutputStream 对象。
- 读取文件：调用 Context.openFileInput( )方法。这个方法通过指定的路径和文件名来返回一个标准的 Java FileInputStream 对象。

和传统的 Java 中实现 I/O 的程序类似，在 Android 中提供了 openFileInput ( ) 和 openFileOutput( )两个方法来读取设备上的文件，具体说明如下所示。

- 写文件：调用 Context.openFileOutput( )方法根据指定的路径和文件名来创建文件，这个方法会返回一个 FileOutputStream 对象。
- 读取文件：调用 Context.openFileInput( )方法通过指定的路径和文件名来返回一个标准的 Java FileInputStream 对象。

在下面的内容中，将通过一个具体实例来讲解使用文件方式存储数据的过程。

实例 2-2：移动记账本（Java/Kotlin 双语实现）

1）编写文件 MainActivity.java，定义保存文件并读取文件内容的方法。主要实现代码如下所示。

```
class OperateOnClickListener implementsOnClickListener {
        //监听是否单击按钮,单击后开始读取内容并保存起来
        public void onClick(View v) {
            writeFiles(writeET.getText().toString());
            contentView.setText(readFiles());
            System.out.println(getFilesDir());
        }
    }
    //保存文件内容
    private voidwriteFiles(String content) {
        try {
            // 打开文件获取输出流,文件不存在则自动创建
            FileOutputStream fos = openFileOutput(FILENAME,
                    Context.MODE_PRIVATE);
            fos.write(content.getBytes());
            fos.close();
        } catch (Exception e) {
            e.printStackTrace();
        }
    }
    //读取文件内容
    private StringreadFiles() {
        String content = null;
        try {
            FileInputStream fis = openFileInput(FILENAME);
            ByteArrayOutputStream baos = new ByteArrayOutputStream();
            byte[] buffer = new byte[1024];
            int len = 0;
            while ((len = fis.read(buffer)) != -1) {
```

```
            baos.write(buffer, 0, len);
        }
        content = baos.toString();
        fis.close();
        baos.close();
    } catch (Exception e) {
        e.printStackTrace();
    }
    return content;
  }
}
```

2）编写文件 FilesUtil.java，分别实现文件保存和文件内容读取的功能。主要实现代码如下所示。

```
public classFilesUtil {
    /**保存文件内容,fileName 表示文件名称,content 表示内容*/
    private voidwriteFiles(Context c, String fileName, String content, int mode) throws Ex-
ception {
        FileOutputStream fos = c.openFileOutput(fileName, mode); // 打开文件获取输出流,文件
不存在则自动创建
        fos.write(content.getBytes());
        fos.close();
    }
    /*读取文件内容,return 表示返回文件内容*/
    private StringreadFiles(Context c, String fileName) throws Exception {
        ByteArrayOutputStream baos = new ByteArrayOutputStream();
        FileInputStream fis = c.openFileInput(fileName);
        byte[] buffer = new byte[1024];
        int len = 0;
        while ((len = fis.read(buffer)) ! = -1) {
            baos.write(buffer, 0, len);
        }
        String content = baos.toString();
        fis.close();
        baos.close();
        return content;
    }
}
```

执行后的效果如图 2-2 所示，在文本框中输入信息并单击【记录下来】按钮后，将信息输入并保存到文件，并在按钮下方显示输入的记账信息，如图 2-3 所示。

图 2-2 执行效果

图 2-3 保存输入的信息

2.3.3　SQLite 存储

在 Android 系统中最常用的存储方式是 SQLite 存储，这是一个轻量级的嵌入式数据库。SQLite 是 Android 系统自带的一个标准的数据库，支持 SQL 统一数据库查询语句。为了方便开发人员使用，Android 提供了创建和使用 SQLite 数据库的 API。SQLiteDatabase 代表一个数据库对象，提供了操作数据库的一些方法。在 Android 的 SDK 目录下有 sqlite3 工具，我们可以利用它创建数据库、创建表和执行一些 SQL 语句。在表 2-1 中列出了 SQLiteDatabase 的常用方法。

表 2-1　SQLiteDatabase 的常用方法

方法名称	方法描述
openOrCreateDatabase(String path,SQLiteDatabase.CursorFactory factory)	打开或创建数据库
insert(String table,StringnullColumnHack,ContentValues values)	添加一条记录
delete(String table,StringwhereClause,String[] whereArgs)	删除一条记录
query(String table,String[] columns,String selection,String[] selectionArgs,String groupBy,String having,String orderBy)	查询一条记录
update(String table,ContentValues values,String whereClause,String[] whereArgs)	修改记录
execSQL(String sql)	执行一条 SQL 语句
close()	关闭数据库

在 Android 中查询数据是通过 query()方法实现的，此方法的语法格式如下：

```
public Cursor query(String table,String[] columns,String selection,String[]selectionArgs,
String groupBy,String having,String orderBy,String limit);
```

各个参数的具体说明如下所示。

- table：表名称。
- columns：列名称数组。
- selection：条件字句，相当于 where。
- selectionArgs：条件字句，参数数组。
- groupBy：分组列。
- having：分组条件。
- orderBy：排序列。
- limit：分页查询限制。
- Cursor：返回值，相当于结果集 ResultSet。Cursor 是一个游标接口，提供了遍历查询结果的方法，如移动指针方法 move()，获得列值方法 getString()等。Cursor 游标的常用方法如表 2-2 所示。

表 2-2　Cursor 游标的常用方法

方法名称	方法描述
getCount()	获得总的数据项数
isFirst()	判断是否为第一条记录

（续）

方法名称	方法描述
isLast( )	判断是否为最后一条记录
moveToFirst( )	移动到第一条记录
moveToLast( )	移动到最后一条记录
move （int offset)	移动到指定记录
moveToNext( )	移动到下一条记录
moveToPrevious( )	移动到上一条记录
getColumnIndexOrThrow(String columnName)	根据列名称获得列索引
getInt(int columnIndex)	获得指定列索引的 int 类型值
getString(int columnIndex)	获得指定列索引的 String 类型值

在接下来的内容中，将通过一个具体实例来讲解使用 SQLite 操作数据的方法。

实例 2-3：××大学学生信息管理系统（Java/Kotlin 双语实现）

本实例的主程序文件是 UserSQLite.java，具体实现流程如下所示。

1）定义一个继承于 SQLiteOpenHelper 的 DatabaseHelper 类，并且重写了 onCreate( ) 和 onUpgrade( )方法。在 onCreate( )方法里首先构造一条 SQL 语句，然后调用 db.execSQL （sql）执行 SQL 语句。这条 SQL 语句能够生成一张数据库表。具体代码如下所示。

```
private static classDatabaseHelper extends SQLiteOpenHelper {
    DatabaseHelper(Context context) {
        super(context, DATABASE_NAME, null, DATABASE_VERSION);
    }
    public void onCreate(SQLiteDatabase db) {
        String sql = "CREATE TABLE " + TABLE_NAME + " (" + TITLE+ " text not null, " + BODY + "
text not null " + ");";
        Log.i("haiyang:createDB=", sql);
        db.execSQL(sql);
    }
    public void onUpgrade(SQLiteDatabase db, int oldVersion, int newVersion) {
    }
}
```

在上述代码中，SQLiteOpenHelper 是一个辅助类，此类主要用于生成一个数据库，并对数据库的版本进行管理。当在程序中调用这个类的方法 getWritableDatabase( )或者 getReadableDatabase( )方法的时候，如果当时没有数据，那么 Android 系统就会自动生成一个数据库。SQLiteOpenHelper 是一个抽象类，我们通常需要继承它，并且实现其中的如下三个函数。

- onCreate （SQLiteDatabase)：在数据库第一次生成的时候会调用这个方法，一般我们在这个方法中生成数据库表。
- onUpgrade （SQLiteDatabase，int，int)：当数据库需要升级的时候，Android 系统会主动调用这个方法。一般我们在这个方法中删除数据表，并建立新的数据表。当然，是否还需要做其他的操作，完全取决于应用的需求。

- onOpen（SQLiteDatabase）：是打开数据库时的回调函数，一般不会用到。

2）开始编写按钮处理事件。

单击“添加两条学生信息”按钮，如果数据成功插入数据库中的 diary 表中，那么在界面的 title 区域就会有成功的提示，如图 2-4 所示。

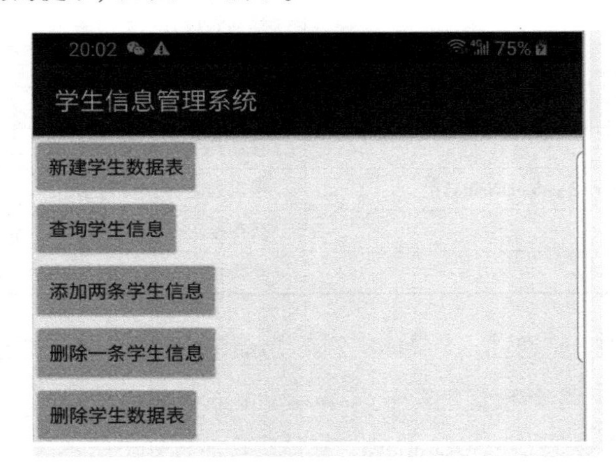

● 图 2-4　执行效果

这是因为，单击“添加两条学生信息”按钮后，程序会执行监听器里的 onClick( )方法，并最终执行 insertItem( )方法。对 insertItem( )方法的具体说明如下所示。

- sql1 和 sql2：是构造的标准的插入 SQL 语句，如果对 SQL 语句不是很熟悉，可以参考相关的书籍。鉴于本书的重点是在 Android 方面，所以对 SQL 语句的构建不进行详细介绍。
- Log.i( )：会将参数内容打印到日志中，并且打印级别是 Info，在使用 LogCat 工具的时候，我们会进行详细介绍。
- db.execSQL（sql1）：执行 SQL 语句。

3）单击“查询学生信息”按钮，会在界面的 title 区域显示当前数据表中数据的条数。因为刚才我们插入了两条，所以现在单击此按钮后，会显示有两条记录。单击“查询学生信息”按钮后，程序执行监听器里的 onClick( )方法，并最终执行程序中的 showItems( )方法。在 showItems( )方法中，代码语句“Cursor cur = db.query（TABLE_NAME，col，null，null，null，null，null）”比较难以理解，此语句用于将查询到的数据放到一个 Cursor 中。Cursor 中封装了这个数据表 TABLE_NAME 中的所有条例。query( )方法非常重要，包含了如下所示的 7 个参数。

- 第 1 个参数是数据库中表的名字。比如在这个例子中，表的名字就是 TABLE_NAME，也就是“diary”。
- 第 2 个字段是我们想要返回数据包含的列的信息。在这个例子中我们想要得到的列有 title、body。把这两个列的名字放到字符串数组中来。
- 第 3 个参数为 selection，相当于 SQL 语句的 where 部分。如果想返回所有的数据，那么就直接置为 null。

- 第 4 个参数为 selectionArgs。在 selection 部分，你有可能用到“?”，那么在 selectionArgs 定义的字符串会代替 selection 中的“?”。
- 第 5 个参数为 groupBy，定义查询出来的数据是否分组，如果为 null，则说明不用分组。
- 第 6 个参数为 having，相当于 SQL 语句中的 having 部分。
- 第 7 个参数为 orderBy，来描述我们期望的返回值是否需要排序，如果设置为 null，则说明不需要排序。

注意：Cursor 在 Android 中是一个非常有用的接口，通过 Cursor 可以对从数据库查询出来的结果集进行随机的读写访问。

4）单击“删除一条学生信息”按钮后，如果成功删除，会在屏幕的标题（title）区域看到文字提示。如果此时再单击“查询学生信息”按钮，会发现数据库中的记录少了一条。

在单击“删除一条学生信息”按钮时，程序执行监听器里的 onClick( )方法，并最终执行程序中的 deleteItem( )方法。在 deleteItem( )方法的实现代码中，通过“db.delete（TABLE_NAME，" title = '张三'"，null）”语句删除了一条 title='张三'的数据。当然如果有很多条 title 为'张三'的数据，那么将一并删除。Delete( )方法中各个参数的具体说明如下所示。

- 第一个参数是数据库表名，在这里是 TABLE_NAME，也就是 diary。
- 第二个参数，相当于 SQL 语句中的 where 部分，也就是描述了删除的条件。

如果在第二个参数中有“?”符号，那么第三个参数中的字符串会依次替换在第二个参数中出现的“?”符号。

5）单击“删除学生数据表”按钮后，可以删除数据表 diary。本实例的删除数据表功能是通过方法 dropTable( )实现的，在实现时首先构造了一个标准的删除数据表的 SQL 语句，然后执行 db.execSQL（sql）这条语句。

6）此时如果单击其他的按钮，程序运行后有可能会出现异常，在此单击“重新建立数据表”按钮。如果此时单击“查询数据库”按钮可以查看其中是否有数据。具体说明如下所示。

- 通过方法 CreateTable( )可以建立一张新表，其中变量 sql 表示的语句为标准的 SQL 语句，负责按要求建立一张新表。
- “db.execSQL（"DROP TABLE IF EXISTS diary"）”语句表示，如果存在 diary 表，则需要先删除，因为在同一个数据库中不能出现两张同样名字的表。
- “db.execSQL（sql）”语句用于执行 SQL 语句，建立一个新表。

2.3.4 ContentProvider 存储

在 Android 系统中的数据是私有的，也就是说在不同应用程序之间是保密的。但是有一些数据是允许共享的，不是保密的，例如音频、视频、图片和通讯录等，这些共享数据一般使用 ContentProvider 方式进行存储。每个 ContentProvider 都会对外提供一个公共的 URI（包装成 Uri 对象），如果应用程序有数据需要共享时，就需要使用 ContentProvider 为这些数据定义一个 URI，其他的应用程序就通过 ContentProvider 传入这个 URI 来对数据进行操作。

ContentProvider 类实现了一组标准的方法接口，从而能够让其他的应用保存或读取此 ContentProvider 的各种数据类型。其中比较常见的接口如下。

(1) ContentResolver 接口

外部程序可以通过 ContentResolver 接口访问 ContentProvider 提供的数据。在 Activity 中，可以通过 getContentResolver()得到当前应用的 ContentResolver 实例。ContentResolver 提供的接口需要和 ContentProvider 中实现的接口相对应，常用的接口主要有以下几个。

- query (Uri uri, String[] projection, String selection, String[] selectionArgs, String sortOrder)：通过 Uri 进行查询，返回一个 Cursor。
- insert (Uri uri, ContentValues values)：将一组数据插入 Uri 指定的地方。
- update (Uri uri, ContentValues values, String where, String[] selectionArgs)：更新 Uri 指定位置的数据。
- delete (Uri uri, String where, String[] selectionArgs)：删除指定 Uri 并且符合一定条件的数据。

(2) ContentProvider 和 ContentResolver 中的 Uri

在 ContentProvider 和 ContentResolver 中，使用的 Uri 形式通常有两种，一种是指定所有的数据，另一种是只指定某个 ID 的数据。我们看下面的代码。

```
content://contacts/people/          //此 Uri 指定的就是全部的联系人数据
content://contacts/people/1         //此 Uri 指定的是 ID 为 1 的联系人的数据
```

在上边用到的 Uri 一般由如下三部分组成。

- 第一部分是:"content：//"。
- 第二部分是要获得数据的一个字符串片段。
- 第三部分是 ID（如果没有指定 ID，那么表示返回全部）。

因为 Uri 通常比较长，而且有时候容易出错，所以在 Android 中定义了一些辅助类和常量来代替这些长字符串的使用。例如下边的代码。

```
Contacts.People.CONTENT_URI(联系人的 URI)
```

2.4 用户界面的组件

在 Android 系统中，用户界面（UI）组件是构建应用程序用户界面的重要元素。这些组件可以用于创建各种交互式应用程序，包括从简单的应用程序到复杂的游戏和工具应用。虽然 View 和 SurfaceView 并不是专门的游戏框架，但是游戏的界面工作需要它们来实现。

2.4.1 View 类

View 是 Android 用户界面的基础组件之一，用于显示和管理用户界面元素，如文本、按钮、图像等。虽然 View 可以用于标准用户界面元素，但它也可以扩展为自定义视图，允许我们进行自定义绘图和交互。这对于创建自定义绘图应用程序或特定绘图需求的应用程序非常有用。

1. View 继承层次

- 类 View 是所有用户界面元素的根基类。
- 在 Android 中有许多 View 的子类，每个子类代表了不同类型的用户界面元素，如 TextView、Button、EditText、ImageView 等。

2. 可视化元素

- View 对象是可视化元素，通过绘制自己的内容来呈现用户界面。
- View 可以包含文本、图像、按钮、输入字段等。

3. 布局

- View 可以放置在布局容器中，如 LinearLayout、RelativeLayout 等，以便构建整体用户界面。
- 布局容器用于确定 View 对象在屏幕上的位置和大小。

4. 属性和方法

View 对象具有各种属性和方法，可以控制其外观和行为。其中属性包括背景、颜色、大小、可见性等。方法用于响应用户输入事件、绘制内容和处理交互。

5. 事件处理

View 对象可以处理用户的触摸事件（如点击、滑动、长按）以及键盘事件。通过设置事件监听器，可以编写处理这些事件的代码。

6. 自定义 View

- 可以创建自定义的 View 子类，以实现特定的用户界面元素或自定义绘图。
- 自定义 View 类通常需要实现 onDraw( )方法来进行绘图。

7. 层叠和嵌套

View 对象可以层叠和嵌套，以创建复杂的用户界面。这种层次结构允许将多个 View 组合在一起，以构建应用程序的整体界面。

总之，View 类是 Android 用户界面开发的核心元素，它提供了一种构建用户界面的灵活和可扩展方法。通过组合不同类型的 View 子类，可以创建各种交互式应用程序，包括从简单的应用程序到复杂的游戏和工具应用。

注意：View 是 Android 用户界面元素的基础类，用于呈现各种用户界面元素，如按钮、文本框、图像等。虽然 View 主要用于构建传统的用户界面，但它也可以用于简单的游戏，尤其是基于 2D 图形的小型游戏。我们可以在一个自定义的 View 中绘制游戏图形，并处理用户输入事件，但对于复杂的游戏，通常会使用更专业的游戏框架或引擎。

2.4.2 SurfaceView 类

SurfaceView 是 Android 中用于处理图形绘制的重要类，通常用于实现自定义绘图、2D 游戏开发和实时图形处理。与标准的 View 不同，SurfaceView 允许我们在单独的线程中执行图形绘制操作，以提高性能和响应性。下面介绍了关于 SurfaceView 类的一些关键特点和用法。

1. 双缓冲绘制

SurfaceView 允许我们创建一个可以进行双缓冲绘制的区域，这意味着可以在后台缓冲区绘制图形，然后在前台将整个图像切换到屏幕上。这有助于防止绘图过程中的闪烁和撕裂。

2. 独立的绘图线程

SurfaceView 允许在独立的绘图线程中执行绘图操作，而不会影响主 UI 线程。这对于游戏循环和实时图形处理非常重要，因为它可以防止主线程阻塞和影响应用程序的响应性。

3. 自定义绘图

可以使用 SurfaceView 来实现自定义绘图，绘制图形、图像、动画等，可以通过扩展 SurfaceView 并覆盖 onDraw( ) 方法来执行自定义绘图操作。

4. 处理触摸事件

SurfaceView 可以处理触摸事件，以便用户可以与自定义图形进行交互。

5. 游戏开发

由于 SurfaceView 具有良好的性能和响应性，通常用于 2D 游戏开发，可以创建游戏循环来控制游戏的帧率和交互。

6. 视频播放

SurfaceView 也能够用于播放视频，因为它可以在后台处理视频帧的绘制。

总之，SurfaceView 是 Android 开发中用于处理图形绘制的强大工具，特别适用于自定义绘图、2D 游戏开发和实时图形处理。SurfaceView 提供了更高级的控制和性能，使开发者能够实现复杂的图形效果和用户界面元素。

2.5 常用的游戏框架

在 Android 游戏开发中，有许多游戏框架和引擎可供开发者使用，这些框架和引擎可以加速游戏开发过程，并提供丰富的功能和工具。下面是一些常见的 Android 游戏框架和引擎：

1. Unity

Unity 是一款强大的跨平台游戏引擎，支持 Android 和其他多个平台，包括 iOS、Windows、Mac 等。

Unity 提供了直观的可视化编辑器，使开发者可以轻松创建 3D 和 2D 游戏。Unity 支持 C#和 JavaScript 等编程语言，以及一个大型的 Asset Store，提供了数千个现成的资源和插件。由于其广泛的应用和社区支持，Unity 通常是初学者和专业开发者的首选。

2. Unreal Engine

Unreal Engine 是一个强大的跨平台游戏引擎，支持 Android、iOS、PC、主机等多个平台。它以出色的图形效果和可视化编辑器而闻名，适用于高质量的 3D 游戏开发。Unreal Engine 使用蓝图系统，允许非程序员创建游戏逻辑，同时也支持 C++编程。

Unreal Engine 适用于大型游戏项目，但也可以用于小型游戏。

3. Cocos2d-x

Cocos2d-x 是一款开源的游戏引擎，专注于 2D 游戏开发，支持 Android 和其他平台。它使用 C++编程语言，提供了强大的 2D 渲染和物理引擎。Cocos2d-x 具有丰富的社区支持和大量的示例与插件，适用于移动游戏、休闲游戏和教育应用。

4. LibGDX

LibGDX 是一款轻量级的开源游戏开发框架，适用于 2D 和 3D 游戏，支持 Android 和其他平台。它使用 Java 编程语言，提供了丰富的功能，包括 2D 渲染、物理引擎和音频管理。LibGDX 非常适合独立开发者和小型团队，它提供了跨平台支持和高性能。

5. Godot Engine

Godot Engine 是一款跨平台的开源游戏引擎，支持 Android 和其他平台。它使用自己的脚本语言 GDScript，还支持 C#和 VisualScript。Godot Engine 提供了强大的可视化编辑器和 2D/3D 渲染支持，适用于各种类型的游戏和应用。

上述游戏框架和引擎都具有自己的特点和优点，可以根据项目需求和个人偏好进行选择。无论是初学者还是有经验的开发者，都可以找到一个适合自己项目的工具，以实现高质量的 Android 游戏开发。

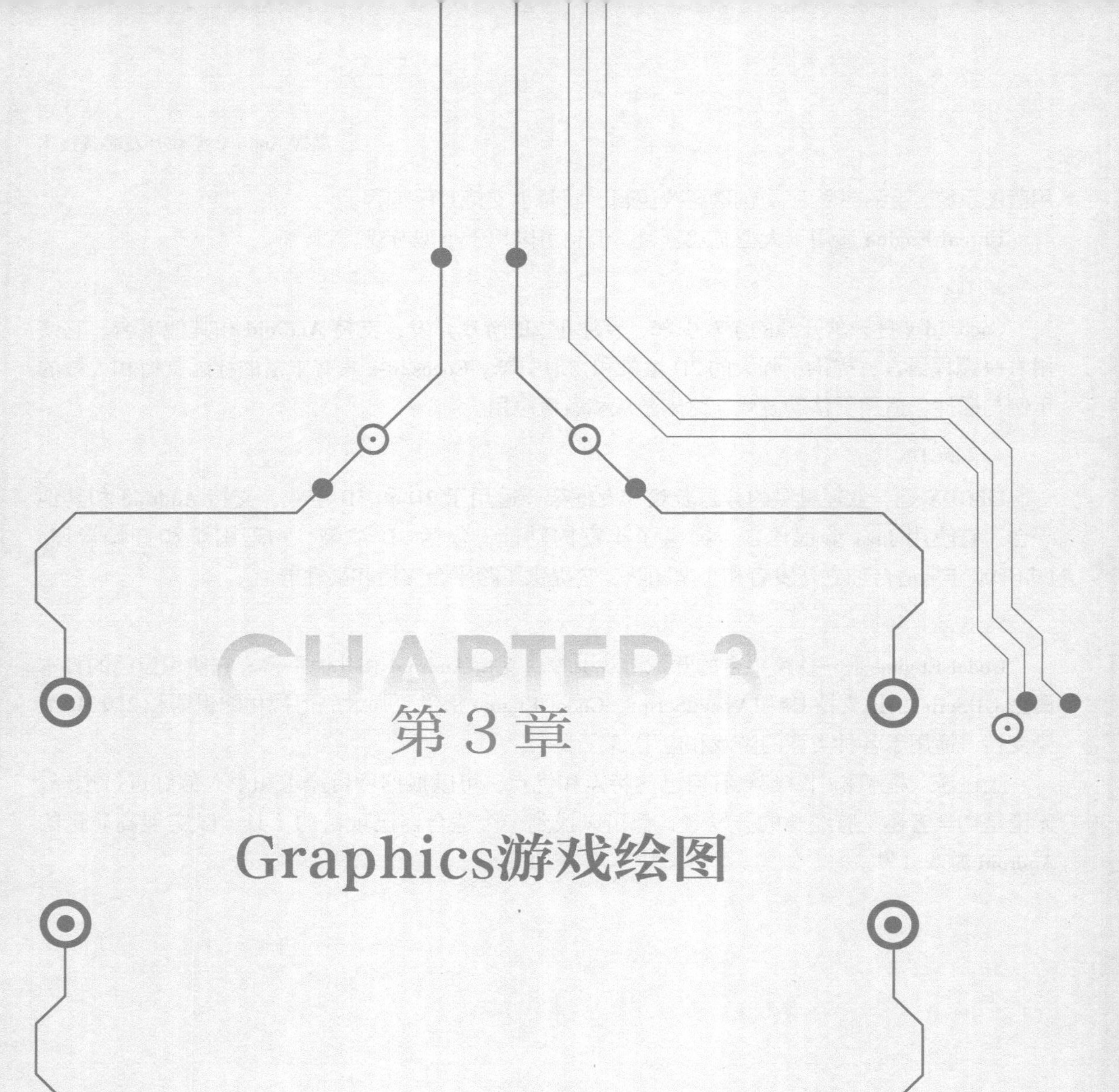

第3章 Graphics游戏绘图

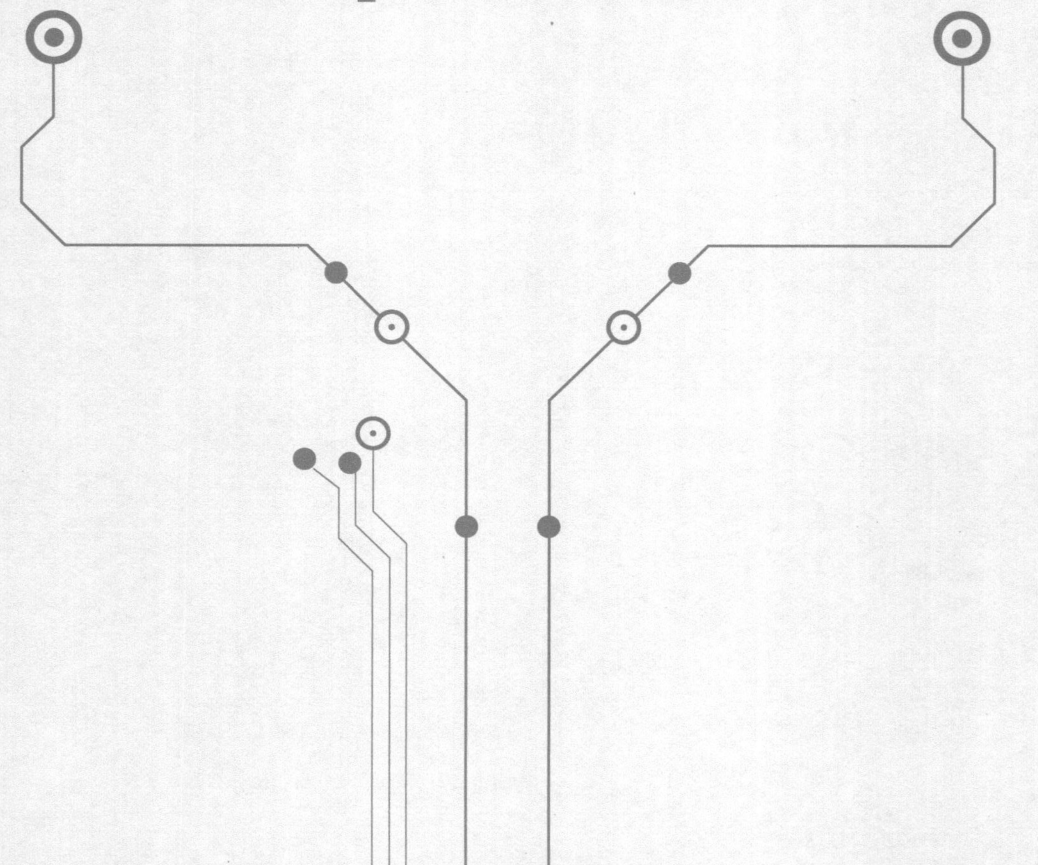

在 Android 游戏开发中，绘制图形是一个至关重要的任务。使用 Android 的图形引擎和绘图 API，可以在屏幕上创建游戏图形、动画和特效。本章的内容将详细讲解在 Android 中使用类 Graphics 绘制二维图像的知识，详细剖析在 Android 系统中渲染二维图像系统的方法，为步入后面的学习之路打下基础。

3.1 Android 的绘图系统

Android 系统中的绘图渲染技术分为二维和三维两种，其中二维图形的渲染功能是由 Skia 实现的。

3.1.1 Skia 渲染引擎介绍

Skia 是一个开源的 2D 图形库，用于渲染 2D 图形、文本和图像。Skia 最初是 Google 开发的，现在 Chrome 和 Android 等项目中广泛使用。Skia 提供了各种功能，使其适用于多种应用，包括 Web 浏览器、操作系统、图形编辑器、游戏引擎等。Skia 的主要特点和用途如下。

- 2D 图形渲染：Skia 专注于 2D 图形渲染，提供了绘制图形、文本和图像的功能。它可以用于创建用户界面、绘图应用程序和游戏等。
- 跨平台：Skia 是跨平台的，可在多种操作系统上运行，包括 Android、Linux、Windows、macOS 等。这使得它成为开发跨平台应用程序的理想选择。
- 高性能：Skia 被设计成高性能的图形库，能够快速渲染大型图像和处理复杂的图形操作。这对于图形密集的应用程序和游戏非常重要。
- 文本渲染：Skia 包括文本渲染引擎，支持各种字体和文字布局功能。这使得它在处理文本内容的应用程序中表现出色。
- 图像处理：Skia 提供了各种图像处理工具，包括像素操作、过滤器、色彩处理和图像变换。这使得它适用于图像编辑和处理应用。
- 开源：Skia 是一个开源项目，可在非常宽松的 BSD 许可证下使用。这意味着开发者可以自由地使用、修改和分发 Skia 的源代码。
- Google 使用：Skia 是许多 Google 项目的基础，包括 Android 操作系统、Google Chrome 浏览器和 Chromium 项目。它在这些项目中被用于处理图形和用户界面渲染。

总之，Skia 是一个功能丰富且拥有高性能的 2D 图形库，适用于各种应用程序和项目，尤其在需要处理图形、文本和图像的情况下表现出色。由于其开源性质，开发者可以利用 Skia 的功能来构建自己的应用程序（无论是在桌面、移动设备还是 Web 上）。

3.1.2 绘图类 SurfaceView 介绍

SurfaceView 是 Android 系统中用于处理图形绘制的重要类，通常用于实现自定义绘图、2D 游戏开发和实时图形处理。与标准的 View 类不同，SurfaceView 允许在单独的线程中执行图形绘制操作，以提高性能和响应性。绘图类 SurfaceView 的概念和功能如下。

（1）Canvas 和 Paint

在 Android 中，可以使用 Canvas 和 Paint 类来进行图形绘制。其中 Canvas 允许在屏幕上绘制各种图形，如线条、矩形、圆形等。Paint 用于定义绘制的样式，如颜色、线条宽度、字体等。

（2）SurfaceView

SurfaceView 是一个常用的组件，用于实现游戏绘图，允许在独立的绘图线程中进行绘制，以提高性能。可以在 SurfaceView 上获取 Canvas 对象，然后使用它来进行绘制。

（3）游戏循环

在游戏开发中，通常会使用游戏循环来控制游戏的帧率和逻辑。游戏循环包括处理用户输入、更新游戏状态和绘制帧。游戏循环确保游戏的画面按照一定的速率刷新，以呈现动画效果。

（4）图片和纹理

游戏通常包括图像和纹理，如角色、背景、道具等，可以加载和绘制位图或纹理图像，以创建游戏元素。Android 提供了 Bitmap 和 Drawable 类来处理图像。

（5）动画

动画在游戏中起着重要作用，可以实现对象的平移、旋转、缩放等效果。Android 提供了动画框架，可以使用 Canvas 和自定义绘制来创建动画。

（6）音频

游戏通常包括声音和音效，Android 提供了音频 API，用于播放背景音乐和音效。

注意：本节介绍了 Android 游戏绘制的一些基本概念，其实游戏开发涉及许多其他方面，如游戏物理、人工智能、游戏关卡设计等。为了构建出色的 Android 游戏，开发者需要结合这些基本概念，并掌握相关的开发工具和框架。

3.1.3　Skia 和 Graphics 的关系

在 Android 系统中，Skia 是一个 2D 图形库，而“Graphics”通常指的是 Android 中的图形渲染系统，它基于 Skia 构建。Skia 和 Graphics 之间的关系如下所示。

1. Skia

- Skia 是一个跨平台的 2D 图形库，最初由谷歌开发。它提供了绘制 2D 图形、文本和图像的功能，以及图像处理工具。
- Skia 是一个独立的库，可以在多个操作系统上运行，包括 Android。
- Skia 被广泛用于 Android 的图形渲染和界面绘制，它为 Android 应用程序提供了强大的图形渲染功能。

2. Graphics

- “Graphics”在 Android 中通常指的是图形渲染系统，它是 Android 操作系统的一部分。
- Android 的图形渲染系统使用 Skia 作为其图形引擎，负责处理 UI 元素、图像、文本等的渲染。
- Graphics 系统通过调用 Skia 库中的函数来执行 2D 图形的绘制和渲染。

简而言之，Android 中的 Graphics 系统是基于 Skia 的，它使用 Skia 作为其底层图形引擎来完成绘制和渲染任务。Graphics 系统负责处理 Android 应用程序的用户界面元素的渲染，以及其他与图形和图像处理相关的任务。Skia 为 Android 提供了可靠和高性能的 2D 图形渲染功能，因此在 Android 操作系统中广泛使用。

3.2 Graphics 绘图详解

经过前面的学习，已经了解了 Android 绘图系统的知识。在本节的内容中，将详细讲解使用 Graphics 绘制二维图形的知识和具体用法。

3.2.1 使用 Canvas 画布

这里的画布相当于现实中的黑板和纸张，当在计算机中绘制图形图像时，需要先准备一张画布，也就是一张白纸，图像将在这张白纸上绘制出来。当在 Android 系统中绘制二维图形时，Canvas 类充当了这张画布（也就是白纸）。在绘制过程中，所有产生的界面类都需要继承于 Canvas 类。为了便于理解，可以将画布类 Canvas 看作是一种处理过程，能够使用各种方法来管理 Bitmap、GL 或者 Path 路径。同时 Canvas 可以配合 Matrix 矩阵类使图像实现旋转、缩放等操作，并且提供了裁剪、选取等操作。在 Canvas 类中提供了以下常用的方法。

- Canvas()：功能是创建一个空的画布，可以使用 setBitmap()方法来设置画布。
- Canvas（Bitmap bitmap)：功能是以 bitmap 对象创建一个画布，并将内容都绘制在 bitmap 上。bitmap 不能为 null。
- Canvas（GLgl)：在绘制 3D 效果时使用，此方法与 OpenGL 有关。
- drawColor：功能是设置画布的背景色。
- setBitmap：功能是设置具体的画布。
- clipRect：功能是设置显示区域，即设置裁剪区。
- isOpaque：检测是否支持透明。
- rotate：功能是旋转画布。
- canvas.drawRect（RectF，Paint)：功能是绘制矩形。其中第一个参数是图形显示区域，第二个参数是画笔，设置好图形显示区域 Rect 和画笔 Paint 后就可以画图了。
- canvas.drawRoundRect（RectF，float，float，Paint)：功能是绘制圆角矩形。第一个参数表示图形显示区域，第二个参数和第三个参数分别表示水平圆角半径和垂直圆角半径，最后一个参数为画笔类型。
- canvas.drawLine（startX，startY，stopX，stopY，Paint)：前四个参数的类型均为 float，最后一个参数类型为 Paint。表示用画笔 Paint 从点（startX，startY）到点（stopX，stopY）画一条直线。
- canvas.drawArc（oval，startAngle，sweepAngle，useCenter，Paint)：第一个参数 oval 为 RectF 类型，即圆弧显示区域；startAngle 和 sweepAngle 均为 float 类型，分别表示圆弧起始角度和圆弧度数（3 点钟方向为 0°）；useCenter 设置是否显示圆心，为 boolean 类

型；Paint 表示画笔。

- **canvas.drawCircle（float，float，float，Paint）**：用于绘制圆。前两个参数代表圆心坐标，第三个参数为圆半径，第四个参数是画笔。

Canvas 画布在游戏开发应用中的作用非常重要。例如当需要对某个游戏中的角色执行旋转、缩放等操作时，需要通过旋转画布的方式实现。但是在旋转画布时会旋转画布上的所有对象，而我们只是需要旋转其中的一个，这时就需要用到 save 方法来锁定需要操作的对象，在操作之后通过 restore 方法来解除锁定。下面将通过一个实例来演示在 Android 系统中使用画布类 Canvas 的方法。

实例 3-1：绘制一个二维图形（Java/Kotlin 双语实现）

实例文件 CanvasL.java 的主要代码如下所示：

```
private PaintmPaint= null;                                  //声明 Paint 对象
public CanvasL(Context context){
    super(context);
    mPaint = new Paint();                                   //构建对象
    new Thread(this).start();                               //开启线程
}
public void onDraw(Canvas canvas){
    super.onDraw(canvas);
    canvas.drawColor(Color.BLACK);                          //设置画布的颜色
    mPaint.setAntiAlias(true);                              //设置取消锯齿效果
    canvas.clipRect(10, 10, 280, 260);                      //设置裁剪区域
    canvas.save();                                          //线锁定画布
    canvas.rotate(45.0f);                                   //旋转画布
    mPaint.setColor(Color.RED);                             //设置颜色及绘制矩形
    canvas.drawRect(new Rect(15,15,140,70), mPaint);
    canvas.restore();                                       //解除画布的锁定
    mPaint.setColor(Color.GREEN);                           //设置颜色及绘制另一个矩形
    canvas.drawRect(new Rect(150,75,260,120), mPaint);
}
}
```

执行后的效果如图 3-1 所示。

● 图 3-1　执行效果

3.2.2　使用画笔类 Paint

在 Android 系统中，绘制二维图形图像的画笔是 Paint 类。Paint 类的完整写法是 Android. Graphics.Paint，定义了画笔和画刷的属性。在 Paint 类中的常用方法如下所示。

1） void reset( )：实现重置功能。

2） void setARGB （int a，int r，int g，int b） 或 void setColor （int color）：功能是设置 Paint 对象的颜色。

3） void setAntiAlias （boolean aa）：功能是设置是否抗锯齿。此方法需要配合 void setFlags（Paint.ANTI_ALIAS_FLAG） 方法一起使用，来帮助消除锯齿，使其边缘更平滑。

4） Shader setShader （Shader shader）：功能是设置阴影效果。Shader 类是一个矩阵对象，如果为 null 则清除阴影。

5） void setStyle （Paint.Style style）：功能是设置样式。一般为 Fill 填充，或者 STROKE 凹陷效果。

6） void setTextSize （float textSize）：功能是设置字体的大小。

7） void setTextAlign （Paint.Align align）：功能是设置文本的对齐方式。

8） Typeface setTypeface （Typeface typeface）：功能是设置具体的字体。通过 Typeface 可以加载 Android 内部的字体（对于中文来说一般为宋体），我们可以根据需要来添加部分字体，例如设置为微软雅黑等字体。

9） void setUnderlineText （boolean underlineText）：功能是设置是否需要下画线。

请看下面的例子，联合使用 Color 类和 Paint 类绘制了一个矩形。

实例 3-2：在手机屏幕中绘制一个矩形（Java/Kotlin 双语实现）

1） 编写文件 Activity.java，通过代码语句 “mGameView = new GameView （this） ”，调用 Activity 类的 setContentView 方法来设置要显示的具体 View 类。文件 Activity.java 的主要代码如下所示。

```
public class Activity01 extends Activity{
    @Override
    public void onCreate(Bundle savedInstanceState){
        super.onCreate(savedInstanceState);
        mGameView = new GameView(this);
        setContentView(mGameView);
    }
}
```

2） 编写文件 draw.java 来绘制出指定的图形，具体实现流程如下所示。

- 首先声明 Paint 对象 mPaint，定义 draw 分别用于构建对象和开启线程。
- 然后定义方法 onDraw 实现具体的绘制操作，先设置 Paint 格式和颜色，并根据提取的颜色、尺寸、风格、字体和属性实现绘制处理。
- 最后定义触笔事件 onTouchEvent，定义按键按下事件 onKeyDown，定义按键弹起事件 onKeyUp。执行后的效果如图 3-2 所示。

图 3-2　执行效果

3.2.3 使用位图操作类 Bitmap

Bitmap 类的完整写法是 Android.Graphics.Bitmap，这是一个位图操作类，能够实现对位图的基本操作。在 Bitmap 类中提供了很多实用的方法，其中最为常用的几种方法如下所示。

1）boolean compress（Bitmap.CompressFormat format，int quality，OutputStream stream）：功能是压缩一个 Bitmap 对象，并根据相关的编码和画质保存到一个 OutputStream 中。目前的压缩格式有 JPG 和 PNG 两种。

2）void copyPixelsFromBuffer（Buffer src）：功能是从一个 Buffer 缓冲区复制位图像素。

3）void copyPixelsToBuffer（Buffer dst）：将当前位图像素内容复制到一个 Buffer 缓冲区。

4）final int getHeight()：功能是获取对象的高度。

5）final int getWidth()：功能是获取对象的宽度。

6）final boolean hasAlpha()：功能是设置是否有透明通道。

7）void setPixel（int x，int y，int color）：功能是设置某像素的颜色。

8）int getPixel（int x，int y）：功能是获取某像素的颜色。

实例 3-3：在屏幕中绘制水纹效果（Java/Kotlin 双语实现）

实例文件 BitmapL1.java 的主要实现代码如下所示。

```
public BitmapL1(Context context){
super(context);
//加载图片
Bitmap image = BitmapFactory.decodeResource(this.getResources(),R.drawable.qq);
BACKWIDTH = image.getWidth();
BACKHEIGHT = image.getHeight();
  buf2 = new short[BACKWIDTH * BACKHEIGHT];
  buf1 = new short[BACKWIDTH * BACKHEIGHT];
  Bitmap2 = newint[BACKWIDTH * BACKHEIGHT];
  Bitmap1 = newint[BACKWIDTH * BACKHEIGHT];
  //加载图片的像素到数组中
  image.getPixels(Bitmap1, 0, BACKWIDTH, 0, 0, BACKWIDTH, BACKHEIGHT);
      new Thread(this).start();
  }
void DropStone(int x,                          // x 坐标
                int y,                          // y 坐标
                int stonesize,                  // 波源半径
                int stoneweight)                // 波源能量
  {
      for (int posx = x - stonesize; posx < x + stonesize; posx++)
          for (int posy = y - stonesize; posy < y + stonesize; posy++)
              if ((posx - x) * (posx - x) + (posy - y) * (posy - y) < stonesize * stonesize)
                  buf1[BACKWIDTH * posy + posx] = (short) -stoneweight;
  }
void RippleSpread(){
      for (int i = BACKWIDTH; i < BACKWIDTH * BACKHEIGHT - BACKWIDTH; i++){
          // 波能扩散
```

```
        buf2[i] = (short) (((buf1[i - 1] + buf1[i + 1] + buf1[i - BACKWIDTH] + buf1[i +
BACKWIDTH]) >> 1) - buf2[i]);
        buf2[i] -= buf2[i] >> 5;                    // 波能衰减
    }

    short[] ptmp = buf1;                            // 交换波能数据缓冲区
    buf1 = buf2;
    buf2 = ptmp;
}
//渲染水纹效果
 void render(){
    int xoff, yoff;
    int k = BACKWIDTH;
    for (int i = 1; i < BACKHEIGHT - 1; i++){
        for (int j = 0; j < BACKWIDTH; j++){
            // 计算偏移量
            xoff = buf1[k - 1] - buf1[k + 1];
            yoff = buf1[k - BACKWIDTH] - buf1[k + BACKWIDTH];
            if ((i + yoff) < 0){                    // 判断坐标是否在窗口范围内
                k++;
                continue;
            }
            if ((i + yoff) > BACKHEIGHT){
                k++;
                continue;
            }
            if ((j + xoff) < 0){
                k++;
                continue;
            }
            if ((j + xoff) > BACKWIDTH){
                k++;
                continue;
            }
            // 计算偏移像素和原始像素的内存地址偏移量
            int pos1, pos2;
            pos1 = BACKWIDTH * (i + yoff) + (j + xoff);
            pos2 = BACKWIDTH * i + j;
            Bitmap2[pos2++] = Bitmap1[pos1++];
            k++;
        }
    }
 }
 public void onDraw(Canvas canvas){
    super.onDraw(canvas);
    //绘制经过处理的图片效果
    canvas.drawBitmap(Bitmap2, 0, BACKWIDTH, 0, 0, BACKWIDTH, BACKHEIGHT, false, null);
 }
```

执行后将通过对图像像素的操作数来模拟水纹效果，如图 3-3 所示。

● 图 3-3　执行效果

3.3 其他 Graphics 绘图工具类

经过前面内容的学习，已经了解了画布类、画图类和位图操作类的基本知识，根据这三种技术可以在 Android 中绘制图形图像。另外，在开发 Android 应用程序的过程中，还可以使用其他的绘图类来绘制二维图形图像。

3.3.1 使用设置文本颜色类 Color

在 Android 系统中，Color 类的完整写法是 Android.Graphics.Color，通过此类可以很方便地绘制 2D 图像，并为这些图像填充不同的颜色。在 Android 平台上有很多种表示颜色的方法，在里面包含了如下 12 种最常用的颜色。

☐ Color.BLACK ☐ Color.BLUE ☐ Color.CYAN ☐ Color.DKGRAY	☐ Color.GRAY ☐ Color.GREEN ☐ Color.LTGRAY ☐ Color.MAGENTA	☐ Color.RED ☐ Color.TRANSPARENT ☐ Color.WHITE ☐ Color.YELLOW

在 Color 类中包含如下三个常用的静态绘制方法。

1） static int argb （int alpha，int red，int green，int blue）：功能是构造一个包含透明度的颜色对象。

2） static int rgb （int red，int green，int blue）：功能是构造一个标准的颜色对象。

3） static int parseColor （String colorString）：功能是解析一种颜色字符串的值，比如传入 Color.BLACK。

Color 类中的静态方法返回的都是一个整形结果，例如返回 0xff00ff00 表示绿色，返回 0xffff0000 表示红色。我们可以将这个 DWORD 型看作 AARRGGBB，其中 AA 代表 Aphla 透明色，后面的 RRGGBB 是具体颜色值，用 0 ~ 255 的数字表示。接下来将通过一个具体实例来讲解使用类 Color 更改文字颜色的方法。

实例 3-4：设置小说阅读器中小说标题的颜色（Java/Kotlin 双语实现）

1. 设计理念

在本实例中，预先在 Layout 中插入两个 TextView 控件，并通过两种实现方法来实时更改原来 Layout 里 TextView 的背景色以及文字颜色，最后使用 Android.Graphics.Color 类更改文字的前景显示色。

2. 具体实现

1）编写主文件 yanse.java，功能是调用各个公用文件来实现具体的功能。主要实现代码如下所示。

```
public void onCreate(Bundle savedInstanceState)  {
  super.onCreate(savedInstanceState);
  setContentView(R.layout.main);
  mTextView01 = (TextView) findViewById(R.id.myTextView01);
  mTextView01.setText("第一章 我欲成仙");
  mTextView01.setBackgroundResource(R.drawable.white)
  mTextView02 = (TextView) findViewById(R.id.myTextView02);
  mTextView02.setTextColor(Color.MAGENTA);
}
```

在上述代码中，分别新建了两个类成员变量 mTextView01 和 mTextView02，这两个变量在 onCreate 之初，以 findViewById 方法使之初始化为 layout（main.xml）里的 TextView 对象。在当中使用了 Resource 类以及 Drawable 类，分别创建了 resources 对象以及 HippoDrawable 对象，并调用了 setBackgroundDrawable 方法来更改 mTextView01 的文字底纹。使用 setText 方法更改 TextView 里的文字。在 mTextView02 中，使用了 Android. Graphics. Color 类中的颜色常数，并使用 setTextColor 方法来更改文字的前景色。

2）编写布局文件 main.xml，在里面使用了两个 TextView 对象。经过上述操作设置，此实例的主要文件编程完毕。调试运行后的效果如图 3-4 所示。

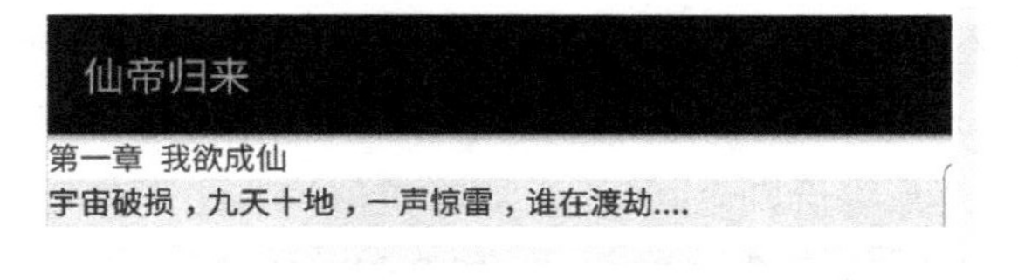

● 图 3-4　运行效果

3.3.2 使用矩形类 Rect 和 RectF

Rect 和 RectF 是 Android 图形编程中常用的两个类，它们用于表示矩形的坐标和尺寸。

（1）Rect 类

在 Android 系统中，Rect 类的完整形式是 Android.Graphics.Rect，表示矩形区域。Rect 类除了能够表示一个矩形区域位置外，还可以帮助计算图形之间是否是碰撞（包含）关系，这一点在Android 游戏开发中比较有用。在 Rect 类的方法成员中，主要通过如下 3 种重载方法来判断包含关系。

```
boolean contains(int left, int top, int right, int bottom)
boolean contains(int x, int y)
boolean contains(Rect r)
```

在上述构造方法中包含了 4 个参数 left、top、right、bottom，分别代表 4 个（左、上、右、下）方向，具体说明如下所示。

- left：矩形区域中左边的 X 坐标。
- top：矩形区域中顶部的 Y 坐标。
- right：矩形区域中右边的 X 坐标。
- bottom：矩形区域中底部的 Y 坐标。

例如下面代码的含义是：左上角的坐标是（150，75），右下角的坐标是（260，120）。

```
Rect(150, 75, 260, 120)
```

（2）RectF 类

在 Android 系统中，另外一个矩形类是 RectF，此类和 Rect 类的用法几乎完全相同。两者的区别是精度不一样，Rect 是使用 int 类型数值，RectF 是使用 float 类型数值。在 RectF 类中包含了一个矩形的 4 个单精度浮点坐标，通过上下左右 4 个边的坐标来表示一个矩形。这些坐标值属性可以被直接访问，使用 width 和 height 方法可以获取矩形的宽和高。

Rect 类和 RectF 类提供的方法也不是完全一致，RectF 类提供了如下所示的构造方法。

- RectF( )：功能是构造一个没有参数的矩形。
- RectF（float left，float top，float right，float bottom）：功能是构造一个指定了 4 个参数的矩形。
- RectF（Rect F r）：功能是根据指定的 RectF 对象来构造一个 RectF 对象（对象的左边坐标不变)。
- RectF（Rect r）：功能是根据给定的 Rect 对象来构造一个 RectF 对象。

另外在 RectF 类中还提供了很多功能强大的方法，具体说明如下所示。

- Public Boolean contain（RectF r）：功能是判断一个矩形是否在此矩形内，如果在这个矩形内或者和这个矩形等价则返回 true，同样类似的方法还有 Public Boolean contain（float left，float top，float right，float bottom）和 Public Boolean contain（float x，float y）。
- Public void union（float x，float y）：功能是更新这个矩形，使它包含矩形自己和（x,y）这个点。

请看下面的例子，功能是使用 Rect 类和 RectF 类开发一个绘图程序。

实例 3-5：绘制几种常见的几何图形（Java/Kotlin 双语实现）

实例文件 RectL.java 的主要实现代码如下所示。

```
private Paint mPaint = null;                    //声明 Paint 对象
private RectL_1 mGameView2 = null;
public RectL(Context context){
```

```
        super(context);
        mPaint = new Paint();                                //构建 Paint 对象
        mGameView2 = new RectL_1(context);
        new Thread(this).start();                            //开启线程
    }
    public void onDraw(Canvas canvas){
        super.onDraw(canvas);
        canvas.drawColor(Color.BLACK);                       //设置画布为黑色背景
        mPaint.setAntiAlias(true);                           //取消锯齿
        mPaint.setStyle(Paint.Style.STROKE);{
            Rect rect1 = new Rect();                         //定义矩形对象
            //下面 4 行代码设置矩形大小
            rect1.left = 5;
            rect1.top = 5;
            rect1.bottom = 25;
            rect1.right = 45;
            mPaint.setColor(Color.BLUE);                     //设置颜色
            canvas.drawRect(rect1, mPaint);                  //绘制矩形
            mPaint.setColor(Color.RED);
            canvas.drawRect(50, 5, 90, 25, mPaint);          //绘制矩形
            mPaint.setColor(Color.YELLOW);
            canvas.drawCircle(40, 70, 30, mPaint);           //绘制圆形(圆心 x,圆心 y,半径 r,p)
            RectF rectf1 = new RectF();                      //定义椭圆对象
            //设置椭圆大小
            rectf1.left = 80;
            rectf1.top = 30;
            rectf1.right = 120;
            rectf1.bottom = 70;
            mPaint.setColor(Color.LTGRAY);
            canvas.drawOval(rectf1, mPaint);                 //绘制椭圆
            Path path1 = new Path();                         //绘制多边形
            //设置多边形的点,使用下面的这些点构成封闭的多边形 */
            path1.moveTo(150+5, 80-50);
            path1.lineTo(150+45, 80-50);
            path1.lineTo(150+30, 120-50);
            path1.lineTo(150+20, 120-50);
            path1.close();
            mPaint.setColor(Color.GRAY);
            //绘制这个多边形
            canvas.drawPath(path1, mPaint);
            mPaint.setColor(Color.RED);
            mPaint.setStrokeWidth(3);
                canvas.drawLine(5, 110, 315, 110, mPaint); //绘制直线
        }
        mPaint.setStyle(Paint.Style.FILL);{                  //绘制实心几何体
            Rect rect1 = new Rect();                         //定义矩形对象
            rect1.left = 5;                                  //设置矩形大小
            rect1.top = 130+5;
```

```
        rect1.bottom = 130+25;
        rect1.right = 45;
        mPaint.setColor(Color.BLUE);
        canvas.drawRect(rect1, mPaint);                       //绘制矩形
        mPaint.setColor(Color.RED);
        canvas.drawRect(50, 130+5, 90, 130+25, mPaint);       //绘制矩形
        mPaint.setColor(Color.YELLOW);
        canvas.drawCircle(40, 130+70, 30, mPaint);            //绘制圆形(圆心 x,圆心 y,半径 r,p)
        RectF rectf1 = new RectF();                           //定义椭圆对象
        //设置椭圆大小
        rectf1.left = 80;
        rectf1.top = 130+30;
        rectf1.right = 120;
        rectf1.bottom = 130+70;
        mPaint.setColor(Color.LTGRAY);
        canvas.drawOval(rectf1, mPaint);                      //绘制椭圆
        Path path1 = new Path();                              //绘制多边形
        path1.moveTo(150+5, 130+80-50);                       //设置多边形的点
        path1.lineTo(150+45, 130+80-50);
        path1.lineTo(150+30, 130+120-50);
        path1.lineTo(150+20, 130+120-50);
        path1.close();                                        //使这些点构成封闭的多边形
        mPaint.setColor(Color.GRAY);
        //绘制这个多边形
        canvas.drawPath(path1, mPaint);
        mPaint.setColor(Color.RED);
        mPaint.setStrokeWidth(3);
        canvas.drawLine(5, 130+110, 315, 130+110, mPaint);  //绘制直线
    }
    mGameView2.DrawShape(canvas);                             //通过 ShapeDrawable 来绘制几何图形
}
```

执行后的效果如图 3-5 所示。

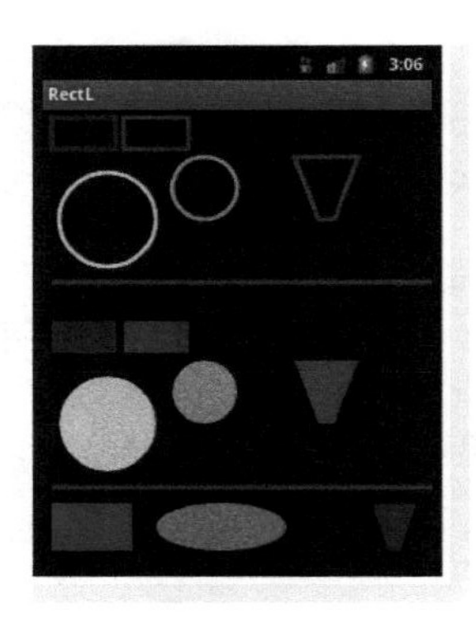

图 3-5 执行效果

3.3.3 使用变换处理类 Matrix

在 Android 系统中，Matrix 类的完整形式是 Android.Graphics.Matrix，功能是实现图形图像

的变换操作，例如常见的缩放和旋转处理。在 Matrix 类中提供了如下所示的内置方法。

1）void reset()：功能是重置一个 matrix 对象。

2）void set（Matrix src）：功能是根据数据源参数 src 复制一个矩阵，和本类的构造方法 Matrix（Matrix src）一样。

3）boolean isIdentity()：功能是返回这个矩阵是否被定义。

4）void setRotate（float degrees）：功能是指定一个角以（0，0）为坐标进行旋转。

5）void setRotate（float degrees, float px, float py)：功能是指定一个角以 px、py 为坐标进行旋转。

6）void setScale（float sx, float sy)：功能是实现缩放处理。

7）void setScale（float sx, float sy, float px, float py)：功能是以坐标 px，py 为参考点进行缩放。

8）void setTranslate（float dx, float dy)：功能是实现平移处理。

9）void setSkew（float kx, float ky, float px, float py)：功能是以坐标（px，py）为参考点进行倾斜。

10）void setSkew（float kx, float ky)：功能是实现倾斜处理。

请看下面的实例，功能是使用 Matrix 类实现图片缩放功能。

实例 3-6：放大或缩小查看一幅图片（Java/Kotlin 双语实现）

本实例的核心程序文件是 MatrixL.java，功能是实现图片缩放处理，分别定义缩小按钮的响应 **mButton01.setOnClickListener**，放大按钮响应 **mButton02.setOnClickListener**。文件 **MatrixL.java** 的主要实现代码如下所示。

```
public void onCreate(Bundle savedInstanceState)  {
  super.onCreate(savedInstanceState);
  setContentView(R.layout.main);                    //载入 main.xml Layout
  DisplayMetrics dm=new DisplayMetrics();           //取得屏幕分辨率大小
  getWindowManager().getDefaultDisplay().getMetrics(dm);
  displayWidth=dm.widthPixels;
  displayHeight=dm.heightPixels-80;                 //屏幕高度须扣除下方 Button 高度
  //初始化相关变量
  bmp=BitmapFactory.decodeResource(getResources(),R.drawable.suofang);
  mImageView = (ImageView)findViewById(R.id.myImageView);
  layout1 = (AbsoluteLayout)findViewById(R.id.layout1);
  mButton01 = (Button)findViewById(R.id.myButton1);
  mButton02 = (Button)findViewById(R.id.myButton2);
  //缩小按钮 onClickListener
  mButton01.setOnClickListener(new Button.OnClickListener()  {
    public void onClick(View v){
      small();
    }
  });
  mButton02.setOnClickListener(new Button.OnClickListener(){  //放大按钮 onClickListener
    @Override
```

```
    public void onClick(View v){
      big();
    }
  });
}
private void small()  {                    //缩小图片的方法
  int bmpWidth=bmp.getWidth();
  int bmpHeight=bmp.getHeight();
  double scale=0.8;                        //设置图片缩小的比例
  scaleWidth=(float) (scaleWidth * scale); //计算出这次要缩小的比例
  scaleHeight=(float) (scaleHeight * scale);
  Matrixmatrix = new Matrix();             //产生 reSize 后的 Bitmap 对象
  matrix.postScale(scaleWidth, scaleHeight);
  BitmapresizeBmp = Bitmap.createBitmap(bmp,0,0,bmpWidth,bmpHeight,matrix,true);
  if(id==0){                               //如果是第一次按,就删除原来默认的 ImageView
    layout1.removeView(mImageView);
  }
  else {                                   //如果不是第一次按,就删除上次放大缩小所产生的 ImageView
    layout1.removeView((ImageView)findViewById(id));
  }
  //产生新的 ImageView,放入 reSize 的 Bitmap 对象,再放入 Layout 中
  id++;
  ImageView imageView = new ImageView(suofang.this);
  imageView.setId(id);
  imageView.setImageBitmap(resizeBmp);
  layout1.addView(imageView);
  setContentView(layout1);
  mButton02.setEnabled(true);              //因为图片放到最大时放大按钮会 disable,所以在缩小时把它
重设为 enable
}
private void big() {                       //放大图片的方法
  int bmpWidth=bmp.getWidth();
  int bmpHeight=bmp.getHeight();
  double scale=1.25;                       //设置图片放大的比例
  //计算这次要放大的比例
  scaleWidth=(float)(scaleWidth * scale);
  scaleHeight=(float)(scaleHeight * scale);
  //产生 reSize 后的 Bitmap 对象
  Matrixmatrix = new Matrix();
  matrix.postScale(scaleWidth, scaleHeight);
  BitmapresizeBmp = Bitmap.createBitmap(bmp,0,0,bmpWidth, bmpHeight,matrix,true);
    if(id==0){
      layout1.removeView(mImageView); //如果是第一次按,就删除原来设置的 ImageView
    }
    else {
      layout1.removeView((ImageView)findViewById(id));   //如果不是第一次按,就删除上次放大
                                                          缩小所产生的 ImageView
    }
```

执行后将显示一幅图片和两个按钮，分别按下【缩小】和【放大】按钮后，会实现对图片的缩小、放大处理功能，如图 3-6 所示。

图 3-6　执行效果

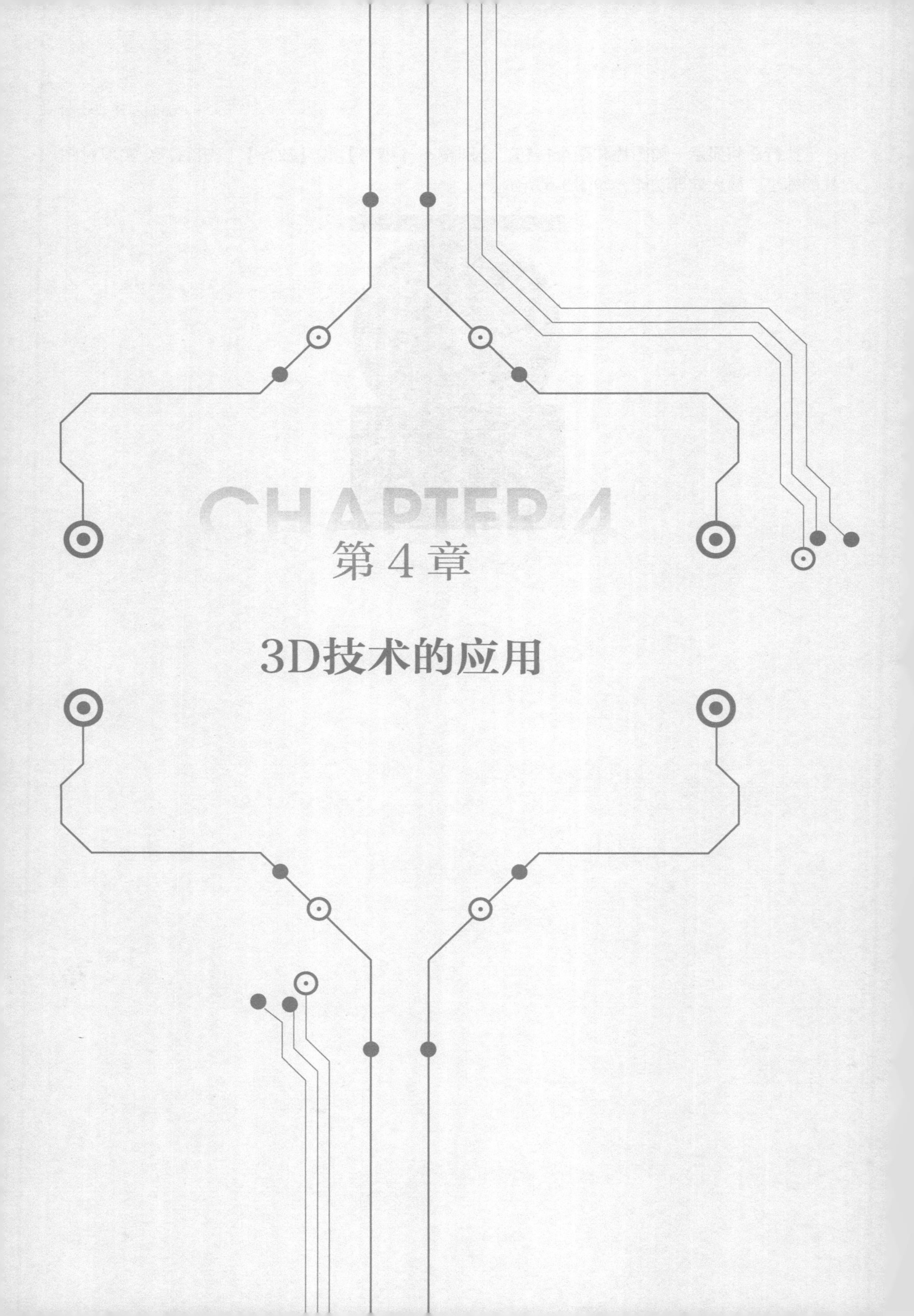

CHAPTER 4

第 4 章

3D技术的应用

OpenGL ES（全称是 OpenGL for Embedded Systems）是 OpenGL 三维图形 API 的子集，是专门针对手机、PDA 和游戏主机等嵌入式设备而设计的。在 Android 系统中，可以使用 OpenGL ES 提供的 API 在手机中开发出三维程序。在本章的内容中，将详细讲解在 Android 系统中使用 OpenGL ES 中的 3D 技术的知识。

4.1 OpenGL ES 介绍

OpenGL ES（OpenGL for Embedded Systems）是 OpenGL 的一个子集，专门设计用于嵌入式系统和移动设备上的图形渲染。OpenGL ES 提供了一套跨平台的 2D 和 3D 图形 API，旨在资源受限的环境中提供高性能的图形渲染。OpenGL ES 的主要概念和特点如下所示。

- 跨平台性：OpenGL ES 的设计目标之一是跨平台性，它允许在不同类型的嵌入式系统和移动设备上实现相似的图形渲染功能。这包括 Android 设备、iOS 设备、游戏控制台、嵌入式系统等。
- 版本：有多个 OpenGL ES 版本，包括 OpenGL ES 1.x、OpenGL ES 2.0、OpenGL ES 3.0、OpenGL ES 3.1 和 OpenGL ES 3.2。每个版本引入了新的功能和改进，以适应不同类型的应用需求。
- 硬件加速：OpenGL ES 利用硬件加速来实现高性能的图形渲染。它充分利用了现代嵌入式系统的图形处理单元（GPU）来处理复杂的图形任务。
- 图形功能：OpenGL ES 支持 2D 和 3D 图形渲染，包括几何变换、纹理映射、光照、着色、深度测试等功能。这使得它非常适合游戏开发、虚拟现实应用和图形可视化。
- 编程语言：OpenGL ES 代码通常使用 C 或 C++编写，虽然也可以与其他编程语言结合使用，但 C/C++是主要的开发语言。
- API：OpenGL ES 提供了一组 API 函数，开发者可以使用这些函数来进行图形渲染和操作。这些函数包括顶点着色器、片段着色器、着色语言等。
- 开发工具：为了开发和调试 OpenGL ES 应用程序，开发者可在许多工具和框架中进行选择，例如 OpenGL ES 调试器、性能分析工具和游戏引擎。
- 移动设备：OpenGL ES 在移动设备上非常常见，它是 Android 和 iOS 等平台上游戏和图形应用程序的主要图形 API。

总之，OpenGL ES 是一个在嵌入式系统和移动设备上进行图形渲染的强大工具，它为开发者提供了高性能的图形渲染功能，适用于各种类型的应用程序，尤其是游戏和图形密集型应用。不同版本的 OpenGL ES 引入了不同的功能和性能优化，因此开发者可以根据项目需求选择适合的版本。

4.2 OpenGL ES 的基本应用

在 Android 系统中，当使用 OpenGL ES 构建三维效果时，大多数是通过构建三角形的方式实现的。在本节的内容中，将详细讲解在 Android 中使用 OpenGL ES 绘制三角形的知识。

4.2.1 使用点线法绘制三角形

在 Android 系统中，使用 OpenGL ES 绘制三角形的方法有多种，其中最为常用的如下所示。

（1） GL_POINTS

OpenGL ES 会根据索引数组中的顺序，将顶点数据转换成一系列点，并在相应的位置绘制这些点。每个顶点都会被单独处理为一个点。具体来说，索引数组中的第 n 个索引指向的顶点将被绘制为第 n 个点，总共绘制 N 个点。在这里，n 代表单个顶点的索引，而 N 代表索引数组中顶点索引的总数。

（2） GL_INES

把每两个顶点作为一条独立的线段面，索引数组中的第 2n 和 2n+1 顶点定义了第 n 条线段，总共绘制了 N/2 条线段。如果 N 为奇数，则忽略最后一个顶点。例如索引数组 {0,3,2,1}。

（3） GL_LINE_STRIF

绘制索引数组中从第 0 个顶点到最后一个顶点依次相连的一组线段，第 n 个和 n+1 个顶点定义了线段 n，总共绘制 N−1 条线段。例如索引数组 {0,3,2,1}。

（4） GL_LINE_LOOP

绘制索引数组中从第 0 个顶点到最后一个顶点依次相连的一组线段，最终最后一个顶点与第 0 个顶点相连。第 n 和 n+1 个顶点定义了线段 n，最后一条线段是由顶点 N−1 和 0 之间定义，总共绘制 n 条线段。例如索引数组 {0,3,2,1}。

（5） GL_TRIANGLES

把索引数组中的每 3 个顶点作为一个独立三角形。索引数组中第 3n、3n+1 和 3n+2 顶点定义了第 n 个三角形，总共绘制 n/3 个三角形。例如索引数组 {0,1,2,2,1,3}。

（6） GL_TRIANGLE_STRIP

此方式用于绘制一组相连的三角形。对于索引数组中的第 n 个点，如果行为奇数，则第 n+1、第 n+2 顶点定义了第 n 个三角形；如果行为偶数，则第 n、第 n+1 和 n+2 顶点定义了第 n 个三角形。总共绘制 n−2 个三角形。例如索引数组 {0,1,2,3,4}。

（7） GL_TRIANGLE_FAN

绘制一组相连的三角形。三角形是由索引数组中的第 0 个顶点及其后给定的顶点所确定的。顶点 0、n+1 和 n+2 定义了第 n 个三角形，一总共绘制 n−2 个三角形。例如索引数组 {0,1,2,3,4}。

请看下面的实例，详细讲解使用 GL_TRIANGLES 方法绘制三角形的过程。

实例 4-1：绘制一个 3D 三角形（双语 Java/Kotlin 实现）

1） 编写布局文件 main.xml，设置垂直方向布局和线型布局的 ID。

2） 编写文件 MyActivity.java，用于重写 onCreate( ) 方法，在创建时为 Activity 设置布局，在暂停的同时保存 mSurfaceView，在恢复的同时恢复 mSurfaceView。主要实现代码如下所示。

```
public class MyActivity extends Activity {
    private MySurfaceView mSurfaceView;
    public void onCreate(Bundle savedInstanceState) {
        super.onCreate(savedInstanceState);
        setContentView(R.layout.main);
        mSurfaceView=new MySurfaceView(this);                    //创建 MySurfaceView 对象
        mSurfaceView.requestFocus();                             //获取焦点
        mSurfaceView.setFocusableInTouchMode(true);              //设置可触控模式
        LinearLayout ll=(LinearLayout)this.findViewById(R.id.main_liner);  //获得对线性
                                                                    布局的引用
        ll.addView(mSurfaceView);
    }
```

3）编写文件 **MySurfaceView.java**，首先引入相关类及自定义视图来加载图像，然后是角度缩放比例，并重写触控事件的回调方法来计算在屏幕上的滑动距离对应物体应该旋转的角度，最后定义渲染器类，实现其内部的相关方法来渲染场景。文件 **MySurfaceView.java** 的主要实现代码如下所示。

```
public class MySurfaceView extends GLSurfaceView {
//设置角度缩放比例,即屏幕宽 320,从屏幕的一端滑到另一端,x 轴上的差距对应相应的需要旋转的角度
    private final float TOUCH_SCALE_FACTOR=180.0f/320;
    private SceneRenderer myRenderer;                        //设置场景渲染器
    private float myPreviousY;                               //屏幕触控位置的 Y 坐标
    private float myPreviousX;                               //屏幕触控位置的 X 坐标
    public MySurfaceView(Context context) {
        super(context);
        myRenderer=new SceneRenderer();
        this.setRenderer(myRenderer);
        this.setRenderMode(GLSurfaceView.RENDERMODE_CONTINUOUSLY);  //设置渲染模式为主动渲染
    }
    //触摸事件回调方法
    public boolean onTouchEvent(MotionEvent event) {
        // TODO Auto-generated method stub
        float y=event.getY();                                //获得当前触点的 Y 坐标
        float x=event.getX();                                //获得当前触点的 X 坐标
        switch(event.getAction()){
        case MotionEvent.ACTION_MOVE:
            float dy=y-myPreviousY;                          //滑动距离在 y 轴方向上的垂直距离
            float dx=x-myPreviousX;                          //滑动距离在 x 轴方向上的垂直距离
            myRenderer.tr.yAngle+=dx * TOUCH_SCALE_FACTOR;   //设置沿 y 轴旋转角度
            myRenderer.tr.zAngle+=dy * TOUCH_SCALE_FACTOR;   //设置沿 z 轴旋转角度
            requestRender();                                 //渲染画面
        }
        myPreviousY=y;
        myPreviousX=x;
        return true;
```

```
    }
    //内部类,实现 Renderer 接口,渲染器
    private class SceneRenderer  implements GLSurfaceView.Renderer{
        Triangle tr=new Triangle();
        public SceneRenderer(){
        }
        @Override
        public void onDrawFrame(GL10 gl) {
            gl.glEnable(GL10.GL_CULL_FACE);
            gl.glShadeModel(GL10.GL_SMOOTH);
            gl.glFrontFace(GL10.GL_CCW);
            //分别清除颜色缓存和深度缓存
            gl.glClear(GL10.GL_COLOR_BUFFER_BIT |GL10.GL_DEPTH_BUFFER_BIT);
            gl.glMatrixMode(GL10.GL_MODELVIEW);
            gl.glLoadIdentity();
            gl.glTranslatef(0, 0, -2.0f);
            tr.drawSelf(gl);
        }
        @Override
        public void onSurfaceChanged(GL10 gl, int width, int height) {
            gl.glViewport(0, 0, width, height);
            gl.glMatrixMode(GL10.GL_PROJECTION);
            gl.glLoadIdentity();
            float ratio=(float)width/height;
            gl.glFrustumf(-ratio, ratio, -1, 1, 1, 10);
        }
        @Override
        public void onSurfaceCreated(GL10 gl, EGLConfig config) {
            gl.glDisable(GL10.GL_DITHER);//关闭抗抖动
            gl.glHint(GL10.GL_PERSPECTIVE_CORRECTION_HINT,GL10.GL_FASTEST);
            gl.glClearColor(0, 255, 255, 0);//设置屏幕背景色为蓝色
            gl.glEnable(GL10.GL_DEPTH_TEST);//启用深度检测
        }}}
```

4）编写文件 threeCH.java，首先在此定义 threeCH 类来绘制图形，然后初始化三角形的顶点数据缓冲和颜色数据缓冲，并创建整型类型的顶点数据数组，最后定义应用程序中各个实现场景物体的绘制方法。文件 threeCH.java 的主要实现代码如下所示。

```
public class threeCH {
    private IntBuffer myVertexBuffer;
    private IntBuffer myColorBuffer;
    private ByteBuffer myIndexBuffer;
    int vCount=0;                                   //初始顶点数量
    int iCount=0;                                   //初始索引数量
    float yAngle=0;                                 //初始绕 y 轴旋转的角度
    float zAngle=0;                                 //初始绕 z 轴旋转的角度
```

```
public threeCH(){
    vCount=3;                                        //一个三角形,3 个顶点
    final int UNIT_SIZE=10000;                       //缩放比例
    int []vertices=new int[]{-8 * UNIT_SIZE,6 * UNIT_SIZE,0,
            -8 * UNIT_SIZE,-6 * UNIT_SIZE,0,8 * UNIT_SIZE,-6 * UNIT_SIZE,0
    };
    //创建顶点坐标数据缓存,在此必须经过 ByteBuffer 转换
    ByteBuffer vbb=ByteBuffer.allocateDirect(vertices.length * 4);
    vbb.order(ByteOrder.nativeOrder());
    myVertexBuffer=vbb.asIntBuffer();
    myVertexBuffer.put(vertices);
    myVertexBuffer.position(0);
    final int one=65535;
    int []colors=new int[]{one,one,one,0,one,one,one,0,one,one,one,0
    };
    ByteBuffer cbb=ByteBuffer.allocateDirect(colors.length * 4);
    cbb.order(ByteOrder.nativeOrder());
    myColorBuffer=cbb.asIntBuffer();
    myColorBuffer.put(colors);
    myColorBuffer.position(0);
    //为三角形构造索引数据初始化
    iCount=3;
    byte []indices=new byte[]{
      0,1,2
    };
    //创建三角形构造索引数据缓冲
    myIndexBuffer=ByteBuffer.allocateDirect(indices.length);
    myIndexBuffer.put(indices);
    myIndexBuffer.position(0);
}
//设置 GL10,表示实现接口 GL 的一个公共接口,在里面包含了一系列常量和抽象方法
public void drawSelf(GL10 gl){
    gl.glEnableClientState(GL10.GL_VERTEX_ARRAY); //启用顶点坐标数组
    gl.glEnableClientState(GL10.GL_COLOR_ARRAY); //启用顶点颜色数组
    gl.glRotatef(yAngle,0,1,0);                   //根据 yAngle 的角度值,绕 y 轴旋转 yAngle
    gl.glRotatef(zAngle,0,0,1);
    gl.glVertexPointer                            //为画笔指定顶点坐标数据
    (
            3,
            GL10.GL_FIXED,
            0,
            myVertexBuffer
    );
    gl.glColorPointer(                            //为画笔指定顶点颜色数据
        6,
        GL10.GL_FIXED,
```

```
            0,
            myColorBuffer
        );
        gl.glDrawElements(                          //绘制图形
            GL10.GL_TRIANGLES,                      //填充模式,这里是以三角形方式填充
            iCount,                                 //顶点数量
            GL10.GL_UNSIGNED_BYTE,                  //索引值的类型
            myIndexBuffer                           //索引值数据
        );
    }}
```

执行后将显示一个青色屏幕背景，颜色为白色的直角三角形。执行效果如图 4-1 所示。

● 图 4-1　执行效果

4.2.2　使用索引法绘制三角形

在 Android 系统中，可以使用索引法绘制三角形。此功能通过调用 OpenGL ES 中的 gl.glDrawElements( )方法实现。方法 glDrawElements( )的语法格式如下所示。

```
glDrawElements(int mode,int count, int type,Buffer indices)
```

- mode：定义画什么样的图元。
- count：定义一共有多少个索引值。
- type：定义索引数组使用的类型。
- indices：绘制顶点使用的索引缓存。

请看下面的实例，演示了使用索引法绘制三角形的过程。

实例 4-2：绘制三种 3D 三角形特效（双语 Java/Kotlin 实现）

1）编写文件 MyActivity.java，具体实现流程如下所示。

- 先引入相关包，并声明 MySurfaceView 对象。
- 为布局文件中的按钮添加监听器类，分别用于监听不同的 3 个按钮。
- 重写 onPause( )继承父类的方法，并同时挂起或恢复 MySurfaceView 视图。

2）编写文件 MySurfaceView.java，具体实现流程如下所示。

- 在创建 MySurfaceView 对象的同时设置渲染器和渲染模式。
- 设置背面剪裁、平滑着色、自定义卷绕标志位的方法。
- 定义触摸回调方法，以实现屏幕触控，和在屏幕上滑动而使场景物体旋转的功能。
- 定义渲染器内部类，以实现图像的渲染、制定屏幕横竖发生变化时的措施。
- 重写 onDrawFrame( )方法，分别实现背面剪裁、平滑着色功能，并在屏幕横竖空间位置发生变化时自动调用。
- MySurfaceView 创建时被调用，以初始化屏幕背景颜色、绘制模式、是否深度检测等设置。

3）编写文件 suoyinCH.java，定义 suoyinCH 类的构造器来初始化相关数据。这些数据包括初始化三角形的顶点数据缓冲、颜色数据缓冲、索引数据缓冲。然后定义应用程序中具体实现场景物体的绘制方法，主要包括启用相应数组、旋转场景中物体、指定画笔的顶点坐标数据和顶点颜色数据，并用画笔实现绘图功能。

执行后将显示青色背景的屏幕。在屏幕上方显示三个控制按钮，通过按钮可以设置屏幕下方的两个三角形的显示模式。执行效果如图 4-2 所示。

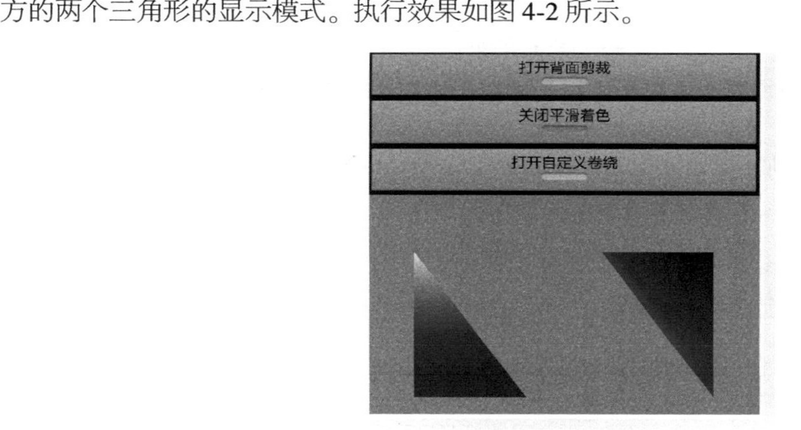

● 图 4-2　执行效果

4.3 实现 3D 投影特效

3D 投影特效是指在游戏中使用三维图形技术创建各种引人注目的视觉效果。这些特效可以提高游戏的逼真程度，增加沉浸感，并为玩家提供更令人兴奋的游戏体验。在本节的内容中，将详细讲解使用 OpenGL ES 实现投影特效的知识。

4.3.1 正交投影和透视投影

在 OpenGL ES 中，正交投影（Orthographic Projection）和透视投影（Perspective Projection）是两种常用的投影矩阵，用于控制场景中物体的视觉效果。

1. 正交投影（Orthographic Projection）

正交投影是一种等角投影，会将场景中的物体呈现为在视口中等比例缩放的图像。正交投影用于创建 2D 游戏、工程绘图和一些特定的 3D 场景，如 CAD 软件，它们需要保持物体的真实尺寸，不受远近距离的影响。正交投影的投影矩阵是一个简单的矩阵，通过 glOrthof()（OpenGL ES 1.x）或 glOrtho()（OpenGL ES 2.0+）函数来设置。

2. 透视投影（Perspective Projection）

透视投影是一种非等角投影，模拟了远近物体的视觉效果，使远处的物体看起来较小，近处的物体看起来较大。透视投影通常用于创建 3D 游戏和模拟真实世界中的视觉效果，如透视感和景深。透视投影的投影矩阵是通过 gluPerspective()（OpenGL ES 1.x）或自定义矩阵计算（OpenGL ES 2.0+）来设置。

4.3.2 实现投影特效

在 OpenGL ES 中，开发者可以选择使用正交投影或透视投影，具体取决于游戏或应用程序的需求。通常，2D 游戏和工程绘图使用正交投影，而需要 3D 效果的游戏和模拟则使用透视投影。投影矩阵的设置会影响场景中物体的可视化方式，因此选择适当的投影类型对于实现所需的视觉效果非常重要。

下面将通过一个具体实例的实现流程，详细讲解在 Android 屏幕中实现投影效果的方法。

实例 4-3：实现投影效果特效（双语 Java/Kotlin 实现）

1）编写文件 MyActivity.java，具体实现流程如下所示。

- 为布局文件中的按钮定义了监听器类，实现在两种投影之间切换，分别实现显示响应的效果。
- 重写方法 onPause()以继承父类的方法，同时将 MySurfaceView 视图挂起或恢复。

2）编写文件 MySurfaceView.java，具体实现流程如下所示。

- 定义 MySurfaceView 的构造器，以在创建 MySurfaceView 对象时设置渲染器和渲染模式。
- 定义触摸回调方法以实现屏幕触控功能，通过在屏幕上滑动以实现旋转场景中物体的功能。
- 定义渲染器内部类，功能是实现对图像的渲染。
- 设置当屏幕横竖发生变化时的处理措施及创建 MySurfaceView 时的初始化功能。

3）编写文件 touCH.java，具体实现流程如下所示。

- 先声明顶点缓存、顶点颜色缓存、顶点索引缓存、顶点数、索引数等相关变量。
- 定义类 dingCH 的构造器来初始化相关数据，分别初始化六边形的顶点数据缓冲、颜色数据缓冲和索引数据缓冲。
- 定义应用程序中具体实现场景物体绘制的方法。

执行后会显示一个青色背景屏幕，并在屏幕中分别显示正交投影和透视投影两种效果，如图 4-3 所示。

● 图 4-3　执行效果

4.4 实现光照特效

光照特效在游戏中扮演着至关重要的角色，它们用于模拟光线的互动和影响，以增加游戏场景的逼真感。不同类型的光照特效可以改善游戏的视觉效果，增加沉浸感。在 Android 系统中，可以使用 OpenGL ES 实现光照特效。

4.4.1 光源的类型

宇宙中的物体千姿百态，有的是发光的，有的是不发光的。我们把发光的物体叫作光源，例如太阳、电灯、燃烧着的蜡烛等都是光源。光也有能量。在 OpenGL ES 场景中至少包含 8 个光源，这些光源可以是不同的颜色。除 0 号灯之外的其他光源的颜色是黑色。现实中的光源类型有多种，在日常生活中最常见的光源类型是定向光和定位光。

我们日常所见的光源有很多，比如太阳、灯泡、燃烧着的蜡烛等。像太阳这类被认为是从无穷远处发射的几乎平行的光被称为定向光。定向光对应的是光源在无穷远处的光，定向光在空间中的所有位置方向都是相同的。

在 OpenGL ES 中，通过方法 glLightfv（int light，int pname，float[ ] params，int offset）来设定定向光，主要参数的具体说明如下所示。

- light：该参数设定为 OpenGL ES 中的灯，用 GL_LIGHT0 到 GL_LIGHT7 分别来表示 8 盏灯。如果该处设置的为 GL_LIGHT0，则表示方法 glLightfv 中其余的设置都是针对 GL_LIGHT0，即 0 号灯进行设置的。
- pname：被设置的光源的属性是由 pname 定义的，它指定了一个命名参数，在设置定向光时，应该设置成 GL POSITION。
- params：此参数是一个 float 数组，该数组由 4 部分组成，前 3 个值组成表示定向光方向的向量，光的方向为从向量点处向原点处照射。如｛0，1，0，0｝表示沿 Y 轴负方向的光。最后的 0 表示此光源发出的是定向光。

注意：游戏中的光照特效通常需要在游戏引擎中实现，并使用图形编程技术来处理。游戏引擎，如 Unity、Unreal Engine 和 CryEngine，提供了内置的光照特效工具，以帮助开发者实现各种光照效果。要创建出色的光照特效，通常需要深入了解图形编程和 3D 数学，并在游戏设计中精心选择和配置特效。不同类型的光源、阴影、材质和渲染技术可以组合使用，以实现所需的视觉效果。

4.4.2 实现光照特效

在 OpenGL ES 系统中，使用方法 gl.glEnable( )打开某一盏灯，其参数 GL_LIGHT0、GL_LIGHT1……GL_LIGHT7 分别代表 OpenGL ES 中的 8 盏灯。另外，在 OpenGL ES 中通过方法 glLightfv（int light，int pname，float[ ] params，int offset）来设定定位光，其参数和前面介绍的定向光中的 glLightfv 方法类似，而且里面的参数基本相同，唯一的差别是 params 参数略有不同。具体差别如下所示。

- 在定向光中，参数 params 的最后一个参数设定为 0，而在定位光中，该参数设定为 1。
- 在定向光中，参数 params 的前 3 个参数为设定光源的向量坐标，而在定位光中，这 3 个参数是光源的位置。
- 在定向光中光的方向为给定的坐标点与原点之间的向量，所以 params 中的坐标不能设置为［0,0,0］，而在定位光中给出的是光源的坐标位置，所以 params 前 3 个参数可以设置为［0,0,0］。

在方法 glLightfv( )中，设置其余参数的方法与前面介绍的方法 glLightfv 相同，在此不再赘述。例如在下面的实例中，演示了在 Android 系统中开启或关闭光照效果的方法。

实例 4-4：开启/关闭光照特效（双语 Java/Kotlin 实现）

1）编写文件 MyActivity.java，具体实现流程如下所示。

- 实例化 MySurfaceView 对象，同时设置 Acitivity 的内容。
- 设置 MySurfaceView 为可触控。
- 当 Acitvity 调用了方法 onPause( )和 onResume( )时，GLSurfaceView 需要调用相应的操作，即分别调用方法 onPause( )及 onResume( )。

2）编写文件 MySurfaceView.java，具体实现流程如下所示。

- 使用方法 gl.glEnable（GL10.GL_LIGHTING）打开灯光效果。
- 通过 gl.glLightfv( )设定光照相关参数，分别实现关闭抗抖动、设置背景颜色、设置着色模式等操作。
- 初始化 0 号灯，分别设置 0 号灯的环境光、散射光、反射光。
- 设置物体的材质。

3）编写文件 kaiguanCH.java，具体实现流程如下所示。

- 创建顶点坐标数据缓冲，并使用索引法为三角形构造初始化索引数据。
- 为画笔指定顶点坐标数据、顶点法向量数据，并同时绘制图形。
- 通过方法 glNormalPointer( )为画笔指定顶点法向量数据，并分别计算球体的 x、y、z

坐标。

- 用中间行的两个相邻点与下一行的对应点构成三角形。
- 用中间行的两个相邻点与上一行的对应点构成三角形。

执行后的效果如图 4-4 所示。

图 4-4　执行效果

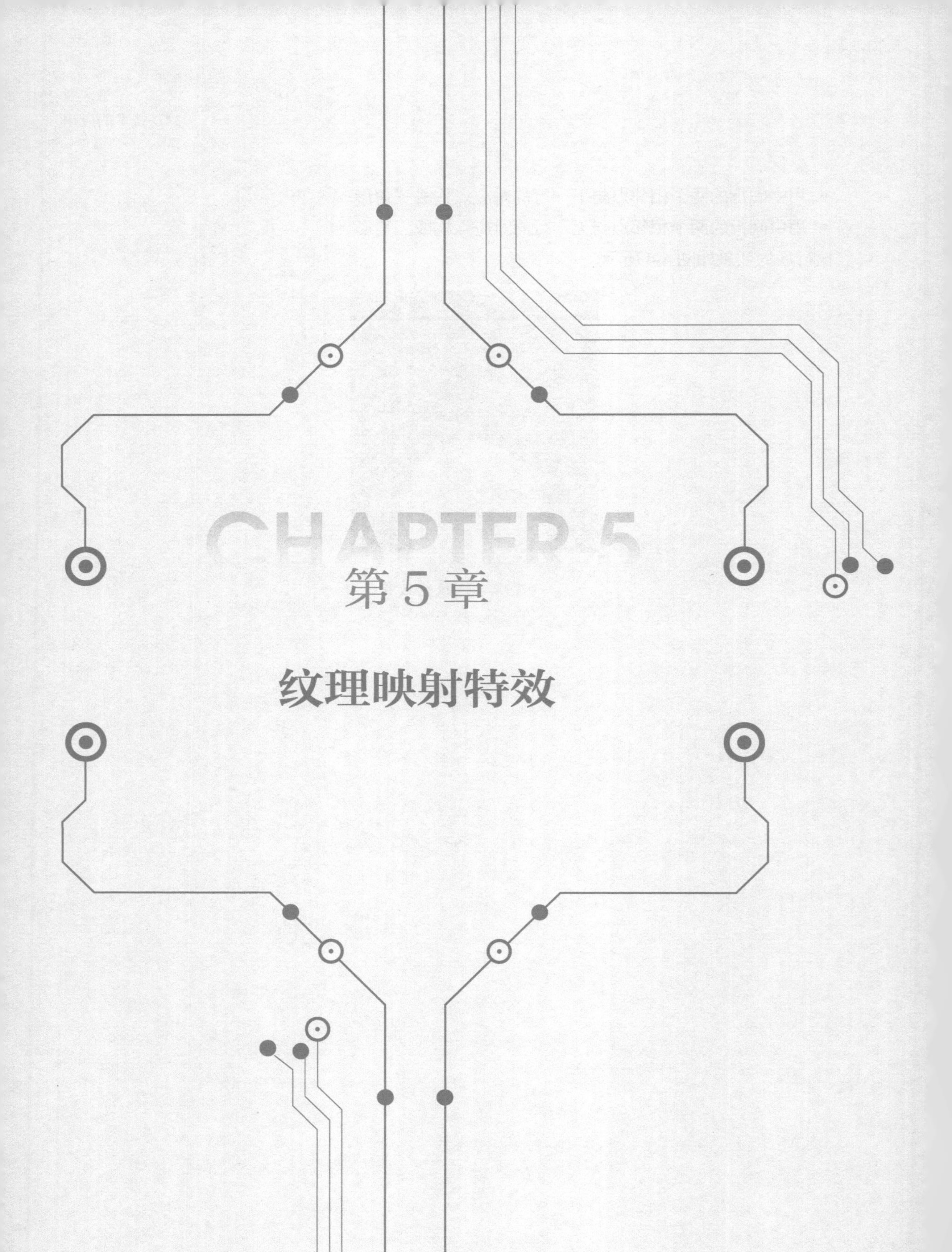

CHAPTER 5

第5章

纹理映射特效

纹理映射特效是一种在计算机图形中广泛使用的技术，它用来模拟物体表面的细节和外观。纹理映射是将二维图像（称为纹理）映射到三维物体的表面上，以使物体看起来更逼真。这种技术通常用于 3D 渲染，包括游戏开发、计算机动画、虚拟现实等领域。在本章的内容中，将详细讲解在 Android 系统实现纹理映射特效的知识，为读者后面的学习打下基础。

5.1 纹理映射基础

纹理映射特效允许开发者在 3D 场景中赋予物体更多的细节、外观和真实感，在游戏中广泛应用，可用于模拟各种物体表面，从硬质材质到柔软材质，以及环境效果（如光照和阴影）。不同的游戏引擎和图形库提供了丰富的工具和函数，用于实现各种纹理映射特效。

5.1.1 纹理映射的作用

纹理映射是真实感图像制作的一个重要部分，我们无须花费过多时间来考虑物体的表面细节，便可以制作出极具真实感的图形。但是纹理加载的过程可能会影响程序运行速度，当纹理图像非常大时，这种情况尤为明显。如何妥善地管理纹理，减少不必要的开销，是系统优化时必须考虑的一个问题。幸运的是，OpenGL 提供的纹理对象管理技术可以解决上述问题。与显示列表一样，纹理对象通过一个单独的数字来标识。这允许 OpenGL 硬件能够在内存中保存多个纹理，而不是每次使用的时候再加载它们，从而减少了运算量，提高了速度。

纹理映射能够保证在变换多边形时，多边形上的纹理也会随之变化。例如用透视投影模式观察墙面时，离视点远的墙壁砖块的尺寸就会较小，而离视点近的就会较大，这些是符合视觉规律的。此外，纹理映射也被用在其他一些领域。如飞行仿真中常把一大片植被的图像映射到一些大多边形上，用以表示地面，或者用大理石、木材等自然物质的图像作为纹理映射到多边形上，表示相应的物体。纹理对象通过一个单独的数字来标识。这允许 OpenGL 硬件能够在内存中保存多个纹理，而不是每次使用的时候再加载它们，从而减少了运算量，提高了速度。

5.1.2 纹理贴图和纹理拉伸

纹理贴图是一项能大幅度提高 3D 图像真实性的 3D 图像处理技术，下面列出了使用这项技术的好处：

- 减少纹理衔接错误；
- 实时生成剖析截面显示图；
- 有更真实的雾、烟、火和动画效果；
- 提高变换视角看物真实性；
- 模拟移动光源产生的自然光影效果；
- 构成枪弹真实轨迹等。

在目前的显卡硬件条件下，上述功能只能通过“3D 纹理压缩”才能实现。在具体实现时，可以把一幅纹理图拉伸或缩小贴到目标面上。如果目标面很大，可以用如下 3 种方案来解决。

1）将纹理拉大，这样做的缺点是纹理显得非常不清楚，失去了原来清晰的效果，甚至可能变形。

2）将目标面分割为多个与纹理大小相似的矩形，再将纹理重复帖到被分割的目标上。这样做的缺点是浪费了内存（需要额外存储大量的顶点信息），也浪费了开发人员宝贵的精力。

3）使用合理的纹理拉伸方式，使得纹理能够根据目标平面的大小自动重复，这样既不会失去纹理图的效果，也节省了内存，提高了开发效率。

通过比较上述 3 种解决方案，会发现第 3 种方案是最好的解决方法，并且容易实现。我们只需要做如下两方面的工作即可。

- 将纹理的 GL_TEXTURE_WRAP_S 与 GL_TEXTURE_WRAP_T 属性值设置为 GL_REPEAT，而不是 GL_CLAMP_TO_EDGE。
- 设置纹理坐标时，纹理坐标的取值范围不再是 0-1，而是 0-n，n 为希望纹理重复的次数。

5.2 纹理映射应用实战

在了解了纹理映射的基本知识后，在本节的内容中，将通过几个具体实例的实现过程，详细讲解在 Android 系统中实现纹理映射特效的流程。

5.2.1 实现三角形纹理贴图特效

三角形纹理贴图是一种在计算机图形中常用的技术，用于将二维图像（纹理）映射到三角形或其他多边形的表面上，以增强渲染的视觉效果。这个过程使得三维物体能够呈现出具有纹理、颜色和图案的外观，使其看起来更逼真。

在游戏开发应用中，将纹理贴图映射到三角形上是一种常见的技术，它使开发者能够在三维场景中渲染出逼真的表面细节。下面是将纹理贴图应用到三角形的基本步骤：

1）创建三角形：首先，需要创建一个三角形模型。这可以通过定义三个顶点的坐标和法线来实现。通常需要使用顶点坐标、法线和纹理坐标来描述三角形。

2）准备纹理：准备一个二维图像作为纹理。这可以是图像文件，如 JPEG 或 PNG 图像，或者可以是自定义生成的纹理，如噪声纹理或程序生成的图案。

3）定义纹理坐标：在三角形的每个顶点上定义纹理坐标（通常使用 UV 坐标）。纹理坐标指定了纹理上的位置，使引擎知道如何在三角形上正确映射纹理。

4）加载纹理：将纹理加载到游戏引擎中，以便在渲染时使用。这可以通过引擎提供的加载纹理的函数来完成。

5）渲染三角形：在渲染时，使用着色器程序将纹理映射到三角形上。通常需要编写一个着色器程序来执行纹理映射，包括纹理坐标插值和采样纹理的操作。

6）设置纹理参数：可以配置一些纹理参数，如纹理过滤、重复或环绕方式，以调整纹理在三角形上的显示效果。

7）绘制三角形：使用游戏引擎的绘制函数（如 OpenGL 或 Unity 中的函数）来绘制三角形。在绘制时，纹理坐标将根据着色器程序的逻辑映射到三角形上，创建出带有纹理的三角形。

8）调整效果：根据需要，可以调整纹理的平铺、旋转、缩放等参数，以获得所需的视觉效果。

上面是基本的步骤，以在游戏中将纹理贴图应用到三角形上。实际上，游戏引擎和图形库通常提供了高级的纹理贴图功能，使整个过程更加简化和灵活。此外，可以使用不同的纹理映射技术，如法线贴图、置换贴图等，以模拟更多的物体细节和外观。

在下面的实例中，演示了在 Android 中实现形纹理贴图特效的方法。

实例 5-1：实现漂浮的战场特效（双语 Java/Kotlin 实现）

1）编写文件 Dad.java，具体实现流程如下所示。

- 在 Dad 构造器中创建和设置场景渲染器为主动渲染，并设置重写触屏事件回调方法，以记录触控笔坐标，改变三角形在坐标系的位置，使三角形能够在场景中转动。
- 声明场景渲染类，在该类中首先设置场景属性，移动坐标系可以绘制三角形。
- 定义生成纹理 ID 的 initTexture 方法，该方法通过接收图片 Id 和 gl 引用，将图片转换成 Bitmap。

文件 Dad.java 的主要实现代码如下所示。

```
public Dad(Context context) {
    super(context);
    mRenderer = new SceneRenderer();
    setRenderer(mRenderer);
    setRenderMode(GLSurfaceView.RENDERMODE_CONTINUOUSLY);      //设置渲染模式为主动渲染
}
public booleanonTouchEvent(MotionEvent e){
    float y = e.getY();
    float x = e.getX();
    switch (e.getAction()) {
    caseMotionEvent.ACTION_MOVE:
        float dy = y -mPreviousY;                               //计算触控笔 y 位移
        float dx = x -mPreviousX;                               //计算触控笔 x 位移
        mRenderer.texTri.jiaoY += dy * TOUCH_SCALE_FACTOR;      //设置沿 x 轴旋转角度
        mRenderer.texTri.mAngleZ += dx * TOUCH_SCALE_FACTOR;    //设置沿 z 轴旋转角度
        requestRender();
    }
    mPreviousY = y;                                             //记录触控笔位置
    mPreviousX = x;                                             //记录触控笔位置
    return true;
}
private class SceneRenderer implements GLSurfaceView.Renderer{
    Texture texTri;
    int textureId;
    @Override
```

```
    public void onDrawFrame(GL10 gl) {
    gl.glClear(GL10.GL_COLOR_BUFFER_BIT | GL10.GL_DEPTH_BUFFER_BIT);    //清除颜色缓存
        gl.glMatrixMode(GL10.GL_MODELVIEW);                          //设置当前矩阵为模式矩阵
        gl.glLoadIdentity();                                         //设置当前矩阵为单位矩阵
        gl.glTranslatef(0, 0f, -2.5f);
        texTri.drawSelf(gl);
    }
    @Override
    public void onSurfaceChanged(GL10 gl, int width, int height) {
    gl.glViewport(0, 0, width, height);                              //设置视窗大小及位置
        gl.glMatrixMode(GL10.GL_PROJECTION);                         //设置当前矩阵为投影矩阵
        gl.glLoadIdentity();                                         //设置当前矩阵为单位矩阵
        float ratio = (float) width / height;                        //计算透视投影的比例
        gl.glFrustumf(-ratio, ratio, -1, 1, 1, 20);                  //调用此方法计算产生透视投影矩阵
    }
    public void onSurfaceCreated(GL10 gl, EGLConfig config) {
    gl.glDisable(GL10.GL_DITHER);                                    //关闭抗抖动
    //设置特定 Hint 项目的模式,这里设置为使用快速模式
        gl.glHint(GL10.GL_PERSPECTIVE_CORRECTION_HINT,GL10.GL_FASTEST);
        gl.glClearColor(0,0,0,0);                                    //设置屏幕背景色为黑色 RGBA
        //gl.glEnable(GL10.GL_CULL_FACE);                            //打开背面剪裁
        gl.glShadeModel(GL10.GL_SMOOTH);                             //设置着色模型为平滑着色
        gl.glEnable(GL10.GL_DEPTH_TEST);                             //启用深度测试
        textureId=initTexture(gl,R.drawable.su);                     //初始化纹理
        texTri=new Texture(textureId);
    }
}
public int initTexture(GL10 gl,int textureId){
    int[] textures = new int[1];
    gl.glGenTextures(1, textures, 0);
    int currTextureId=textures[0];
    gl.glBindTexture(GL10.GL_TEXTURE_2D, currTextureId);
    gl.glTexParameterf(GL10.GL_TEXTURE_2D, GL10.GL_TEXTURE_MIN_FILTER,GL10.GL_NEAREST);
    gl.glTexParameterf(GL10.GL_TEXTURE_2D,GL10.GL_TEXTURE_MAG_FILTER,GL10.GL_LINEAR);
    gl.glTexParameterf(GL10.GL_TEXTURE_2D, GL10.GL_TEXTURE_WRAP_S,GL10.GL_REPEAT);
    gl.glTexParameterf(GL10.GL_TEXTURE_2D, GL10.GL_TEXTURE_WRAP_T,GL10.GL_REPEAT);
}
```

2）编写文件 yisuo.java，定义绘制三角形类 Texture，具体实现流程如下所示。

- 创建顶点数组，并将顶点数组放入顶点缓冲区内，为绘制三角形做好准备。
- 创建纹理坐标数组，并将纹理数组放入纹理坐标缓冲区内，为绘制三角形做好准备。
- 绘制三角形。

到此为止，整个实例介绍完毕，执行后的效果如图 5-1 所示。

● 图 5-1 执行后的效果

5.2.2 实现地月模型场景

地月模型场景是一个经典的三维图形场景，用来模拟地球和月球之间的关系。这个场景通常用于演示和教育目的，以展示天体之间的相对位置和运动。对典型的地月模型场景的介绍如下。

- 地球模型：地球模型通常是一个球体，用来代表地球。这个球体通常具有地球表面的纹理映射，以显示陆地、海洋和云层等特征。地球模型可以旋转以模拟地球的自转，从而产生昼夜交替的效果。
- 月球模型：月球模型通常是一个较小的球体，代表月球。它可以围绕地球模型旋转，模拟月球绕地球的轨道运动。月球模型通常也包括月球表面的纹理，以显示月球的表面特征。
- 光照效果：地月模型场景通常包括光照效果，以模拟太阳光照射地球和月球。这可以产生阴影、高光和反射效果，使地球和月球看起来更逼真。
- 相机控制：为了观察地月模型场景，通常会有一个可控制的相机。这个相机可以让用户或观众自由浏览地球和月球，观察它们的相对位置和运动。
- 动画：地月模型场景通常包括一些动画，如地球的自转和月球的轨道运动。这些动画可以加强场景的教育和视觉吸引力。
- 信息显示：在一些地月模型场景中，开发者可能会添加文本或标签，以提供关于地球和月球的信息，如直径、距离等科学数据。

地月模型场景通常用于天文学教育、科学展示和虚拟旅游应用。它们帮助人们更好地理解地球和月球之间的相对位置、运动和天文现象，如日食和月食。这种场景还展示了 3D 图形和动画技术的应用，即创建逼真的视觉效果。在下面的实例中，演示了使用纹理映射实现地月模型效果的方法。

实例 5-2：使用纹理映射实现地月模型效果（双语 Java/Kotlin 实现）

1）实例文件 Dad.java 的实现流程如下所示：

- 在 Dad 构造器中创建和设置场景渲染器为主动渲染，并声明地球和月球的引用；
- 在绘制场景的方法中绘制地球、月球和浩瀚的星空；
- 通过线程控制月亮、地球和星星的转动；
- 创建纹理贴图。

2）实例文件 Ball.java 的实现流程如下所示：

- 定义绘制类 Ball，分别获得纹理图切分的行数和列数，声明纹理的数组计数器和纹理数组的长度，以及存放纹理坐标的列表，为精确计算纹理坐标做好准备；
- 将获得的纹理坐标放入纹理坐标缓冲区内，并设置缓冲区的起始位置；
- 在开启纹理后，允许使用纹理 S、T 坐标缓冲，并为画笔指定纹理 S、T 坐标，绑定纹理后开始绘制图形；
- 定义方法 generateTexCoor( )，实现自动切分纹理产生纹理数组。

本实例的具体代码详见配套的电子资源，执行后的效果如图 5-2 所示。

● 图 5-2　执行后的效果

5.2.3　实现纹理拉伸特效

纹理拉伸特效是一种在计算机图形中使用的技术，它通过拉伸或变形纹理图像来实现各种视觉效果。这种效果可以用于游戏开发、计算机图形、虚拟现实和多媒体应用中，以创造各种有趣的变形和动画效果。常见的纹理拉伸特效如下。

- 水波纹效果：水波纹效果通过拉伸和变形纹理图像来模拟水面的波动。这可以用于创建水体的动态效果，如湖泊、河流和海洋。
- 溶解效果：溶解效果通过将纹理图像分解成小块或颗粒，然后将这些颗粒逐渐消失，以模拟物体被溶解或融化的效果。这种效果通常用于过渡、特殊效果和转场动画中。
- 折叠效果：折叠效果通过将纹理图像切割成多个块，然后以一种有趣的方式折叠或展开这些块来创建动画。这可以用于创建立体的纸张折叠效果或地图的展开效果。
- 地形拉伸：在三维地形模型中，地形拉伸效果可以用来模拟地震、山脉的形成或其他地质变化。通过拉伸和变形地形纹理，可以产生地貌变化的动态效果。
- 光束效果：光束效果通过在纹理上创建拉伸的条纹或光束，模拟阳光穿过云层、神奇魔法或其他光线效果。
- 粒子效果：纹理拉伸可以用于创建粒子效果，如火花、雨滴、烟雾或雪花。粒子在屏幕上拉伸和变形，以模拟它们的运动轨迹。
- 变形过渡：纹理拉伸也可以用于实现过渡动画，例如将一个场景过渡到另一个场景时，通过拉伸或扭曲纹理，使过渡更加流畅。

上述这些效果通常通过在图形编程中编写着色器程序来实现，其中着色器会处理纹理的坐标变换和变形。游戏引擎和图形库通常提供了处理这种效果的工具和函数，以便开发者可以轻松地实现各种拉伸特效。这些效果可以增加视觉吸引力，丰富游戏、动画的内容和虚拟现实特效的过程。

实例 5-3：实现纹理拉伸特效（双语 Java/Kotlin 实现）

1）编写实例文件 dad.java，具体实现流程如下所示。

- 声明 3 个矩形，分别设置 S、T 的最大值为 1×1、4×4、4×2 的纹理图。
- 在场景中分别绘制 1×1、4×4、4×2 的纹理矩形。
- 设置视窗的大小、矩阵类型，并设置投影模式为透视投影。
- 定义封装方法 initTexture( ) 获取纹理 ID，该方法通过收取图片 ID，生成一个纹理 ID 并返回结果。

2）实例文件 laCH.java 的实现流程如下所示。

- 初始化顶点坐标的数据，并创建顶点坐标数据缓冲。
- 定义方法 drawSelf( ) 开启纹理以绘制图形。

文件 laCH.java 的主要实现代码如下所示。

```
public class laCH {
    private FloatBuffer  mVertexBuffer;//缓冲顶点坐标
    private FloatBuffer mTextureBuffer;//缓冲顶点纹理
    int vCount=0;
    int texId;

    public laCH(float width,float height,int texId,float sRange,float tRange)
    {
        this.texId=texId;

        //开始初始化顶点坐标数据
        vCount=6;
        final float UNIT_SIZE=1.0f;
        float vertices[]=new float[]
        {
        width*UNIT_SIZE,height*UNIT_SIZE,0,
        -width*UNIT_SIZE,height*UNIT_SIZE,0,
        -width*UNIT_SIZE,-height*UNIT_SIZE,0,

        -width*UNIT_SIZE,-height*UNIT_SIZE,0,
        width*UNIT_SIZE,-height*UNIT_SIZE,0,
        width*UNIT_SIZE,height*UNIT_SIZE,0,
        };
        //创建顶点坐标数据缓冲
        ByteBuffer vbb = ByteBuffer.allocateDirect(vertices.length*4);
        vbb.order(ByteOrder.nativeOrder());//字节顺序
        mVertexBuffer = vbb.asFloatBuffer();//转为 Float 型
        mVertexBuffer.put(vertices);//在缓冲区中放入顶点坐标数据
```

```
        mVertexBuffer.position(0);//设置缓冲区起始位置
        //初始化纹理坐标
        float[]texST=
        {
        sRange,0,
        0,0,
        0,tRange,
        0,tRange,
        sRange,tRange,
        sRange,0
        };
        ByteBuffer tbb = ByteBuffer.allocateDirect(texST.length*4);
        tbb.order(ByteOrder.nativeOrder());//字节顺序
        mTextureBuffer = tbb.asFloatBuffer();//转换为 int 型
        mTextureBuffer.put(texST);//在缓冲区保存顶点着色数据
        mTextureBuffer.position(0);//缓冲区的起始位置

    }
    public void drawSelf(GL10 gl)  {
        gl.glEnableClientState(GL10.GL_VERTEX_ARRAY);//启用顶点坐标数组
        //设置画笔的顶点坐标
        gl.glVertexPointer
        (
            3,
            GL10.GL_FLOAT,
            0,
            mVertexBuffer
        );

        //打开纹理
        gl.glEnable(GL10.GL_TEXTURE_2D);
        //使用纹理 ST 坐标缓冲
        gl.glEnableClientState(GL10.GL_TEXTURE_COORD_ARRAY);
        //用指定纹理设置画笔 ST 坐标
        gl.glTexCoordPointer(2, GL10.GL_FLOAT, 0, mTextureBuffer);
        //绑定当前纹理
        gl.glBindTexture(GL10.GL_TEXTURE_2D, texId);
        //绘制图形
        gl.glDrawArrays
        (
            GL10.GL_TRIANGLES, //用三角形方式填充
            0,
            vCount
        );
    }
}
```

至此整个实例介绍完毕，执行后的效果如图 5-3 所示。

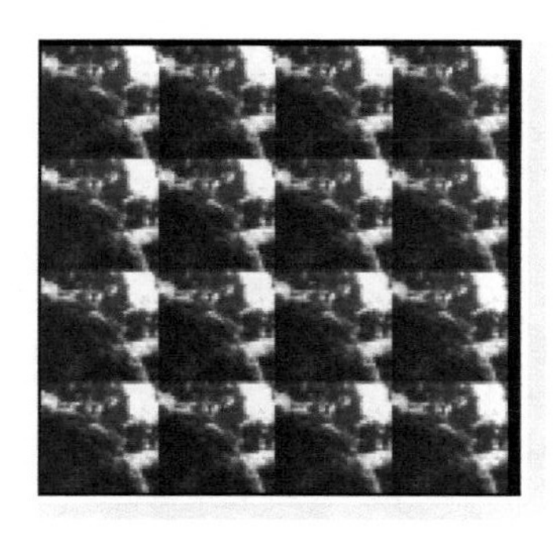

图 5-3　执行后的效果

注意：当在实现海洋或草原等较大纹理贴图时，使用纹理的拉伸方式既可以节省内存，又可以保证画面的真实性。

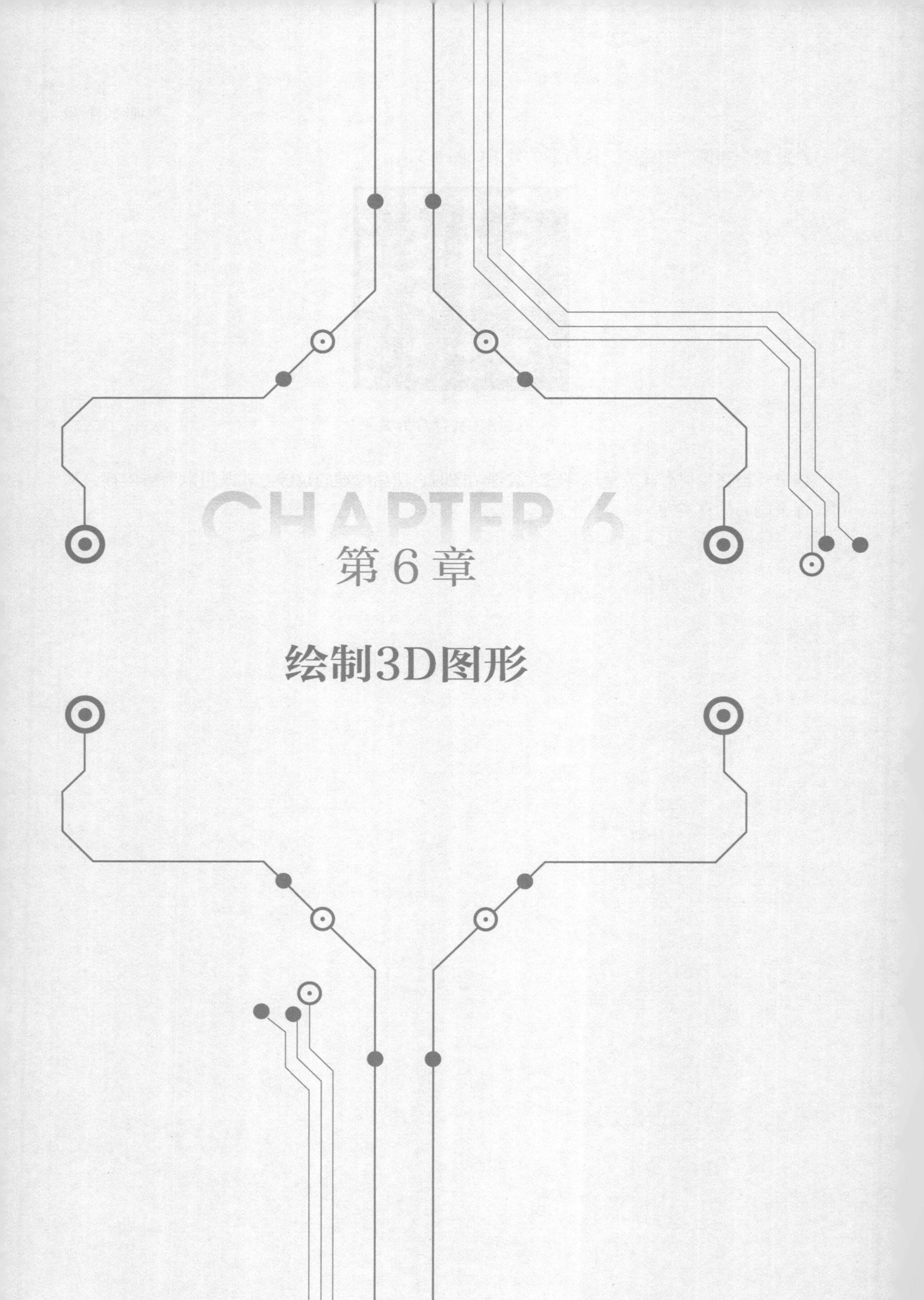

CHAPTER 6

第6章

绘制3D图形

在三维世界中，所有的物体都是以基本形状为基础进行构建的。所有三维物体只有经过建模、材质和渲染处理后，才会最终成为我们眼中美轮美奂的物体、角色和场景。在本章的内容中，将详细介绍在 Android 系统中使用 OpenGL ES 绘制各种三维形状的方法。

6.1 游戏场景和建模

游戏场景是游戏世界中的特定区域或环境，游戏中的角色、物体和场景的互动发生在这里。游戏建模是游戏开发的重要组成部分，它涉及创建游戏中使用的三维模型和角色。这些模型可以是游戏场景中的物体、角色、武器、道具、特效等，为游戏增添视觉效果和逼真感。

6.1.1 游戏场景的构成要素

游戏场景的构成因游戏类型和设计而异，但通常包括以下基本要素。

- 地形和背景：地形是游戏场景的地貌和地理特征，它可以包括地形高度、地图、地表材质、草地、山脉、水体等。背景是指远景，通常是远处的天空、山脉、城市等，用于增强场景的环境感和深度。
- 角色和物体：游戏角色是玩家或非玩家角色（NPC），它们可以在场景中移动、互动和执行动作。物体包括障碍、道具、建筑、树木等，它们可以是静态或动态的。
- 光照和阴影：光照和阴影效果用于增强场景的视觉质量。光照模拟光源的位置和光照强度，阴影模拟物体之间的光照和投影关系，增加逼真感。
- 特效：特效包括粒子效果（如火花、烟雾）、天气效果（如雨、雪）、光线效果（如光束、光晕）等，用于增强视觉效果和氛围。
- 用户界面：用户界面（UI）元素如分数、生命条、任务目标、菜单等通常是游戏场景的一部分，以提供玩家信息和控制选项。
- 音效和音乐：音效和音乐可以增强场景的听觉体验。它们包括背景音乐、角色对话、环境音效和特殊效果声音。
- 相机控制：相机用于定义游戏场景的视角和视野。它可以是第一人称视角、第三人称视角或其他类型的视角，以及相机跟随、旋转等控制。
- 游戏逻辑和脚本：游戏场景包括了游戏中的逻辑和脚本，用于定义角色行为、互动规则、任务目标等。这些脚本负责控制游戏的流程和逻辑。
- 互动元素：互动元素允许玩家与游戏世界互动，例如与 NPC 对话、收集物品、打击敌人等。
- 过渡和剧情：过渡场景和剧情元素用于连接不同的游戏场景和推进故事情节。
- 碰撞检测：碰撞检测用于确定角色和物体之间的互动，以防止重叠和冲突。
- 优化和性能：为确保流畅的游戏运行，游戏场景通常需要进行优化，包括减少多边形数量、合并纹理、采用级别加载等技术。

上述要素共同构成了游戏场景，决定了游戏的外观、感觉和玩法。游戏设计师、艺术家、程序员和音效设计师等各种团队成员协同工作，以创造出富有创意和吸引力的游戏场景。不同类型的游戏（如动作、冒险、射击、角色扮演等）和不同平台（PC、主机、移动设备）可能有不同的场景要求。

6.1.2 游戏建模的步骤

游戏建模通常包括以下步骤：

1）概念设计：在创建模型之前，首先需要明确概念。这包括确定模型的形状、外观、用途和特征。设计师通常制作概念艺术或草图，以帮助建模师理解所需的外观。

2）建模：建模是创建三维模型的过程。这通常在三维建模软件中完成，如 Blender、Maya、3ds Max 等。建模师使用顶点、边、面、法线、纹理坐标等元素来构建模型。

3）纹理贴图：一旦模型的基本结构完成，建模师可以为模型创建纹理贴图，以为其赋予颜色、纹理和外观。这可能包括绘制纹理、应用照片纹理或生成程序化纹理。

4）UV 映射：UV 映射是将二维纹理坐标映射到三维模型表面的过程。这允许纹理正确贴在模型上，以赋予其颜色和细节。

5）法线和光照：法线用于计算光照和阴影，以使模型看起来逼真。光照效果通常需要根据模型的法线和材质属性进行设置。

6）骨骼和动画：如果涉及角色模型，骨骼和权重可以用于创建骨骼动画。这允许模型在游戏中运动和变形。

7）细节和优化：细节包括添加模型的额外细微特征，如凹凸、刻痕、磨砂等。模型还需要进行优化，以确保它在游戏中具有良好的性能，包括减少多边形数量、合并顶点、压缩纹理等。

8）碰撞体和互动元素：在游戏中，模型可能需要碰撞体，以模拟碰撞和互动。这些碰撞体通常是简化的几何形状，用于提高性能。

9）导出和集成：完成模型后，它需要被导出为适当的文件格式，如 FBX、OBJ 或其他游戏引擎支持的格式。然后模型可以集成到游戏引擎中，以在游戏中使用。

10）测试和迭代：模型通常需要在游戏中测试，以确保它在游戏环境中正常运行。根据测试结果，可能需要对模型进行修改和迭代。

游戏建模通常需要协同合作，包括游戏设计师、建模师、纹理艺术家、动画师和程序员等不同领域的专业人员。这些团队协同工作，以创建游戏中的各种角色、物体和环境，以提供给玩家丰富的视觉和互动体验。

6.1.3 基本的 3D 图形

在 3D 图形和计算机图形学中，圆柱体、圆环、抛物面和螺旋面等属于基本几何体和曲面类型范畴，它们在不同的应用中具有各自的用途。这些基本几何体和曲面类型在三维建模和渲染中具有多种应用，用于创造各种形状和结构。

1. 圆柱体（Cylinder）

- 作用：圆柱体是一种常见的几何体，通常用于模拟柱状物体，如柱子、管道、筒形容器等。它们在建模工程、建筑、游戏场景和工业设计中经常用于创建各种立体结构。
- 应用：圆柱体的应用包括模拟建筑结构、游戏中的柱子、筒状物品、工业设计中的管道和容器等。

2. 圆环（Torus）

- 作用：圆环是一种环状几何体，通常用于创建环形结构，如轮胎、螺旋桨、环状装饰等。它们可用于建模和渲染环形对象。
- 应用：圆环广泛用于游戏开发、建模、工业设计以及三维艺术中，如制作珠宝和装饰物品。

3. 抛物面（Paraboloid）

- 作用：抛物面是一种曲面，其截面呈抛物线形状。它们通常用于创建碗状或抛物线形状的物体，如碗、天窗、摄像头透镜等。
- 应用：抛物面在建模和渲染物体表面时具有实际应用，如仿真物体的外观和形状。

4. 螺旋面（Helicoid）

- 作用：螺旋面是一种曲面，它具有类似于螺旋或螺旋形状的特征。它们用于创建螺旋状结构或螺旋物体，如螺旋楼梯、螺旋形装置等。
- 应用：螺旋面在建筑设计、工程建模和科学可视化中经常用于建模螺旋形结构。

6.2 绘制常见的 3D 图形

圆柱体、圆环、抛物面和螺旋面等基本的 3D 图形为设计师和艺术家提供了工具，用于模拟和可视化各种现实世界的物体和结构。游戏开发、建筑设计、工程、虚拟现实和计算机图形学等领域中都使用这些几何体和曲面类型来构建和呈现不同类型的物体与环境。本节的内容，将详细讲解绘制这些基本图形的知识。

6.2.1 绘制一个圆柱体

圆柱体是指在同一个平面内有一条定直线和一条动线，当这个平面绕着这条定直线旋转一周时，这条动线所成的面叫作旋转面，这条定直线叫作旋转面的轴，这条动线叫作旋转面的母线。如果母线是和轴平行的一条直线，那么所生成的旋转面叫作圆柱面。如果用垂直于轴的两个平面去截圆柱面，那么两个截面和圆柱面所围成的几何体叫作直圆柱，简称圆柱。圆柱又可以看作是由一个矩形绕着它的一边旋转一周而得到的。下面的实例演示了在屏幕中绘制一个圆柱体的方法。

实例 6-1：在屏幕中绘制一个 3D 圆柱体（双语 Java/Kotlin 实现）

本实例的实现流程如下所示。

1）编写文件 Jiem.java，实现流程如下所示：

- 指定屏幕所要显示的界面，并对界面进行相关设置；
- 为 Activity 设置恢复处理，当 Activity 恢复设置时，显示界面同样应该恢复；
- 当 Activity 暂停设置时，显示界面同样应该暂停。

文件 Jiem.java 的主要实现代码如下所示。

```
public class Jiem extends Activity {
    private MyGLSurfaceView mGLSurfaceView;
    public void onCreate(BundlesavedInstanceState) {
        super.onCreate(savedInstanceState);
        requestWindowFeature(Window.FEATURE_NO_TITLE);
        getWindow().setFlags(WindowManager.LayoutParams.FLAG_FULLSCREEN, WindowManager.
LayoutParams.FLAG_FULLSCREEN);
        setRequestedOrientation(ActivityInfo.SCREEN_ORIENTATION_LANDSCAPE);

        mGLSurfaceView = new MyGLSurfaceView(this);
        setContentView(mGLSurfaceView);
        mGLSurfaceView.setFocusableInTouchMode(true);              //可触控
        mGLSurfaceView.requestFocus();                             //获取焦点
    }
    @Override
    protected voidonResume() {
        super.onResume();
        mGLSurfaceView.onResume();
    }
    @Override
    protected voidonPause() {
        super.onPause();
        mGLSurfaceView.onPause();
    }
}
```

2）编写文件 MyGLSurfaceView.java，在此定义 MyGLSurfaceView 类实现场景加载和渲染功能。

3）编写文件 zhuCH.java，在此文件中定义了圆柱类 zhuCH，实现了绘制三角形方法的构造器部分的代码。具体实现流程如下所示：

- 设置圆柱体的控制属性，主要包括纹理、高度、截面半径、截面角度切分单位和高度切分单位。这些属性用于控制圆柱体的大小；
- 定义各个圆柱体绘制类的三角形绘制方法和工具方法；
- 实现圆柱体的线形绘制法，线形绘制法和三角形绘制法顶点的获取方法相同，只是采用的绘制顶点顺序和渲染方法不同，并且线形绘制没有光照和纹理贴图。

到此为止，整个实例介绍完毕，执行之后的效果如图 6-1 所示。

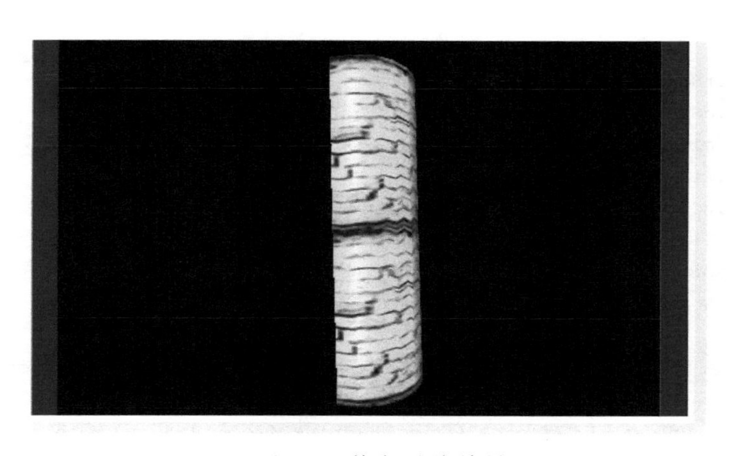

● 图 6-1　执行后的效果

6.2.2　绘制一个圆环

3D 圆环是一个环形的三维几何体，通常用于模拟环状结构或对象。它是一个管状的形状，具有内外圆环的截面，可以用于多种应用，包括建模、游戏开发和工业设计。下面的实例演示了在屏幕中绘制一个 3D 圆环的方法。

实例 6-2：绘制一个 3D 圆环（双语 Java/Kotlin 实现）

实例文件 HuanCH.java 的具体实现流程如下所示：

- 定义绘制类 HuanCH，设置圆锥曲面的控制属性，包括纹理、环半径、截面半径、环角度切分单位和截面角度切分单位；
- 通过设置的属性控制圆环曲面的大小，并获取网格顶点坐标；最后设置顶点、纹理、法向量缓冲，并定义绘制方法 drawSelf( )。

文件 HuanCH.java 的主要实现代码如下所示。

```
public class HuanCH
{
    private FloatBuffer ding;// 缓冲顶点
    private FloatBuffer weng;// 缓冲纹理
    private FloatBuffer myNormalBuffer;// 缓冲法向量
    int vcount;
    int textureid;
    float rSpan;
    float cSpan;
    float ring_Radius;
    float circle_Radius;

    public floatAngleX;
    public floatAngleY;
    public floatAngleZ;
    public HuanCH (float rSpan, float cSpan, float ring_Radius, float circle_Radius, int tex-
tureid)
```

```
{
    this.rSpan=rSpan;
    this.cSpan=cSpan;
    this.circle_Radius=circle_Radius;
    this.ring_Radius=ring_Radius;
    this.textureid=textureid;
    ArrayList<Float> val=new ArrayList<Float>();
    ArrayList<Float> ial=new ArrayList<Float>();//法向量存放列表
    for(float circle_Degree=50f;circle_Degree<130f;circle_Degree+=cSpan)
    {
        for(float ring_Degree=-90f;ring_Degree<0f;ring_Degree+=rSpan)
        {
            float x1=(float) ((ring_Radius+circle_Radius * Math.cos(Math.toRadians
(circle_Degree))) *Math.cos(Math.toRadians(ring_Degree)));
            float y1=(float) (circle_Radius*Math.sin(Math.toRadians(circle_Degree)));
            float z1=(float) ((ring_Radius+circle_Radius * Math.cos(Math.toRadians
(circle_Degree))) *Math.sin(Math.toRadians(ring_Degree)));
            float x2=(float) ((ring_Radius+circle_Radius * Math.cos(Math.toRadians
(circle_Degree))) *Math.cos(Math.toRadians(ring_Degree+rSpan)));
            float y2=(float) (circle_Radius*Math.sin(Math.toRadians(circle_Degree)));
            float z2=(float) ((ring_Radius+circle_Radius * Math.cos(Math.toRadians
(circle_Degree))) *Math.sin(Math.toRadians(ring_Degree+rSpan)));
            float x3=(float) ((ring_Radius+circle_Radius * Math.cos(Math.toRadians
(circle_Degree+cSpan))) *Math.cos(Math.toRadians(ring_Degree+rSpan)));
            float y3=(float) (circle_Radius * Math.sin(Math.toRadians(circle_Degree+
cSpan)));
            float z3=(float) ((ring_Radius+circle_Radius * Math.cos(Math.toRadians
(circle_Degree+cSpan))) *Math.sin(Math.toRadians(ring_Degree+rSpan)));

            float x4=(float) ((ring_Radius+circle_Radius * Math.cos(Math.toRadians
(circle_Degree+cSpan))) *Math.cos(Math.toRadians(ring_Degree)));
            float y4=(float) (circle_Radius * Math.sin(Math.toRadians(circle_Degree+
cSpan)));
            float z4=(float) ((ring_Radius+circle_Radius * Math.cos(Math.toRadians
(circle_Degree+cSpan))) *Math.sin(Math.toRadians(ring_Degree)));
            val.add(x1);val.add(y1);val.add(z1);
            val.add(x4);val.add(y4);val.add(z4);
            val.add(x2);val.add(y2);val.add(z2);
            val.add(x2);val.add(y2);val.add(z2);
            val.add(x4);val.add(y4);val.add(z4);
            val.add(x3);val.add(y3);val.add(z3);
            //顶点圆截面中心组成圆环上点的坐标
            float a1=(float) (x1-(ring_Radius*Math.cos(Math.toRadians(ring_Degree))));
            float b1=y1-0;
            float c1=(float) (z1-(ring_Radius*Math.sin(Math.toRadians(ring_Degree))));
            float l1=getVectorLength(a1, b1, c1);           //模长
            a1=a1/l1;                                       // 规格化法向量
            b1=b1/l1;
            c1=c1/l1;
```

```
        float a2=(float) (x2-(ring_Radius*Math.cos(Math.toRadians(ring_Degree+rSpan))));
        float b2=y1-0;
        float c2=(float) (z2-(ring_Radius*Math.sin(Math.toRadians(ring_Degree+rSpan))));
        float l2=getVectorLength(a2, b2, c2);            //模长
        a2=a2/l2;                                        // 规格化法向量
        b2=b2/l2;
        c2=c2/l2;

        float a3=(float) (x3-(ring_Radius*Math.cos(Math.toRadians(ring_Degree+rSpan))));
        float b3=y1-0;
        float c3=(float) (z3-(ring_Radius*Math.sin(Math.toRadians(ring_Degree+rSpan))));
        float l3=getVectorLength(a3, b3, c3);            //模长
        a3=a3/l3;
        b3=b3/l3;
        c3=c3/l3;

        float a4=(float) (x4-(ring_Radius*Math.cos(Math.toRadians(ring_Degree))));
        float b4=y1-0;
        float c4=(float) (z4-(ring_Radius*Math.sin(Math.toRadians(ring_Degree))));
        float l4=getVectorLength(a4, b4, c4);
        a4=a4/l4;                                        // 规格化法向量
        b4=b4/l4;
        c4=c4/l4;
        ial.add(a1);ial.add(b1);ial.add(c1);             //顶点的法向量
        ial.add(a2);ial.add(b2);ial.add(c2);
        ial.add(a4);ial.add(b4);ial.add(c4);

        ial.add(a2);ial.add(b2);ial.add(c2);
        ial.add(a3);ial.add(b3);ial.add(c3);
        ial.add(a4);ial.add(b4);ial.add(c4);
    }
}
vcount=val.size()/3;
float[] vertexs=new float[vcount*3];
for(int i=0;i<vcount*3;i++)
{
    vertexs[i]=val.get(i);
}
ByteBuffer vbb=ByteBuffer.allocateDirect(vertexs.length*4);
vbb.order(ByteOrder.nativeOrder());
ding=vbb.asFloatBuffer();
ding.put(vertexs);
ding.position(0);

//法向量
float[] normals=new float[vcount*3];
for(int i=0;i<vcount*3;i++)
{
```

```
        normals[i]=ial.get(i);
    }
    ByteBuffer ibb=ByteBuffer.allocateDirect(normals.length*4);
    ibb.order(ByteOrder.nativeOrder());
    myNormalBuffer=ibb.asFloatBuffer();
    myNormalBuffer.put(normals);
    myNormalBuffer.position(0);

    //纹理

    int row=(int) (360.0f/cSpan);
    int col=(int) (360.0f/rSpan);
    float[] textures=generateTexCoor(row,col);

    ByteBuffer tbb=ByteBuffer.allocateDirect(textures.length*4);
    tbb.order(ByteOrder.nativeOrder());
    weng=tbb.asFloatBuffer();
    weng.put(textures);
    weng.position(0);
    }
    //开始绘制
    public void drawSelf(GL10 gl)
    {
        gl.glRotatef(AngleX, 1, 0, 0);//旋转
        gl.glRotatef(AngleY, 0, 1, 0);
        gl.glRotatef(AngleZ, 0, 0, 1);

        gl.glEnableClientState(GL10.GL_VERTEX_ARRAY);
        gl.glVertexPointer(3, GL10.GL_FLOAT, 0, ding);

        gl.glEnableClientState(GL10.GL_NORMAL_ARRAY);//打开法向量缓冲
        gl.glNormalPointer(GL10.GL_FLOAT, 0, myNormalBuffer);//设置法向量缓冲

        gl.glEnable(GL10.GL_TEXTURE_2D);
        gl.glEnableClientState(GL10.GL_TEXTURE_COORD_ARRAY);
        gl.glTexCoordPointer(2, GL10.GL_FLOAT, 0, weng);
        gl.glBindTexture(GL10.GL_TEXTURE_2D, textureid);

        gl.glDrawArrays(GL10.GL_TRIANGLES, 0, vcount);

        gl.glDisableClientState(GL10.GL_TEXTURE_COORD_ARRAY);// 缓冲关闭
        gl.glEnable(GL10.GL_TEXTURE_2D);
        gl.glDisableClientState(GL10.GL_VERTEX_ARRAY);
        gl.glDisableClientState(GL10.GL_NORMAL_ARRAY);
    }
}
```

在上述代码中，rSpan 表示每一份环多少度；cSpan 表示圆截环每一份多少度，ring_Radius 表示环半径；circle_Radius 表示圆截面半径。执行后的效果如图 6-2 所示。

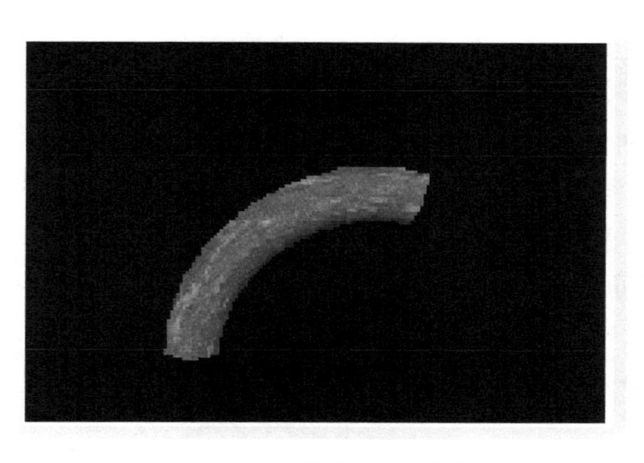

● 图 6-2　执行后的效果

6.2.3　绘制一个抛物面

3D 抛物面（Paraboloid）是一种数学几何形状，它的截面呈抛物线形状，类似于二维平面上的抛物线，但在三维空间中具有旋转对称性。抛物面通常有两种主要形式：椭圆抛物面和双曲抛物面。它们的形状取决于数学方程的具体形式。下面的实例演示了在屏幕中绘制一个抛物面效果的方法。

实例 6-3：绘制一个 3D 抛物面（双语 Java/Kotlin 实现）

本实例的实现文件是 **DrawpaoCH.java**，具体实现流程如下所示：

- 设置抛物面的属性参数，通过这些参数来控制抛物面的形状和开口大小；
- 根据数学公式，运用双循环来获取抛物面网格上顶点的坐标，并将坐标存放到列表中，这样可以设置顶点缓冲；
- 获取顶点数组并设置顶点缓冲来绘制图像，编写绘制图像的方法。

在本实例中，每行列一个矩形，由两个三角形构成，共 **6** 个点。**12** 个纹理坐标，执行后的效果如图 **6-3** 所示。

● 图 6-3　执行后的效果

6.2.4　绘制一个螺旋面

3D 螺旋面（3D Helicoid）是一种数学表面，具有螺旋或螺旋线形状。螺旋面在三维空间中绕着一个轴线螺旋而上或螺旋而下，因此呈现出一种螺旋形状。它可以由一个简单的参数方程来表示，通常使用两个参数来定义其形状。

一个典型的 3D 螺旋面的参数方程如下：

```
x(θ, t) = r * cos(θ)
y(θ, t) = r * sin(θ)
z(θ, t) = a * θ + b * t
```

其中，（x，y，z）是三维坐标，r 是螺旋的半径，θ 是螺旋面绕轴线旋转的角度，a 控制螺旋的倾斜度，b 控制螺旋的高度。

螺旋面是数学和物理学中的一个常见概念，它在不同领域具有应用。在实际生活中，螺旋面的形状可以观察到，比如螺旋楼梯、螺旋桨、DNA 螺旋结构等都具有螺旋面的特征。

在计算机图形学和三维建模中，螺旋面通常用于创建有趣的几何形状和模型。它可以在虚拟现实、游戏开发、工程建模和科学可视化等应用中发挥作用，以创建具有螺旋形状的物体和结构。

绘制和呈现 3D 螺旋面通常需要使用图形编程工具，如 OpenGL 或 3D 建模软件，来实现其参数方程，并在三维空间中呈现。这样可以为用户提供有趣的视觉体验。下面的实例演示了在屏幕中绘制一个 3D 螺旋面的过程。

实例 6-4：绘制一个 3D 螺旋面（双语 Java/Kotlin 实现）

本实例的实现文件是 DrawluoxuanCH.java，具体实现流程如下所示：

- 设置螺旋面的属性，通过控制这些属性可以控制螺旋面的形状和大小；
- 根据数学原理对组成螺旋面的网格顶点进行循环处理，并记录顶点的坐标和对应顶点的法向量；
- 分别获取纹理切分的行列数以切分纹理，分别设置顶点、法向量和纹理的缓冲，并实现绘制方法的编码。

文件 DrawluoxuanCH.java 的主要实现代码如下所示。

```
public DrawluoxuanCH
        (     float jie_R,                    //截面半径
              float Luo_R,                    //螺旋面半径
              int textureid//螺旋面角度变化单位,纹理
        )
        {
    this.jie_R=jie_R;
    this.Luo_R=Luo_R;
    this.textureid=textureid;

    ArrayList<Float> val=new ArrayList<Float>();//顶点列表
```

```
        ArrayList<Float> ial=new ArrayList<Float>();//存放法向量的列表

        for(float h_angle=0,c_r=jie_R,h_r=Luo_R,length=0;h_angle<MAX_ANGLE;h_angle+=
HEDICOID_ANGLE_SPAN,c_r+=CIRCLE_R_SPAN,h_r+=HEDICOID_R_SPAN,length+=LENGTH_SPAN)
        {
            for(float c_angle=CIECLE_ANGLE_BEGIN;c_angle<CIECLE_ANGLE_OVER;c_angle+=
CIRCLE_ANGLE_SPAN)
            {
                float x1=(float) ((h_r+c_r*Math.cos(Math.toRadians(c_angle)))*Math.cos
(Math.toRadians(h_angle)));
                float y1=(float) (c_r*Math.sin(Math.toRadians(c_angle))+length);
                float z1=(float) ((h_r+c_r*Math.cos(Math.toRadians(c_angle)))*Math.sin
(Math.toRadians(h_angle)));

                float x2=(float) ((h_r+c_r*Math.cos(Math.toRadians(c_angle+CIRCLE_ANGLE_
SPAN)))*Math.cos(Math.toRadians(h_angle)));
                float y2=(float) (c_r*Math.sin(Math.toRadians(c_angle+CIRCLE_ANGLE_
SPAN))+length);
                float z2=(float) ((h_r+c_r*Math.cos(Math.toRadians(c_angle+CIRCLE_ANGLE_
SPAN)))*Math.sin(Math.toRadians(h_angle)));

                float x3=(float) (((h_r+HEDICOID_R_SPAN)+(c_r+CIRCLE_R_SPAN)*Math.cos
(Math.toRadians(c_angle+CIRCLE_ANGLE_SPAN)))*Math.cos(Math.toRadians(h_angle+
HEDICOID_ANGLE_SPAN)));
                float y3=(float) ((c_r+CIRCLE_R_SPAN)*Math.sin(Math.toRadians(c_angle+
CIRCLE_ANGLE_SPAN))+(length+LENGTH_SPAN));
                float z3=(float) (((h_r+HEDICOID_R_SPAN)+(c_r+CIRCLE_R_SPAN)*Math.cos
(Math.toRadians(c_angle+CIRCLE_ANGLE_SPAN)))*Math.sin(Math.toRadians(h_angle+
HEDICOID_ANGLE_SPAN)));

                float x4=(float) (((h_r+HEDICOID_R_SPAN)+(c_r+CIRCLE_R_SPAN)*Math.cos
(Math.toRadians(c_angle)))*Math.cos(Math.toRadians(h_angle+HEDICOID_ANGLE_SPAN)));
                float y4=(float) ((c_r+CIRCLE_R_SPAN)*Math.sin(Math.toRadians(c_angle))+
(length+LENGTH_SPAN));
                float z4=(float) (((h_r+HEDICOID_R_SPAN)+(c_r+CIRCLE_R_SPAN)*Math.cos
(Math.toRadians(c_angle)))*Math.sin(Math.toRadians(h_angle+HEDICOID_ANGLE_SPAN)));

                val.add(x1);val.add(y1);val.add(z1);
                val.add(x2);val.add(y2);val.add(z2);
                val.add(x4);val.add(y4);val.add(z4);

                val.add(x2);val.add(y2);val.add(z2);
                val.add(x3);val.add(y3);val.add(z3);
                val.add(x4);val.add(y4);val.add(z4);

                //顶点圆截面中心组成圆环点坐标
                float a1=(float) (x1-(h_r*Math.cos(Math.toRadians(h_angle))));
                float b1=y1-length;
```

```
            float c1=(float) (z1-(h_r*Math.sin(Math.toRadians(h_angle))));
            float l1=getVectorLength(a1, b1, c1);//模长
            a1=a1/l1;// 规格化法向量
            b1=b1/l1;
            c1=c1/l1;

            float a2=(float) (x2-(h_r*Math.cos(Math.toRadians(h_angle))));
            float b2=y1-length;
            float c2=(float) (z2-(h_r*Math.sin(Math.toRadians(h_angle))));
            float l2=getVectorLength(a2, b2, c2);//模长
            a2=a2/l2;// 规格化法向量
            b2=b2/l2;
            c2=c2/l2;

            float a3=(float) (x3-(h_r*Math.cos(Math.toRadians(h_angle+HEDICOID_ANGLE_SPAN))));
            float b3=y1-(length+LENGTH_SPAN);
            float c3=(float) (z3-(h_r*Math.sin(Math.toRadians(h_angle+HEDICOID_ANGLE_SPAN))));
            float l3=getVectorLength(a3, b3, c3);//模长
            a3=a3/l3;// 规格化法向量
            b3=b3/l3;
            c3=c3/l3;

            float a4=(float) (x4-(h_r*Math.cos(Math.toRadians(h_angle+HEDICOID_ANGLE_SPAN))));
            float b4=y1-(length+LENGTH_SPAN);
            float c4=(float) (z4-(h_r*Math.sin(Math.toRadians(h_angle+HEDICOID_ANGLE_SPAN))));
            float l4=getVectorLength(a4, b4, c4);//模长
            a4=a4/l4;// 规格化法向量
            b4=b4/l4;
            c4=c4/l4;

            ial.add(a1);ial.add(b1);ial.add(c1);//顶点对应的法向量
            ial.add(a2);ial.add(b2);ial.add(c2);
            ial.add(a4);ial.add(b4);ial.add(c4);

            ial.add(a2);ial.add(b2);ial.add(c2);
            ial.add(a3);ial.add(b3);ial.add(c3);
            ial.add(a4);ial.add(b4);ial.add(c4);
        }
    }
    vcount=val.size()/3;
    float[] vertexs=new float[vcount*3];
    for(int i=0;i<vcount*3;i++)
    {
        vertexs[i]=val.get(i);
    }
    ByteBuffer vbb=ByteBuffer.allocateDirect(vertexs.length*4);
    vbb.order(ByteOrder.nativeOrder());
    ding=vbb.asFloatBuffer();
    ding.put(vertexs);
    ding.position(0);
```

```
        //法向量
        float[] normals=new float[vcount * 3];
        for(int i=0;i<vcount * 3;i++)
        {
            normals[i]=ial.get(i);
        }
        ByteBuffer ibb=ByteBuffer.allocateDirect(normals.length * 4);
        ibb.order(ByteOrder.nativeOrder());
        myNormalBuffer=ibb.asFloatBuffer();
        myNormalBuffer.put(normals);
        myNormalBuffer.position(0);

        //纹理
        int col=(int) (MAX_ANGLE/HEDICOID_ANGLE_SPAN);
        int row=(int) ((CIECLE_ANGLE_OVER-CIECLE_ANGLE_BEGIN)/CIRCLE_ANGLE_SPAN);
        float[] textures=generateTexCoor(row,col);

        ByteBuffer tbb=ByteBuffer.allocateDirect(textures.length * 4);
        tbb.order(ByteOrder.nativeOrder());
        weng=tbb.asFloatBuffer();
        weng.put(textures);
        weng.position(0);
    }

    public void drawSelf(GL10 gl)
    {
        gl.glRotatef(AngleX, 1, 0, 0);//旋转
        gl.glRotatef(AngleY, 0, 1, 0);
        gl.glRotatef(AngleZ, 0, 0, 1);

        gl.glEnableClientState(GL10.GL_VERTEX_ARRAY);
        gl.glVertexPointer(3, GL10.GL_FLOAT, 0, ding);

        gl.glEnableClientState(GL10.GL_NORMAL_ARRAY);//打开法向量缓冲
        gl.glNormalPointer(GL10.GL_FLOAT, 0, myNormalBuffer);//设置法向量缓冲

        gl.glEnable(GL10.GL_TEXTURE_2D);
        gl.glEnableClientState(GL10.GL_TEXTURE_COORD_ARRAY);
        gl.glTexCoordPointer(2, GL10.GL_FLOAT, 0, weng);
        gl.glBindTexture(GL10.GL_TEXTURE_2D, textureid);

        gl.glDrawArrays(GL10.GL_TRIANGLES, 0, vcount);

        gl.glDisableClientState(GL10.GL_TEXTURE_COORD_ARRAY);// 缓冲关闭
        gl.glEnable(GL10.GL_TEXTURE_2D);
        gl.glDisableClientState(GL10.GL_NORMAL_ARRAY);
        gl.glDisableClientState(GL10.GL_VERTEX_ARRAY);
    }
}
```

在上述代码中，每行列一个矩形，由两个三角形构成，共六个点。12 个纹理坐标执行后的效果如图 6-4 所示。

• 图 6-4 执行后的效果

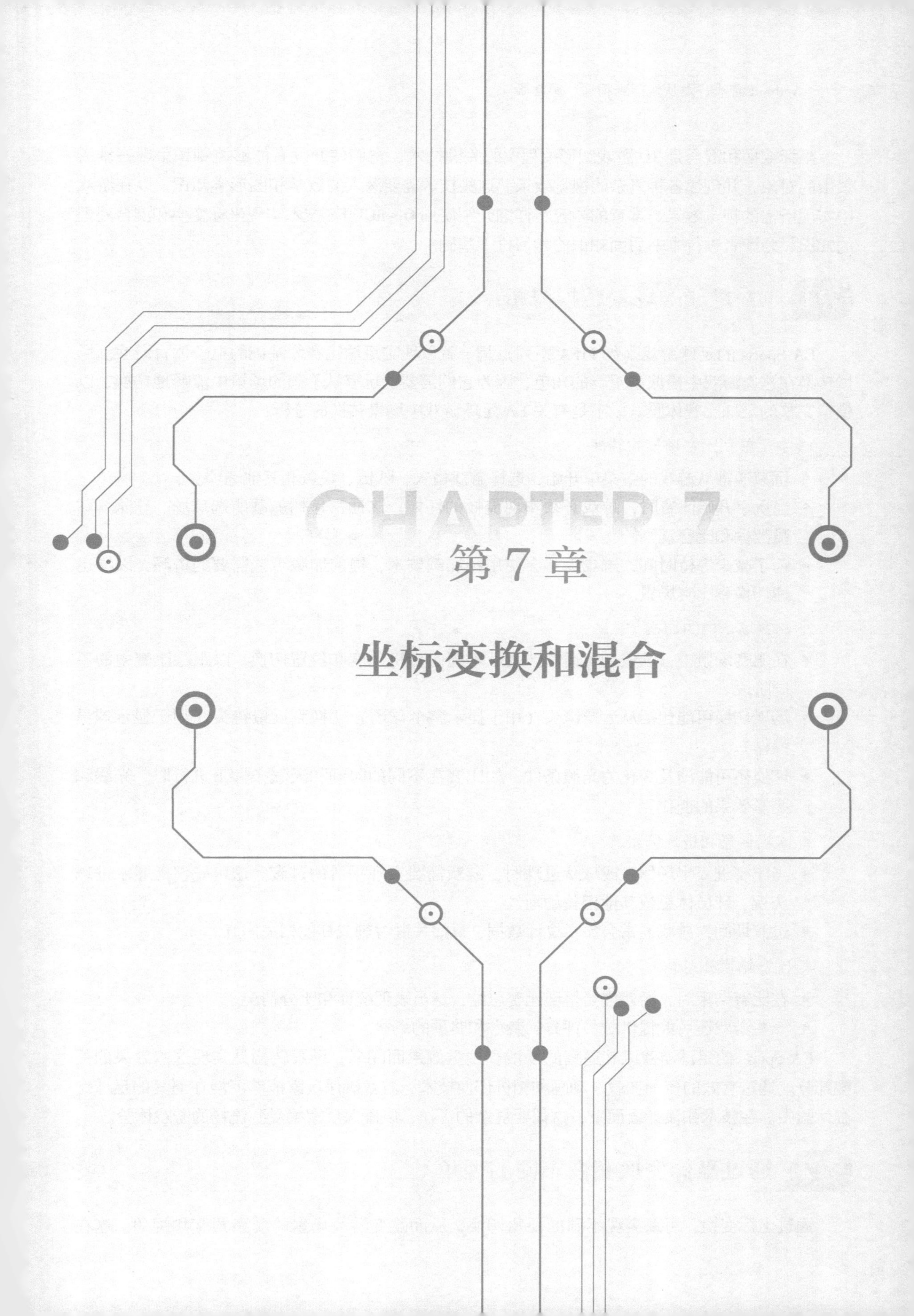

CHAPTER 7

第7章

坐标变换和混合

坐标变换和混合是 3D 游戏图形编程中的关键技术，它们使开发者能够控制和呈现三维场景中的对象，并创建各种复杂的视觉效果。这些技术需要深入的数学和图形学知识，以在游戏中实现所需的视觉效果。本章的内容将详细介绍使用 OpenGL ES 技术实现坐标变换和混合处理的知识，为读者进行本书后面知识的学习打下基础。

7.1 EA 足球的场景转换分析

EA Sports 的足球游戏（如 **FIFA** 系列）是一款以现实足球比赛为基础的电子体育游戏。场景转换在这类游戏中扮演着重要的角色，因为它们需要让玩家从不同的场景中流畅地切换，以模拟完整的足球比赛体验。以下是有关 **EA** 足球游戏中场景转换的分析：

1. 主菜单到比赛场景的转换

- 玩家通常从游戏的主菜单开始，选择游戏模式、队伍、设置和其他选项。
- 当玩家开始比赛时，游戏必须实现流畅的切换。这通常包括加载所选球场、球队、球员数据和比赛规则。
- 为了减少等待时间，游戏通常会使用预加载技术，提前加载可能需要的资源，以便迅速切换到比赛场景。

2. 比赛场景内的切换

- 在比赛场景中，场景切换通常涉及从不同的相机角度和位置切换，以跟踪比赛中的不同阶段。
- 场景切换可能包括从远景镜头（用于显示整个球场）切换到近景镜头（用于显示球员操作）。
- 切换还可能涉及变化的光照条件，如比赛在不同的时间和天气条件下进行时，光线和阴影效果的变化。

3. 半场休息和进球场景

- 当比赛进入半场休息或球队进球时，游戏需要实现平滑的过渡。这可能包括显示进球庆祝、球员休息或其他相关动画。
- 过渡期间，游戏通常会显示统计数据、重播关键时刻或其他相关信息。

4. 比赛结束和总结

- 在比赛结束时，游戏需要呈现比赛总结、球员表现统计和比分情况。
- 一些游戏还可能提供球员评分、荣誉和奖项的场景。

EA Sports 的足球游戏以其逼真的场景和视觉效果而闻名，场景转换是实现这些效果的关键部分。通过有效的资源加载、动画和相机切换技术，游戏确保玩家能够沉浸在逼真的足球比赛体验中。在技术和设计层面上，这需要复杂的工作，以确保玩家感受到流畅的游戏体验。

7.2 通过坐标变换实现不同的视角

通过坐标变换，可以实现不同的视角切换，从而改变游戏场景的观察角度和视角。这在

3D 游戏中非常常见，以便玩家观察游戏场景的不同部分或以不同方式查看游戏世界。本节将详细讲解使用 OpenGL ES 实现坐标变换的知识。

7.2.1 什么是坐标变换

坐标变换是指将物体或点的坐标从一个坐标系转换到另一个坐标系的过程，这是计算机图形学和计算机视觉中的基本概念，用于处理和呈现对象在不同坐标系下的位置和方向。坐标变换允许在不同坐标系中表示和操作物体，从而实现旋转、平移、缩放和其他变换效果。坐标变换在计算机图形、三维建模、游戏开发、计算机辅助设计（CAD）和虚拟现实等领域中广泛应用。它们是实现物体的定位、运动、旋转、缩放、投影和观察等操作的关键工具，使计算机能够呈现逼真的三维图形和场景。在三维世界中的坐标变换有两类，分别是缩放变换和平移变换。

在使用 OpenGL ES 绘制物体的时候，有时候需要在不同的位置绘制物体，有时候绘制的物体需要有不同的角度，此时需要平移或旋转技术。在平移或旋转物体的时候，会给观察者带来平移或旋转物体的感觉，但其实只是平移或旋转了坐标系，物体相对于坐标系实现了平移或旋转。坐标变换是以矩阵的形式存储的，要完成这种类型的操作，矩阵堆栈就是一种理想的机制。

7.2.2 实现缩放变换

缩放变换是一种坐标变换，它改变了对象的大小，使其可以缩小或放大。这是通过在不同坐标轴上应用缩放因子来实现的。在三维世界中，缩放变换通常使用一个缩放矩阵来执行，该矩阵分别包含 X、Y 和 Z 轴的缩放因子。缩放因子大于 1 会使物体放大，而小于 1 会使物体缩小。通过缩放变换可以改变物体的大小，方法是把当前矩阵与一个表示沿各个坐标轴对物体进行拉伸、收缩和反射的矩阵相乘。缩放的矩阵就可以简单地表示为如图 7-1 所示。

x	0	0	0
0	y	0	0
0	0	z	0
0	0	0	1

图 7-1　缩放矩阵图

在图 7-1 所示的缩放矩阵图中，包含了 x、y 和 z 一共 3 个缩放因子，分别对应 x 轴、y 轴和 z 轴，缩放变换是关于原点的缩放。

在 OpenGL ES 中，通过方法 glScalex（int x，int y，int z）和 glScalef（float x，float y，float z）实现物体的缩放变换，也就是把当前矩阵与一个表示沿各个轴对物体进行拉伸、收缩和放射的矩阵相乘，这个物体中的每个点的 x、y 和 z 坐标与对应的 x、y 和 z 参数相乘。

如果缩放值大于 1.0 就拉伸物体；如果缩放值小于 1.0 就收缩物体；如果缩放值为−1.0，就反射这个物体。（1.0，1.0，1.0）是单位缩放值。

下面的实例演示了在 Android 系统中实现缩放变换效果的方法。

实例 7-1：实现缩放变换特效（双语 Java/Kotlin 实现）

1）编写实例文件 ddd.java，具体实现流程如下所示：

- 开启一个自动缩放椭球体大小的线程；

- 分别改变椭球体的缩放值和设置椭球缩放的范围；
- 重写方法 onDrawFrame（GL10 gl）以绘制椭球体。

文件 ddd.java 的主要实现代码如下所示。

```
class ddd extends GLSurfaceView {
    private SceneRenderer mRenderer;//渲染场景
    public float gai;
    public ddd(Context context) {
        super(context);
        mRenderer = new SceneRenderer();//创建渲染器
        setRenderer(mRenderer);//设置渲染器
        setRenderMode(GLSurfaceView.RENDERMODE_CONTINUOUSLY);//设置为主动渲染
    }
    private class SceneRenderer implements GLSurfaceView.Renderer
    {
    suoCH ball=new suoCH(3);

    public SceneRenderer()
    {
        new Thread()
        {
        public void run()
        {

            while(true)
            {
                ball.scaleX+=gai;
                    ball.scaleY+=gai;
                if(ball.scaleX>1.5)
                {
                    gai=-0.02f;
                }
                if(ball.scaleX<0.5)
                {
                    gai+=0.02f;
                }
                try
                {
                    Thread.sleep(50);//每隔 50ms 重绘一次
                }
                catch(Exception e)
                {
                    e.printStackTrace();
                }
            }
        }
        }.start();
    }
```

```
    public void onDrawFrame(GL10 gl) {

      //清除颜色缓存
      gl.glClear(GL10.GL_COLOR_BUFFER_BIT | GL10.GL_DEPTH_BUFFER_BIT);
      //设置为模式矩阵
        gl.glMatrixMode(GL10.GL_MODELVCHIEW);
        //设置单位矩阵
        gl.glLoadIdentity();
        gl.glTranslatef(0, 0, -5);
        ball.drawSelf(gl);
    }

    public void onSurfaceChanged(GL10 gl, int width, int height) {
        //设置视窗大小及位置
      gl.glvCHiewport(0, 0, width, height);
      //设置当前矩阵为投影矩阵
        gl.glMatrixMode(GL10.GL_PROJECTION);
        //设置当前矩阵为单位矩阵
        gl.glLoadIdentity();
        gl.glShadeModel(GL10.GL_SMOOTH);
        //计算透视投影的比例
        float ratio = (float) width / height;
        //调用此方法计算产生透视投影矩阵
        gl.glFrustumf(-ratio, ratio, -1, 1, 1, 10);
    }
    public void onSurfaceCreated(GL10 gl, EGLConfig config) {
        //关闭抗抖动功能
      gl.glDisable(GL10.GL_DITHER);
      //设置特定 Hint 模式为快速模式
        gl.glHint(GL10.GL_PERSPECTIVE_CORRECTION_HINT,GL10.GL_FASTEST);
        //设置屏幕背景色为黑色 RGBA
        gl.glClearColor(0,0,0,0);
        //设置为平滑着色
        gl.glShadeModel(GL10.GL_SMOOTH);//GL10.GL_SMOOTH  GL10.GL_FLAT
        //启用深度测试
        gl.glEnable(GL10.GL_DEPTH_TEST);
    }
  }
}
```

2）编写文件 suoCH.java，在此定义绘制椭圆球体的类 suoCH。执行后会在屏幕中实现一个具有自动缩放功能的椭圆，效果如图 7-2 所示。

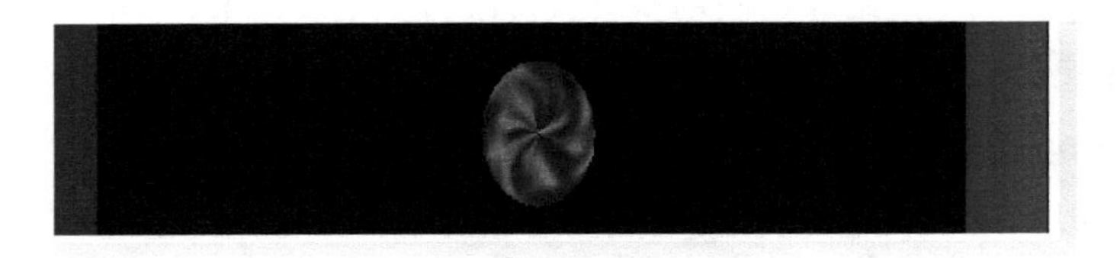

● 图 7-2　执行后的效果

7.3 使用 Alpha 实现纹理混合

在游戏项目中，可以使用 Alpha 实现纹理混合，使游戏场景更具深度和细节，提高游戏的视觉质量。它不仅可以用于地形纹理，还用于角色模型、特效和环境渲染中，以增加游戏的视觉吸引力和真实感。这种技术使开发者能够更好地控制纹理的外观和材质混合，从而打造出更具视觉吸引力的游戏体验。

7.3.1 分析 LOL 中的纹理混合

《英雄联盟》（League of Legends，LOL）是一款多人在线竞技场游戏（MOBA），其中的纹理混合（Texture Blending）是游戏引擎的重要组成部分，用于创建游戏地图、角色、建筑和特效等元素的视觉效果。

1. 地图纹理混合

游戏地图在 LOL 中采用纹理混合技术，以呈现不同的地形和环境，如森林、河流、建筑、草地等。纹理混合用于实现地面上的多层材质混合，例如将草地和泥土混合，或将石头和草地混合，以创造出多样性的地形。

2. 角色和生物纹理混合

游戏中的英雄、小兵和野怪角色都具有不同的纹理，以便它们在地图上以不同的样式和纹理出现。纹理混合用于创建角色的装甲、服装、皮肤等，以呈现不同的外观和特征。

3. 特效纹理混合

游戏中的技能、法术和特效通常使用纹理混合来实现，这包括火焰、闪电、冰霜、爆炸等效果。纹理混合用于将特效与游戏角色和环境融合，使其看起来自然而连贯。

4. 照明和阴影效果

纹理混合在游戏中也用于实现照明和阴影效果。通过在纹理中嵌入光照信息，可以模拟光线的反射和折射，以增加游戏中的视觉深度和逼真感。

5. 地形过渡

游戏地图中的地形过渡区域通常使用纹理混合，以实现不同地形之间的平滑过渡，例如将海滩和水域混合，这增加了地图的细节和自然感。

6. 细节纹理

游戏中的建筑、地面和道路通常使用多层纹理混合来增加细节，如砖石、木材、地板等，这使得环境看起来更加真实和多样化。

7. 玩家可定制性

纹理混合还可以用于玩家的皮肤和定制选项。玩家可以选择不同的皮肤，以改变其英雄的外观，这提供了个性化的游戏体验。

总的来说，纹理混合在 LOL 中用于创建视觉效果的多样性和逼真感。这种技术使游戏的环境、角色和特效看起来更加吸引人，增加了游戏的可玩性和视觉吸引力。游戏开发者精心设计和实现纹理混合，以打造出一个富有创意和视觉深度的游戏世界。

7.3.2 实现混合的方法

通过 Alpha 值在混合操作中可以控制新片元的颜色值与原有颜色值的合并权重。因此，通过 Alpha 混合可以创建半透明效果的片元。Alpha 颜色混合是诸如透明度、数字合成等技术的核心。

对于混合操作来说，最常见的是将 RGB 分量视为片元的颜色，而将 Alpha 分量视为不透明度。因此，透明或半透明表面的不透明度比不透明表面的低。例如，当透过绿色玻璃观察物体时，看到的颜色有几分玻璃的绿色，同时有几分物体的颜色。这两种颜色的比取决于玻璃的透射性质：如果照射在玻璃上的光有 80%透过（即不透明度为 20%），则看到的颜色是由 20%的玻璃颜色和 80%的物体颜色组合而成的。

在现实中有时会存在多个半透明面的情况。例如在观察汽车时，汽车内部和视点之间有一片玻璃，如果透过两块车窗玻璃，可以看到汽车后面的物体。

（1）源因子和目标因子

在混合过程中，分如下两个步骤将输入片元（源）的颜色值同当前存储在帧缓存中的像素（目标）颜色值合并起来。

第 1 步：指定如何计算源因子和目标因子，这些因子是 RGBA 四元组，其分别与源和目标的 R、G、B、A 分量相乘。

第 2 步：将两个 RGBA 四元组中对应的分量相加。

在 OpenGL ES 系统中，通过调用方法 glBlendFunc( ) 来选择源混合因子和目标混合因子，并指定两个混合因子，其中第 1 个参数为源 RGBA 的混合因子，第 2 个参数为目标 RGBA 的混合因子。

（2）处理方式

在混合处理时，有如下 5 种最常见的操作方式。

- 均匀地混合 2 幅图像。

首先将源因子和目标因子分别设置为 GL_ONE 和 GL_ZERO，并绘制第 1 幅图像；然后将源因子设置为 GL_SRC_ALPHA，将目标因子设置为 GL_ONE_MINUS_SRC_ALPHA，并在绘制第 2 幅图像时设置 Alpha 的值为 0.5。

上述做法是最常用的混合方式。如果要让第 1 幅图像占 75%，第 2 幅图像占 25%，可以按前面的方法绘制第 1 幅图像，然后在绘制第 2 幅图像时，使 Alpha 的值为 0.25。

- 均匀地混合 3 幅图像。

将目标因子设置为 GL_ONE，将源因子设置为 GL_SEC_ALPHA，然后使用 Alpha 值 0.3333333来绘制这些图像。这样每幅图像的亮度都只有原来的 1/3，如果图像之间重叠，就可以明显地观察到这一点。

- 逐渐加深图像。

假定编写绘图程序时，希望画笔能够逐渐地加深图像的颜色，使得每画一笔图像的颜色都将在原来的基础上加深一些。可将原混合因子和目标混合因子分别设置为 GL_SRC_ALPHA 和 GL_ONE_MINUS_SRC_ALPHA，并将画笔的 Alpha 值设置为 0.1。

- 模拟滤光器。

通过将源混合因子设置为 GL_DST_COLOR 或 GL_ONE_MJNUS_DST_COLOR，将目标混合因子设置为 GL_SRC_COLOR 或 GL_ONE_MINUS_SRC_COLOR，可以分别调整各个颜色分量。这样做相当于使用一个简单的滤光器。

例如通过将红色分量乘以 0.8，绿色分量乘以 0.4，蓝色分量乘以 0.72，可以模拟通过这样的滤光器观察场景的情况：滤光器滤掉 20%的红光、60%的绿光和 28%的蓝光。

- 贴花法。

通过给图像中的片元指定不同的 Alpha 值，可以实现非矩阵光栅图像的效果。在通常情况下会将透明片元的 Alpha 值设置为 0，每部透明片元的 Alpha 值设置为 1.0。例如可以绘制一个属性多边形，并应用树叶纹理：如果将 Alpha 值设置为 0，观察者将能够透过矩形纹理中不属于树的部分看到后面的东西。

7.3.3 实现简单混合

其实无论如何指定混合参数，总是需要启用混合功能，以便使其生效。其中启用方法是 gl.glEnable（GL_BLEND），禁用混合的方法是 gl.glDisable（GL_BLEND）。下面的实例演示了在屏幕中实现混合效果的方法。本实例比较简单，有两种混合模式的组合，其中一个参数是 GL_ONE 和 GL_ONE_MINUS_DST_ALPHA 的混合效果；另一个参数是 GL_SRC_COLOR 和 GL_DST_ALPHA 的混合效果。

实例 7-2：实现混合特效（双语 Java/Kotlin 实现）

本实例的实现流程如下所示。

1）编写文件 ddd.java 实现场景绘制类，具体实现流程如下所示：

- 创建渲染器对象，并设置渲染器；
- 通过场景绘制方法在场景中绘制 4 个矩形。

2）编写实例文件 ColorRect.java，定义实现颜色矩形类 ColorRect，具体实现流程如下所示：

- 创建顶点坐标，并将顶点坐标数组放入缓冲区内；
- 创建顶点着色数组，将顶点着色数组放入缓冲区内；
- 定义绘制矩形的方法，为画笔指定顶点坐标数据和顶点着色数据后，以三角形方式来绘制矩形。

文件 ColorRect.java 的主要实现代码如下所示。

```
public class ColorRect {
    private IntBuffer  ding;//缓冲顶点坐标数据
    private IntBuffer  se;//缓冲顶点着色数据
    int vCount=0;//顶点数量
```

```
public ColorRect(int r,int g,int b,int alpha)
{
//初始化顶点坐标数据
    vCount=6;
    final int UNIT_SIZE=40000;
    int vertices[]=new int[]
    {
      -1 * UNIT_SIZE,1 * UNIT_SIZE,0,
      -1 * UNIT_SIZE,-1 * UNIT_SIZE,0,
      1 * UNIT_SIZE,1 * UNIT_SIZE,0,

      -1 * UNIT_SIZE,-1 * UNIT_SIZE,0,
      1 * UNIT_SIZE,-1 * UNIT_SIZE,0,
      1 * UNIT_SIZE,1 * UNIT_SIZE,0
    };

    //创建顶点坐标数据缓冲
    ByteBuffer vbb = ByteBuffer.allocateDirect(vertices.length * 4);
    vbb.order(ByteOrder.nativeOrder());//字节顺序
    ding =vbb.asIntBuffer();//转为 int 型缓冲
    ding.put(vertices);//在缓冲区放入顶点坐标数据
    ding.position(0);//设置缓冲区的开始位置
    int colors[]=new int[]//顶点颜色值数组,每个顶点有 4 个色彩值
    {
        r,g,b,alpha,
        r,g,b,alpha,
        r,g,b,alpha,

        r,g,b,alpha,
        r,g,b,alpha,
        r,g,b,alpha,
    };
    //创建顶点着色数据缓冲
    ByteBuffer cbb = ByteBuffer.allocateDirect(colors.length * 4);
    cbb.order(ByteOrder.nativeOrder());//设置字节顺序
    se =cbb.asIntBuffer();//转为 int 型缓冲
    se.put(colors);//在缓冲区放入顶点着色数据
    se.position(0);//设置缓冲区开始位置
}
public void drawSelf(GL10 gl)
{
    gl.glEnableClientState(GL10.GL_VERTEX_ARRAY);//开启顶点坐标数组
    gl.glEnableClientState(GL10.GL_COLOR_ARRAY);//开启顶点颜色数组

      //为画笔指定顶点坐标数据
    gl.glvCHertexPointer
    (
        3,
```

```
            GL10.GL_FIXED,
            0,
            ding
        );
        //为画笔指定顶点着色数据
        gl.glColorPointer
        (
            4,
            GL10.GL_FIXED,
            0,
            se
        );
        //绘制图形
        gl.glDrawArrays
        (
            GL10.GL_TRIANGLES,                  //以三角形方式填充
            0,
            vCount
        );

        gl.glDisableClientState(GL10.GL_COLOR_ARRAY);//禁用顶点颜色数组
    }
}
```

执行之后的效果如图 7-3 所示。

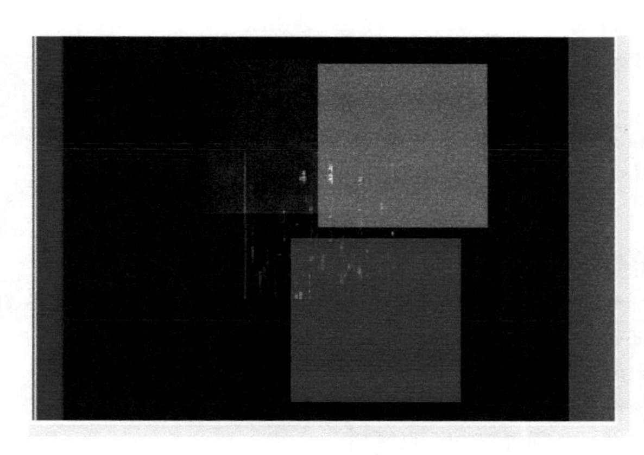

图 7-3　执行后的效果

7.3.4　实现“光晕/云层”效果

通过混合（Blending）技术，可以在 OpenGL ES 中实现“光晕/云层”效果，这是一种常见的视觉效果，通常用于模拟光源周围的辉光、光晕、云层或光线效果。因为地球是有大气的，所以在太空中时周围应该有光晕和云层，看起来会显得更加逼真。例如下面是使用混合函数的示例代码。

```
//启用混合功能
GLES20.glEnable(GLES20.GL_BLEND);
//设置混合函数为增亮混合
GLES20.glBlendFunc(GLES20.GL_ONE, GLES20.GL_ONE);
//渲染源对象(例如光源或物体)
//绘制光晕/云层纹理
GLES20.glBindTexture(GLES20.GL_TEXTURE_2D, haloTexture);
//在光源位置绘制光晕纹理
//可以通过在片元着色器中根据距离来控制亮度,以模拟光的扩散
//恢复混合函数
GLES20.glBlendFunc(GLES20.GL_SRC_ALPHA, GLES20.GL_ONE_MINUS_SRC_ALPHA);
//禁用混合功能
GLES20.glDisable(GLES20.GL_BLEND);
```

下面的实例演示了在屏幕中实现光晕和云层特效的过程。

实例 7-3：实现光晕和云层特效（双语 Java/Kotlin 实现）

1）在实例文件 **MyActivity.java** 中定义了 **MyActivity** 类，具体实现流程如下所示：

- 声明场景界面的引用并设置场景为全屏；
- 设置界面可触控并重写方法 **onResume( )**和 **onPause( )**。

文件 **MyActivity.java** 的主要实现代码如下所示。

```
public class MyActivity extends Activity {
private ddd mGLSurfaceView;
    @Override
    protected void onCreate(BundlesavedInstanceState) {
        super.onCreate(savedInstanceState);
        //设置全屏
        requestWindowFeature(Window.FEATURE_NO_TITLE);
            getWindow().setFlags(WindowManager.LayoutParams.FLAG_FULLSCREEN,
                    WindowManager.LayoutParams.FLAG_FULLSCREEN);
        mGLSurfaceView = new ddd(this);
        mGLSurfaceView.requestFocus();//获取焦点
        mGLSurfaceView.setFocusableInTouchMode(true);//设为可触控
        setContentView(mGLSurfaceView);
    }
    @Override
    protected void onResume() {
        super.onResume();
        mGLSurfaceView.onResume();
    }
```

2）编写实例文件 ddd.java，定义绘制场景类 ddd，具体实现流程如下所示：

- 设置渲染器，并重写触控方法完成转动地月系工作；
- 声明变量和绘制场景的方法，在绘制完地球后开启混合，设置源因子和目标因子，以绘制云层；
- 关闭混合，在绘制完月球和星空后开启混合，再次设置源因子和目标因子，开始绘制光晕；

- 设置场景、初始化光源、材质和初始化纹理。

此时本实例的主要代码已经讲解完毕，执行后的效果如图 7-4 所示。

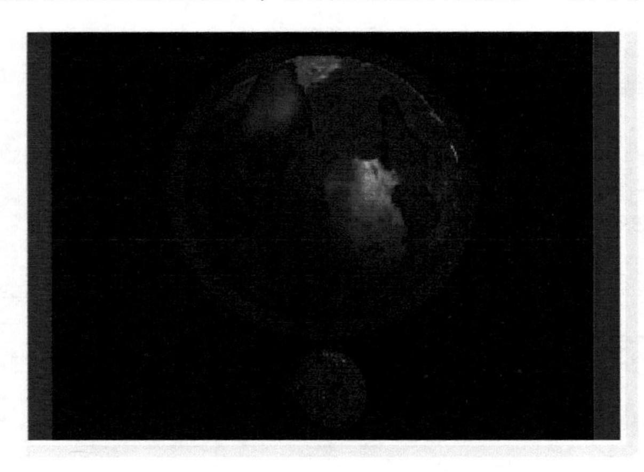

● 图 7-4 执行后的效果

7.3.5 实现滤光器效果

滤光器是一种能够运用限制光辐射的技术、是用来改变光谱分布的器件。例如在生活中随处可见的太阳镜，在烈日下戴上墨镜可以减轻刺眼的感觉。通过滤光器可以降低光的强度，并附带上几分滤光器的颜色。下面的实例演示了在屏幕中实现滤光器效果的过程。

实例 7-4：实现滤光器效果（双语 Java/Kotlin 实现）

本实例的实现流程如下所示。

1）编写实例文件 ddd.java 实现场景类 ddd，具体实现流程如下所示：

- 声明摄像机坐标和目标点坐标，并在该类构造器内设置场景渲染器；
- 重写按下按键的方法，在每次按下按键时，移动瞄准镜的位置；
- 编写绘制场景的方法，先设置摄像机，然后依次绘制场景中的物体，在绘制瞄准镜前开启混合，设置源因子和目标因子，最后绘制瞄准镜。

2）在实例文件 lvCHColor.java 中定义绘制着色长方体的类 lvCHColor，具体实现流程如下所示：

- 创建顶点数组，将顶点数组存入顶点缓冲内；
- 创建顶点颜色数组，因为各个顶点的 R、G、B、A 是通过随机数产生的，所以每次的运行结果可能有所不同；
- 编写绘制图形的方法，首先允许使用顶点数组、颜色数组，并为画笔指定顶点数组和颜色数组，最后以顶点法中的三角形填充方式绘制图形。

文件 lvCHColor.java 的主要实现代码如下所示。

```
public class lvCHColor {
private FloatBuffer ding;//顶点坐标数据缓冲
private FloatBuffer wen;//纹理坐标数据缓冲
```

```
public float x;
public float y;
float scale;                    //立方体高度
int vCount;//顶点数量
public lvCHColor(float scale,float length,float width)
{
    this.scale=scale;
    vCount=36;
    float TABLE_UNIT_SIZE=0.5f;
    float TABLE_UNIT_HIGHT=0.5f;
    float[] verteices=
    {

          //顶面
          -TABLE_UNIT_SIZE*length,TABLE_UNIT_HIGHT*scale,-TABLE_UNIT_SIZE*width,
          -TABLE_UNIT_SIZE*length,TABLE_UNIT_HIGHT*scale,TABLE_UNIT_SIZE*width,
          TABLE_UNIT_SIZE*length,TABLE_UNIT_HIGHT*scale,-TABLE_UNIT_SIZE*width,

          TABLE_UNIT_SIZE*length,TABLE_UNIT_HIGHT*scale,-TABLE_UNIT_SIZE*width,
          -TABLE_UNIT_SIZE*length,TABLE_UNIT_HIGHT*scale,TABLE_UNIT_SIZE*width,
          TABLE_UNIT_SIZE*length,TABLE_UNIT_HIGHT*scale,TABLE_UNIT_SIZE*width,
          //后面
          -TABLE_UNIT_SIZE*length,-TABLE_UNIT_HIGHT*scale,-TABLE_UNIT_SIZE*width,
          -TABLE_UNIT_SIZE*length,TABLE_UNIT_HIGHT*scale,-TABLE_UNIT_SIZE*width,
          TABLE_UNIT_SIZE*length,-TABLE_UNIT_HIGHT*scale,-TABLE_UNIT_SIZE*width,

          TABLE_UNIT_SIZE*length,-TABLE_UNIT_HIGHT*scale,-TABLE_UNIT_SIZE*width,
          -TABLE_UNIT_SIZE*length,TABLE_UNIT_HIGHT*scale,-TABLE_UNIT_SIZE*width,
          TABLE_UNIT_SIZE*length,TABLE_UNIT_HIGHT*scale,-TABLE_UNIT_SIZE*width,
          //前面
          -TABLE_UNIT_SIZE*length,TABLE_UNIT_HIGHT*scale,TABLE_UNIT_SIZE*width,
          -TABLE_UNIT_SIZE*length,-TABLE_UNIT_HIGHT*scale,TABLE_UNIT_SIZE*width,
          TABLE_UNIT_SIZE*length,TABLE_UNIT_HIGHT*scale,TABLE_UNIT_SIZE*width,

          TABLE_UNIT_SIZE*length,TABLE_UNIT_HIGHT*scale,TABLE_UNIT_SIZE*width,
          -TABLE_UNIT_SIZE*length,-TABLE_UNIT_HIGHT*scale,TABLE_UNIT_SIZE*width,
          TABLE_UNIT_SIZE*length,-TABLE_UNIT_HIGHT*scale,TABLE_UNIT_SIZE*width,
          //下面
          -TABLE_UNIT_SIZE*length,-TABLE_UNIT_HIGHT*scale,TABLE_UNIT_SIZE*width,
          -TABLE_UNIT_SIZE*length,-TABLE_UNIT_HIGHT*scale,-TABLE_UNIT_SIZE*width,
          TABLE_UNIT_SIZE*length,-TABLE_UNIT_HIGHT*scale,TABLE_UNIT_SIZE*width,

          TABLE_UNIT_SIZE*length,-TABLE_UNIT_HIGHT*scale,TABLE_UNIT_SIZE*width,
          -TABLE_UNIT_SIZE*length,-TABLE_UNIT_HIGHT*scale,-TABLE_UNIT_SIZE*width,
          TABLE_UNIT_SIZE*length,-TABLE_UNIT_HIGHT*scale,-TABLE_UNIT_SIZE*width,
          //左面
          -TABLE_UNIT_SIZE*length,-TABLE_UNIT_HIGHT*scale,-TABLE_UNIT_SIZE*width,
          -TABLE_UNIT_SIZE*length,-TABLE_UNIT_HIGHT*scale,TABLE_UNIT_SIZE*width,
```

```
        -TABLE_UNIT_SIZE*length,TABLE_UNIT_HIGHT*scale,-TABLE_UNIT_SIZE*width,

        -TABLE_UNIT_SIZE*length,TABLE_UNIT_HIGHT*scale,-TABLE_UNIT_SIZE*width,
        -TABLE_UNIT_SIZE*length,-TABLE_UNIT_HIGHT*scale,TABLE_UNIT_SIZE*width,
        -TABLE_UNIT_SIZE*length,TABLE_UNIT_HIGHT*scale,TABLE_UNIT_SIZE*width,
        //右面
        TABLE_UNIT_SIZE*length,TABLE_UNIT_HIGHT*scale,-TABLE_UNIT_SIZE*width,
        TABLE_UNIT_SIZE*length,TABLE_UNIT_HIGHT*scale,TABLE_UNIT_SIZE*width,
        TABLE_UNIT_SIZE*length,-TABLE_UNIT_HIGHT*scale,-TABLE_UNIT_SIZE*width,
        TABLE_UNIT_SIZE*length,-TABLE_UNIT_HIGHT*scale,-TABLE_UNIT_SIZE*width,
        TABLE_UNIT_SIZE*length,TABLE_UNIT_HIGHT*scale,TABLE_UNIT_SIZE*width,
        TABLE_UNIT_SIZE*length,-TABLE_UNIT_HIGHT*scale,TABLE_UNIT_SIZE*width
    };

    ByteBuffer vbb=ByteBuffer.allocateDirect(verteices.length*4); //创建顶点坐标数据缓冲
    vbb.order(ByteOrder.nativeOrder());//设置字节顺序
    ding=vbb.asFloatBuffer();//转换为 float 型缓冲
    ding.put(verteices);//向缓冲区中放入顶点坐标数据
    ding.position(0);//设置缓冲区起始位置

    float[] colors=new float[vCount*4];//设置颜色数组
    for(int i=0;i<vCount;i++)
    {
        colors[i*4]=(float)Math.random();
        colors[i*4+1]=(float)Math.random();
        colors[i*4+2]=(float)Math.random();
        colors[i*4+3]=(float)Math.random();
    }
    ByteBuffer tbb=ByteBuffer.allocateDirect(colors.length*4); //创建颜色坐标数据缓冲
    tbb.order(ByteOrder.nativeOrder());//设置字节顺序
    wen=tbb.asFloatBuffer();//转换为 float 型缓冲
    wen.put(colors);//向缓冲区中放入顶点坐标数据
    wen.position(0);//设置缓冲区起始位置
  }
  public void drawSelf(GL10 gl)
  {
    gl.glRotatef(x, 1, 0, 0);
    gl.glRotatef(y, 0, 1, 0);

    gl.glEnableClientState(GL10.GL_VERTEX_ARRAY);
    gl.glEnableClientState(GL10.GL_COLOR_ARRAY);
    //为画笔指定顶点坐标数据
    gl.glVertexPointer
    (
        3,                          //每个顶点的坐标数量为 3,对应 xyz
        GL10.GL_FLOAT,              //顶点坐标值的类型为 GL_FIXED
        0,                          //连续顶点坐标数据之间的间隔
        ding                        //顶点坐标数据
    );
```

```
        //为画笔指定顶点着色数据
        gl.glColorPointer
        (
            4,                              //设置颜色的组成成分
            GL10.GL_FLOAT,                  //顶点颜色值类型
            0,                              //设置连续顶点着色数据间的间隔
            wen                             //顶点的着色数据
        );
         gl.glDrawArrays(GL10.GL_TRIANGLES, 0, vCount);//绘制图形
         gl.glDisableClientState(GL10.GL_COLOR_ARRAY);//不用顶点颜色数组
    }
}
```

执行后的效果如图 7-5 所示。

● 图 7-5　执行后的效果

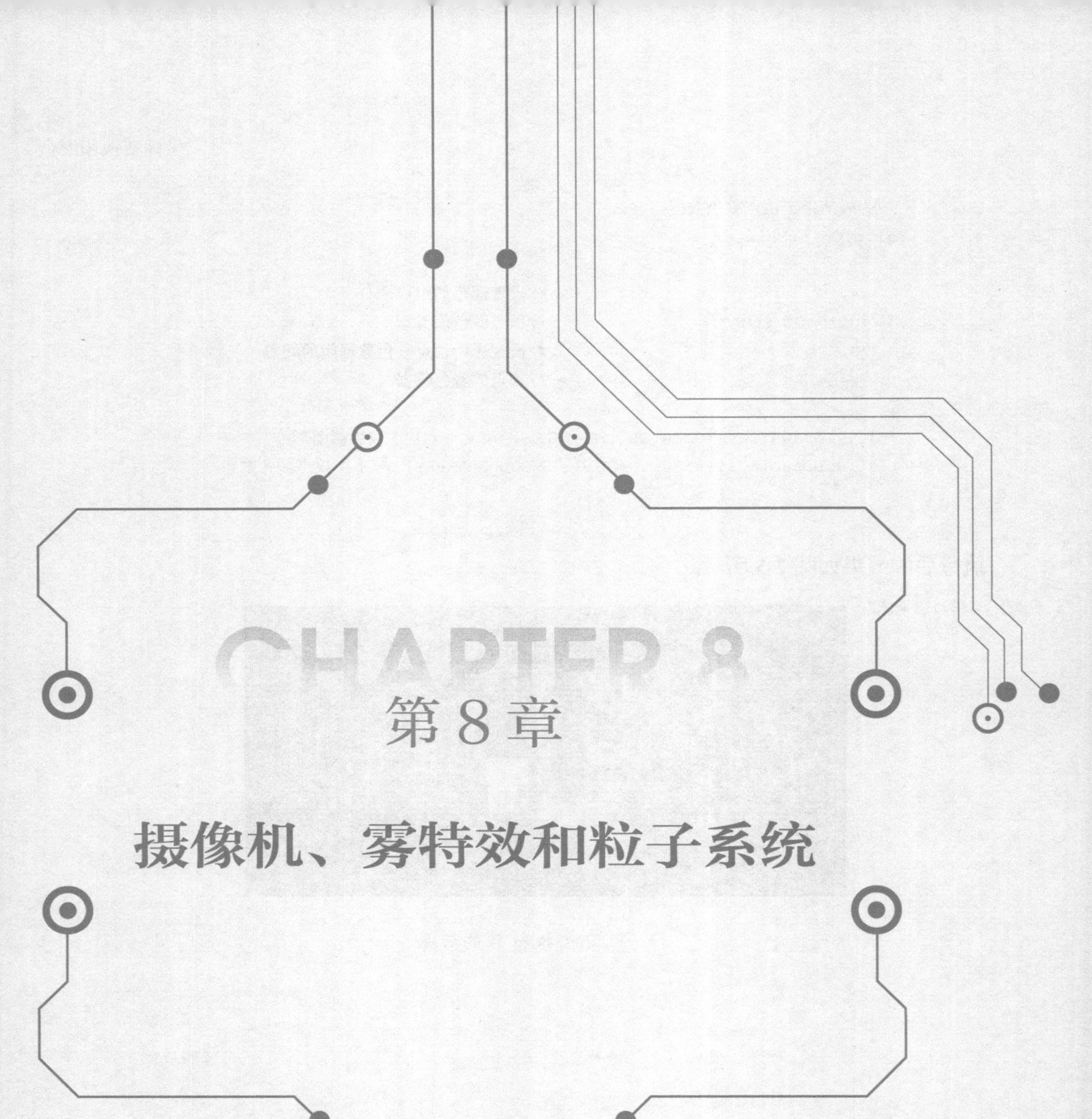

第8章

摄像机、雾特效和粒子系统

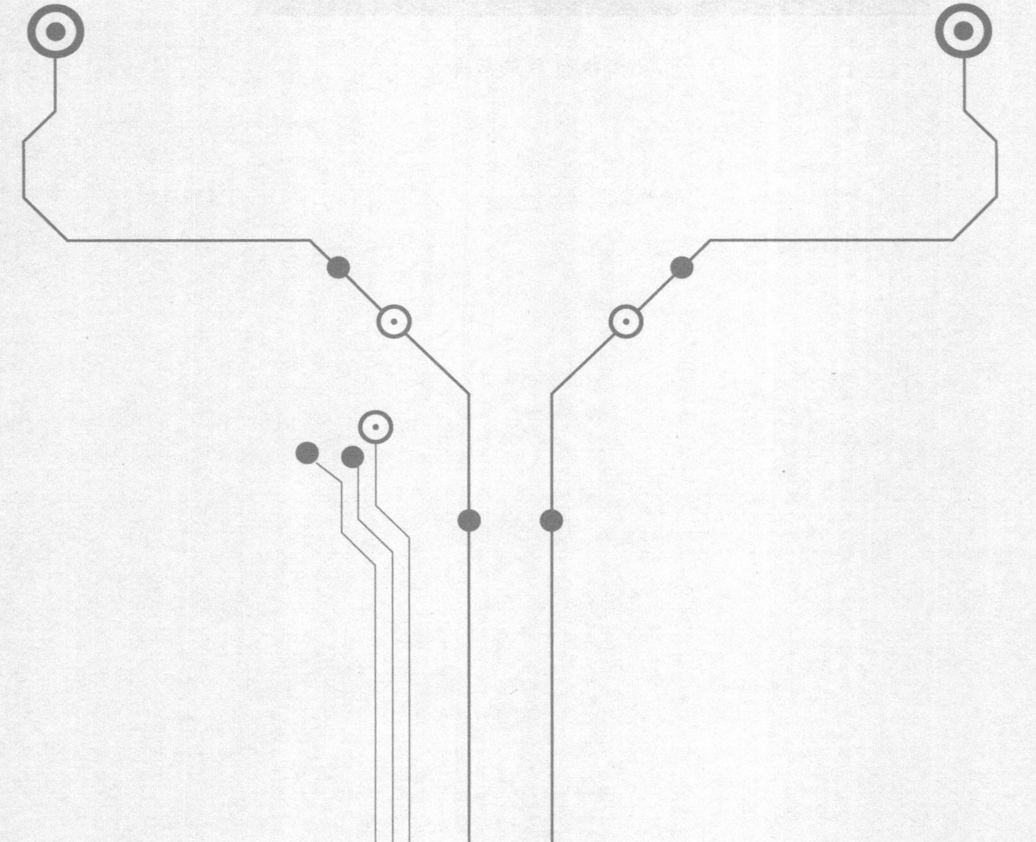

在 3D 游戏中，摄像机、雾特效和粒子系统是常见的图形和视觉效果工具，它们对游戏的外观和氛围产生重要影响。这些元素通常协同工作，以创建逼真的游戏场景。摄像机控制玩家或观察者的观察角度和视野，雾特效增加了场景的深度和氛围感，而粒子系统增加了动态效果，使游戏更加生动。这些元素是游戏开发中常用的工具，用于提高游戏的视觉质量和可玩性。本章的内容将详细讲解摄像机、雾特效和粒子系统的知识，为读者进行本书后面知识的学习打下基础。

8.1 游戏中的眼睛：摄像机

在游戏中，摄像机（Camera）可以被视为玩家或观察者的“眼睛”。摄像机是一个关键的元素，它控制着玩家在游戏世界中的视角，决定了玩家所看到的内容。

8.1.1 摄像机介绍

摄像机是指将三维空间中的场景呈现在二维显示屏幕上。在 3D 游戏中，玩家所看到的场景就是玩家通过摄像机观察到的游戏场景。摄像机在三维世界中至关重要，如果没有正确的设置，摄像机将会在屏幕上呈现错误的场景，甚至会出现黑屏。

在没有摄像机的情况下，摄像机的默认位置是在原点（屏幕中心处），方向沿 Z 轴负方向（沿屏幕向里）。但在很多实际应用中，都需要根据程序运行情况来修改摄像机的位置、朝向和 Up 方向。这三个概念的具体说明如下所示。

- 摄像机的位置：是摄像机的 X、Y、Z 轴坐标，也就是观察者眼睛的位置。在默认情况下，摄像机的位置是坐标原点。
- 摄像机的朝向：是观察者眼球目光的方向。在默认情况下，摄像机的朝向为沿 Z 轴负方向。
- 摄像机的 Up 方向：是观察者头顶法线的指向。在默认情况下，摄像机的 Up 方向为沿 Y 轴正方向。

上述摄像机的位置、朝向、Up 方向可以有多种组合，例如同样的位置可以有不同的朝向、Up 方向，这与现实世界中人观察世界的情况非常相似。

在 3D 游戏中，摄像机的关键概念和作用如下。

1）玩家视角：摄像机决定了玩家在游戏中的视角，包括玩家所在的位置、观察的方向和视野。通过调整摄像机的属性，如位置和朝向，可以改变玩家的视野，从而影响游戏体验。

2）摄像机类型：游戏中可以存在多种类型的摄像机，包括以下 4 种。

- 自由摄像机：玩家可以自由控制摄像机的位置和方向，通常用于第一人称或第三人称游戏。
- 固定摄像机：摄像机固定在某个位置，通常用于侧卷轴游戏或固定视角的游戏。
- 透视摄像机：使用透视投影，以模拟人眼的视角，呈现逼真的 3D 效果。
- 正交摄像机：使用正交投影，将所有物体等比例缩放，用于 2D 游戏或需要保持等距的

3D 游戏。

3）摄像机属性：摄像机具有多个属性，包括以下 4 种。

- 位置（Position）：摄像机在游戏世界中的位置。
- 朝向（Orientation）：摄像机观察的方向，通常由视线方向和上方向组成。
- 视野（Field of View）：摄像机的视野角度，控制玩家所能看到的范围。
- 近剪裁面和远剪裁面（Near and Far Clipping Planes）：用于控制摄像机视锥体的剪裁范围，只显示位于这两个平面之间的物体。

4）摄像机控制：玩家通常可以通过输入设备（如鼠标、键盘、控制器）来控制摄像机。这使玩家可以调整视角、移动摄像机、缩放视野等。

5）摄像机效果：摄像机还可以用于实现各种视觉效果，如抖动摄像机、跟随角色、平滑的相机移动等，以提高游戏的视觉吸引力和交互性。

总之，摄像机是用于控制玩家或观察者视角的工具。在 3D 游戏中，它模拟了玩家或观察者的眼睛，决定了玩家在游戏世界中所看到的内容。摄像机在游戏中是一个重要的元素，它使玩家能够与游戏世界互动，并控制他们的视角。通过精心设计和调整摄像机，游戏开发者可以为玩家提供丰富的游戏体验，包括沉浸感、探索性和战斗性等。

8.1.2 OpenGL ES 中的摄像机实现

为了获得场景中某个想要的视图，开发人员可以把摄像机从默认位置移动，并让其指向特定的方向。在 OpenGL ES 系统中，可以使用类 GLU 中的方法 gluLookAt( ) 来设置摄像机。此方法有 10 个参数，使用此方法的语法格式如下所示。

```
gluLookAt ({arg0,arg1,arg2,arg3,arg4,arg5,arg6,arg7,arg8,arg9);
```

各个参数的具体说明如下所示。

- arg0：表示画笔。
- arg1 ~ arg3：依次表示摄像机位置的 X、Y、Z 坐标。
- arg4 ~ arg6：依次表示摄像机朝向上某一指定点（在下面称之为目标点）的 X、Y、Z 坐标，该指定点由开发人员自定。
- arg7 ~ arg9：依次表示 Up 方向向量的 X、Y、Z 分量。

8.2 雾特效

雾特效用于模拟空气中的雾、烟雾或大气效应，从而增加游戏的视觉深度和氛围。雾特效可以根据距离逐渐减弱或密度变化，使远处的物体看起来更模糊，从而创造出逼真的远景效果。

8.2.1 雾特效介绍

在自然界中，雾是用来描述自然界中的大气现象的。在三维世界中，“雾”用来描述一些类似的大气效果。雾可以模拟模糊、薄雾、烟或者污染。雾在其本质上是一种视觉模拟应用，用于模拟具有有限可视性的场合。游戏中的雾特效是一种用于增强游戏视觉效果和氛围感的图形效果，模拟了大气中的雾或烟雾，以产生逼真的视觉效果。

在三维世界中，有时候由于物体过于清晰和锐利，整个场景反而显得失真。我们可以用抗锯齿处理使物体的边缘显得更为平滑，这样便增加了逼真感。另外，还可以通过添加雾特效，使三维世界变得更加逼真。在很多情况下，计算机图像的轮廓会过于鲜明，显得不够真实。在开发 3D 应用时，可以加入雾效果将物体融入背景中，这样使整个图像显得更为自然。

当开启雾特效之后，距离摄像机较远的物体开始融入雾的颜色中。在雾特效中还可以控制雾的浓度，它决定了物体随着距离的增加而融入雾颜色的速度。由于雾是在执行了矩阵变换、光照和纹理之后才应用的，因此它对经过变换、带光照和经过纹理贴图的物体产生影响。雾可以提高性能，因为它可以选择不绘制那些因为雾的影响而不可见的物体。雾的应用广泛，可以应用于所有类型的几何图元（包括点和直线）。

8.2.2 在 OpenGL ES 中使用雾特效

在 OpenGL ES 中，实现雾特效通常涉及在渲染场景时修改片元着色器。下面是 OpenGL ES 实现雾特效的一般步骤：

1）启用深度缓冲（Depth Buffer）：雾特效需要深度信息，因此首先要确保启用深度缓冲。

2）在片元着色器中计算雾因子：在片元着色器中，需要计算每个像素的雾因子，这将决定雾的强度。通常使用视线距离来计算雾因子，可以使用视线距离（从摄像机到片元的距离）来衡量像素的深度。雾因子通常在［0，1］范围内，0 表示没有雾，1 表示完全受雾影响。

3）应用雾颜色：雾特效需要定义雾的颜色，通常雾的颜色与背景颜色类似，但有时可能会稍微不同。在片元着色器中，需要将雾颜色与片元的颜色混合，以模拟雾的影响。可以使用线性插值来混合雾颜色和物体颜色。

4）综合以上步骤，将计算的雾因子应用于雾颜色和片元颜色的混合。可以使用混合函数来完成这一步骤。

例如下面是一个简单的 OpenGL ES 片元着色器示例，用于实现线性雾效果。

```
precision mediump float;
uniform vec4 fogColor;          // 雾的颜色
uniform float fogStart;         // 雾的起始距离
uniform float fogEnd;           // 雾的结束距离
varying float depth;            //片元的深度值
void main() {
    //计算雾因子
    float fogFactor = (fogEnd - depth) / (fogEnd - fogStart);
    fogFactor = clamp(fogFactor, 0.0, 1.0);  // 确保雾因子在[0, 1]范围内
    //混合雾颜色和片元颜色
    vec4 finalColor = mix(fogColor, gl_FragColor, fogFactor);
    gl_FragColor = finalColor;
}
```

在此示例中，fogColor 表示雾的颜色，fogStart 和 fogEnd 分别表示雾的起始距离和结束距离。depth 是片元的深度值，可以通过内建的 gl_FragCoord.z 来获取。

注意：上面只是一个简单的线性雾特效示例。实际的雾特效可以更加复杂，包括指数雾、指数 2 雾等，具体取决于游戏的需求。您可以根据游戏的场景和氛围来调整雾特效的参数，以达到所期望的效果。

下面的实例演示了在 Android 中同时实现雾特效和摄像机效果的过程。

实例 8-1：实现雾特效和摄像机（双语 Java/Kotlin 实现）

本实例的实现流程如下所示。

1）编写文件 jinzita.java 实现一个金字塔场景的绘制类，此文件的具体实现流程如下所示：

- 声明数据缓冲用于导入顶点坐标数据和纹理坐标数据；
- 设定四面体顶点坐标数据来构造四面体；
- 分别设定四面体各个顶点对应的着色数据；
- 设定四面体各个顶点对应的纹理坐标数据。

文件 jinzita.java 的主要实现代码如下所示。

```
//金字塔类
public class jinzita {
    final float UNIT_SIZE=0.5f;
    private FloatBuffer  ding;//缓冲顶点坐标数据
    private FloatBuffer  se;//缓冲顶点着色数据
    private FloatBuffer wen;//缓冲顶点纹理数据
    int vCount=0;//顶点数量
    float yAngle;//绕 y 轴转的角度
    int x;//x 平移量
    int y;//y 平移量
    int wenID;//纹理 ID
    public jinzita(int x,int y,float scale,float yAngle,int wenID)
    {
    this.x=x;
    this.y=y;
    this.yAngle=yAngle;
    this.wenID=wenID;
    //初始化顶点坐标数据
        vCount=12;//每个金字塔 4 个三角形面,共有 12 个顶点
        float vertices[]=new float[]
        {
          0,2*scale*UNIT_SIZE,0,
          UNIT_SIZE*scale,0,UNIT_SIZE*scale,
          UNIT_SIZE*scale,0,-UNIT_SIZE*scale,

          0,2*scale*UNIT_SIZE,0,
          UNIT_SIZE*scale,0,-UNIT_SIZE*scale,
          -UNIT_SIZE*scale,0,-UNIT_SIZE*scale,
          0,2*scale*UNIT_SIZE,0,
```

```
        -UNIT_SIZE * scale,0,-UNIT_SIZE * scale,
        -UNIT_SIZE * scale,0,UNIT_SIZE * scale,
        0,2 * scale * UNIT_SIZE,0,
        -UNIT_SIZE * scale,0,UNIT_SIZE * scale,
        UNIT_SIZE * scale,0,UNIT_SIZE * scale,
    };
    //创建顶点坐标数据缓冲
    ByteBuffer vbb = ByteBuffer.allocateDirect(vertices.length * 4);
    vbb.order(ByteOrder.nativeOrder());//设置字节顺序
    ding =vbb.asFloatBuffer();//转为 int 型缓冲
    ding.put(vertices);//在缓冲区中放入顶点坐标数据
    ding.position(0);//设置缓冲区开始位置
    //初始化顶点法向量数据
    float normals[]=new float[]
    {
        0.89443f,0.44721f,0f,
        0.89443f,0.44721f,0f,
        0.89443f,0.44721f,0f,

        0,0.44721f,-0.89443f,
        0,0.44721f,-0.89443f,
        0,0.44721f,-0.89443f,
        -0.89443f,0.44721f,0f,
        -0.89443f,0.44721f,0f,
        -0.89443f,0.44721f,0f,

        0,0.44721f,0.89443f,
        0,0.44721f,0.89443f,
        0,0.44721f,0.89443f,
    };
    ByteBuffer nbb = ByteBuffer.allocateDirect(normals.length * 4);
    nbb.order(ByteOrder.nativeOrder());//设置字节顺序
    se =nbb.asFloatBuffer();//转换为 int 型缓冲
    se.put(normals);//在缓冲区中放入顶点着色数据
    se.position(0);//设置缓冲区开始位置
    //初始化纹理坐标数据
    float[]texST=
    {
        0.5f,0.0f,0,1,1,1,
        0.5f,0.0f,0,1,1,1,
        0.5f,0.0f,0,1,1,1,
        0.5f,0.0f,0,1,1,1,
    };
    ByteBuffer tbb = ByteBuffer.allocateDirect(texST.length * 4);
    tbb.order(ByteOrder.nativeOrder());//设置字节顺序
    wen =tbb.asFloatBuffer();//转换为 int 型缓冲
    wen.put(texST);//向缓冲区中放入顶点着色数据
    wen.position(0);//设置缓冲区起始位置
}
```

```
    public void drawSelf(GL10 gl)
    {
        gl.glEnableClientState(GL10.GL_VERTEX_ARRAY);//启用顶点坐标数组
        gl.glEnableClientState(GL10.GL_NORMAL_ARRAY);
        gl.glPushMatrix();//保护变换矩阵现场
        gl.glTranslatef(x * UNIT_SIZE, 0, 0);//平移 x
        gl.glTranslatef(0, 0, y * UNIT_SIZE);//平移 y
        gl.glRotatef(yAngle, 0, 1, 0);//绕 y 旋转
          //为画笔指定顶点坐标数据
        gl.glVertexPointer
        (
            3,                  //每个顶点的坐标数量为 3
            GL10.GL_FLOAT,      //顶点坐标值类型为 GL_FIXED
            0,                  //连续顶点坐标数据之间的间隔
            ding                //顶点坐标数据
        );
        //为画笔指定顶点法向量数据
        gl.glNormalPointer(GL10.GL_FLOAT, 0, se);

        //打开纹理
        gl.glEnable(GL10.GL_TEXTURE_2D);
        //使用纹理 ST 坐标缓冲
        gl.glEnableClientState(GL10.GL_TEXTURE_COORD_ARRAY);
        //指定纹理 ST 坐标缓冲
        gl.glTexCoordPointer(2, GL10.GL_FLOAT, 0, wen);
        //绑定当前纹理
        gl.glBindTexture(GL10.GL_TEXTURE_2D, wenID);
        //绘制图形
        gl.glDrawArrays
        (
            GL10.GL_TRIANGLES,
            0,
            vCount
        );
        gl.glPopMatrix();//恢复变换矩阵现场
    }
}
```

2）编写实例文件 ddd.java，在此文件中定义了一个名为 ddd 的类，主要功能是在场景中实现太阳东升西落的效果。文件 ddd.java 的具体实现流程如下所示。

- 定义类 SceneRenderer，通过线程 Thread( )实现旋转阳光效果。
- 定义方法 onDrawFrame( )，设定光源后分别实现金字塔、沙漠和星空场景。
- 定义方法 onSurfaceChanged( )，当窗口的大小发生改变时，调用 onSurfaceChanged( )方法。无论窗口的大小是否已经改变，在程序开始时至少运行一次，所以在该方法中需要设置 OpenGL 场景的大小。
- 定义方法 onSurfaceCreate( )，实现不同场景的光照、材质和雾化效果。

- 定义方法 dx( )，实现太阳东升西落的效果。

```
private void dx(GL10 gl)
{
    //白色材质环境光
    float ambientMaterial[] = {0.4f, 0.4f, 0.4f, 1.0f};
    gl.glMaterialfv(GL10.GL_FRONT_AND_BACK, GL10.GL_AMBIENT, ambientMaterial,0);
    //白色材质散射光
    float diffuseMaterial[] = {0.8f, 0.8f, 0.8f, 1.0f};
    gl.glMaterialfv(GL10.GL_FRONT_AND_BACK, GL10.GL_DIFFUSE, diffuseMaterial,0);
    //白色高光材质
    float specularMaterial[] = {0.6f, 0.6f, 0.6f, 1.0f};
    gl.glMaterialfv(GL10.GL_FRONT_AND_BACK, GL10.GL_SPECULAR, specularMaterial,0);
    //高光反射区域
    float shininessMaterial[] = {1.5f};
    gl.glMaterialfv(GL10.GL_FRONT_AND_BACK, GL10.GL_SHININESS, shininessMaterial,0);
}
```

- 定义方法 initFog( )来初始化雾效果，分别设置雾的颜色、浓度、开始距离和结束距离等参数。

3）编写实例文件 **xingkong.java**，在此定义一个表示星空天球的 **xingkong** 类。此文的实现原理是在地球的外围包裹上一个半径远大于地球，并且在其上面绘制有不同大小的白色点的球，来作为星空天球，并用线程控制该天球逆时针缓慢地旋转，这样做的目的是在场景中观察到比较真实的效果。文件 **xingkong.java** 的主要代码如下所示。

```
//星空天球的类
public class xingkong {
final float UNIT_SIZE=6.0f;//天球半径
    private FloatBuffer  ding;//缓冲顶点坐标数据
    private IntBuffer  se;//缓冲顶点着色数据
    int xing=0;//星星数量
    float jiao;//沿 Y 轴旋转的角度
    int x;//x 平移量
    int z;//z 平移量
    float scale;//星星刻度
    public xingkong(int x,int z,float scale,float jiao,int xing)
    {
    this.x=x;
    this.z=z;
    this.jiao=jiao;
    this.scale=scale;
    this.xing=xing;

    //初始化顶点坐标数据
        float vertices[]=new float[xing * 3];//每一个点用 XYZ 坐标三个数表示
        for(int i=0;i<xing;i++)//随机产生位于球面上的点
        {
          //随机产生每个星星的 x、y、z 坐标
```

```
        double angleTempJD=Math.PI * 2 * Math.random();
        double angleTempWD=Math.PI/2 * Math.random();
        vertices[i * 3] = (float) (UNIT_SIZE * Math.cos (angleTempWD) * Math.sin (angle-
TempJD));//通过球公式计算球面上对应经纬度上的点的坐标
        vertices[i * 3+1] = (float) (UNIT_SIZE * Math.sin(angleTempWD));
        vertices[i * 3+2] = (float) (UNIT_SIZE * Math.cos (angleTempWD) * Math.cos (angle-
TempJD));
      }

      //缓冲顶点坐标
      ByteBuffer vbb = ByteBuffer.allocateDirect(vertices.length * 4);
      vbb.order(ByteOrder.nativeOrder());//设置字节顺序
      ding =vbb.asFloatBuffer();//转为 int 型缓冲
      ding.put(vertices);//在缓冲区中放入顶点坐标数据
      ding.position(0);//设置缓冲区开始位置

      //初始化顶点着色数据
      final int one = 65535;
      int colors[]=new int[xing * 4];//顶点颜色值数组,每个顶点 4 个色彩值 RGBA
      for(int i=0;i<xing;i++)//将所有点的颜色设置成白色
      {
        colors[i * 4]=one;
        colors[i * 4+1]=one;
        colors[i * 4+2]=one;
        colors[i * 4+3]=0;
      }
      //创建顶点着色数据缓冲
      ByteBuffer cbb = ByteBuffer.allocateDirect(colors.length * 4);
      cbb.order(ByteOrder.nativeOrder());//设置字节顺序
      se =cbb.asIntBuffer();//转为 int 型缓冲
      se.put(colors);//在缓冲区中放入顶点着色数据
      se.position(0);//设置缓冲区开始位置
  }

  public void drawSelf(GL10 gl)
  {
      gl.glEnableClientState(GL10.GL_VERTEX_ARRAY);//使用顶点坐标数组
      gl.glEnableClientState(GL10.GL_COLOR_ARRAY);//使用顶点颜色数组

      gl.glDisable(GL10.GL_LIGHTING);//禁止光照
      gl.glPointSize(scale);//星星尺寸
      gl.glPushMatrix();
      gl.glTranslatef(x * UNIT_SIZE, 0, 0);//向 x 偏移
      gl.glTranslatef(0, 0, z * UNIT_SIZE);//向 z 偏移
      gl.glRotatef(jiao, 0, 1, 0);//y 轴旋转

        //为画笔指定顶点坐标数据
      gl.glVertexPointer
```

```
        (
            3,
            GL10.GL_FLOAT,
            0,
            ding//顶点坐标数据
        );

        //为画笔指定顶点着色数据
        gl.glColorPointer
        (
            4,                      //设置颜色成分
            GL10.GL_FIXED,          //顶点颜色值的类型为 GL_FIXED
            0,                      //连续顶点着色数据之间的间隔
            se                      //顶点着色数据
        );

        //绘制点
        gl.glDrawArrays
        (
            GL10.GL_POINTS,         //以点方式填充
            0,                      //开始点编号
            xing                    //顶点的数量
        );

        gl.glPopMatrix();//恢复变换矩阵
        gl.glPointSize(1);//恢复像素尺寸
        gl.glEnable(GL10.GL_LIGHTING);//允许光照
    }
}
```

4）编写实例文件 shamo.java，在此定义一个表示沙漠的 shamo 类，其实现原理和实现金字塔基本类似。

执行后将显示一个用摄像机和雾特效实现的场景，如图 8-1 所示。

● 图 8-1　执行后的效果

8.3 使用粒子提高游戏的逼真性

粒子系统是游戏开发中常用的工具，用于提高游戏的逼真性和视觉吸引力。通过模拟和控

制大量微小粒子的行为，粒子系统可以用于创建各种视觉效果，如火花、火焰、烟雾、爆炸、雨滴、雪花等。本节的内容将详细讲解在 Android 系统中实现粒子系统特效的知识。

8.3.1 粒子系统介绍

粒子系统是游戏开发的强大工具，可以增加游戏的逼真性和视觉吸引力。通过仔细设计和调整粒子效果，可以为玩家创造出更加沉浸的游戏世界，增加游戏的吸引力和乐趣。具体来说，粒子系统的主要作用如下。

- 模拟自然现象：粒子系统可用于模拟自然现象，如火焰和烟雾。通过调整粒子的属性，如速度、大小、颜色和寿命，可以模拟这些效果的外观和行为。
- 增加动态效果：粒子系统可以为游戏中的动态效果增加现实感。例如当角色行走时，可以在其脚下生成尘土粒子，或者当物体爆炸时，可以创建爆炸碎片。
- 天气效果：粒子系统可用于创建天气效果，如雨、雪和风。雨滴和雪花粒子可以从天空落下，增加游戏的氛围。
- 交互性：玩家通常会与粒子互动，例如与雨滴碰撞或吸引火焰粒子。这增加了游戏的交互性和真实感。
- 视觉吸引力：粒子效果可以提高游戏的视觉吸引力。例如爆炸粒子效果可以增加游戏的战斗感。
- 精细调整：粒子系统通常可以细致地调整粒子属性，以实现所需的效果。这使开发者能够自定义粒子的外观和行为。
- 性能考虑：粒子系统通常需要处理大量的粒子，因此需要考虑性能。使用合适的优化技巧，如粒子池、批处理和粒子剔除，以确保性能。

实现粒子系统效果的方法与实现星星效果相似，也是先创建一个类，在此类中包含了要创建原型的各类属性，然后在 Renderer 中将其各类属性赋予相应的值。在粒子系统中，先用一个循环初始化所有的 particles（粒子），然后在 onDrawFrame( )方法中循环出每一个 particle，最后判断运行一段时间的 particle 是否还为激活状态，如果为 false 则再初始化一次。

8.3.2 实现粒子系统特效

要在 Android 中使用 OpenGL ES 实现粒子系统，可以按照下面的步骤实现。

1）创建一个粒子类，该类包含粒子的属性，如位置、速度、大小、寿命和颜色。

2）初始化粒子系统，新建粒子对象，并将它们存储在一个数据结构中，如顶点缓冲区对象（VBO）或纹理缓冲区对象（TBO）中。

3）在每一帧中更新每个粒子的状态，包括位置、速度和生命周期。这可以模拟粒子的移动和衰减。

4）使用 OpenGL ES 绘制粒子，需要创建一个粒子的渲染着色器，并使用顶点缓冲区来绘制粒子。在着色器中，可以对每个粒子进行变换、颜色插值等操作。

5）根据项目需求，可以处理粒子之间的碰撞，或者根据玩家的输入来调整粒子的行为。

6）考虑性能问题，特别是当涉及大量粒子时，使用批处理技术、剔除不可见粒子和减少 OpenGL ES 状态更改来提高性能。

7）在应用结束时，确保清理和释放粒子系统的资源，以防止内存泄漏。

注意：上面只是一个基本的实现步骤，实际的粒子系统可以更加复杂，包括粒子之间的相互作用、引力、风力等。我们还可以使用纹理来呈现粒子，以增加其逼真性。实现粒子系统需要一些 OpenGL ES 编程知识，包括顶点和片元着色器的编写，以及 OpenGL ES 的基本概念。您可以参考 OpenGL ES 的教程和示例来更深入地学习。

下面的实例演示了在 Android 中实现粒子系统特效的过程。

实例 8-2：实现粒子系统特效（双语 Java/Kotlin 实现）

本实例的实现流程如下所示。

1）在布局文件 **main.xml** 中插入一个 TextView 控件，具体代码如下所示。

```
<TextView
    android:layout_width="fill_parent"
    android:layout_height="wrap_content"
    android:text="@string/hello"
    />
```

2）定义 liziCH 类表示“点”，在里面定义了各个点的坐标变量。具体代码如下所示。

```
public class liziCH
{
        boolean active;
        float life;
        float fade;
        float r;
        float g;
        float b;
        float x;
        float y;
        float z;
        float xi;
        float yi;
        float zi;
        float xg;
        float yg;
        float zg;
}
```

3）为了更好地操作和控制微粒，在文件 liziCH.java 中特意加入了如下变量。

```
    public final static int MAX_PARTICLES =1000;
    boolean rainbow=true;
    Random random = new Random();
    float slowdown=0.5f;          /*减速粒子*/
    float xspeed=1;               /* X方向的速度*/
    float yspeed=3;               /* y方向的速度*/
```

```
float zoom=-30.0f;              /*沿z轴缩放*/
int loop;                       /*循环变量*/
int col=0;                      /*当前的颜色*/
int delay;                      /*延迟彩虹效果*/
```

4）定义数组 colors 用于存储 12 种不同的颜色，具体代码如下所示。

```
static float colors[][]=
{
    {1.0f,  0.5f,  0.5f},
    {1.0f,  0.75f, 0.5f},
    {1.0f,  1.0f,  0.5f},
    {0.75f, 1.0f,  0.5f},
    {0.5f,  1.0f,  0.5f},
    {0.5f,  1.0f,  0.75f},
    {0.5f,  1.0f,  1.0f},
    {0.5f,  0.75f, 1.0f},
    {0.5f,  0.5f,  1.0f},
    {0.75f, 0.5f,  1.0f},
    {1.0f,  0.5f,  1.0f},
    {1.0f,  0.5f,  0.75f}
};
```

5）加载纹理贴图来实现初始化处理，具体代码如下所示。

```
public void ResetParticle(int num, int color, float xDir, float yDir, float zDir)
{
    particle tmp = new particle();
    tmp.active=true;
    tmp.life=1.0f;
    tmp.fade=(float)(rand()%100)/1000.0f+0.003f;
    tmp.r=colors[color][0];
    tmp.g=colors[color][1];
    tmp.b=colors[color][2];
    tmp.x=0.0f;
    tmp.y=0.0f;
    tmp.z=0.0f;
    tmp.xi=xDir;
    tmp.yi=yDir;
    tmp.zi=zDir;
    tmp.xg=0.0f;
    tmp.yg=-0.5f;
    tmp.zg=0.0f;
    particles[num] =tmp;
    return;
}
```

6）给粒子分配一种颜色，通过方法 onDrawFrame()绘制粒子。具体代码如下所示。

```
public void onDrawFrame(GL10 gl)
{
    FloatBuffer vertices = FloatBuffer.wrap(new float[12]);
```

```
FloatBuffer texcoords = FloatBuffer.wrap(new float[8]);
gl.glClear(GL10.GL_COLOR_BUFFER_BIT | GL10.GL_DEPTH_BUFFER_BIT);
gl.glEnableClientState(GL10.GL_VERTEX_ARRAY);
gl.glEnableClientState(GL10.GL_TEXTURE_COORD_ARRAY);
gl.glVertexPointer(3, GL10.GL_FLOAT, 0, vertices);
gl.glTexCoordPointer(2, GL10.GL_FLOAT, 0, texcoords);
gl.glLoadIdentity();
for (loop = 0; loop < MAX_PARTICLES; loop++)
{
    if (particles[loop].active)
    {
        float x = particles[loop].x;
        float y = particles[loop].y;
        float z = particles[loop].z + zoom;
         gl.glColor4f(particles[loop].r, particles[loop].g, particles[loop].b, par-
ticles[loop].life);
        texcoords.clear();
        vertices.clear();
        texcoords.put(1.0f);
        texcoords.put(1.0f);
        vertices.put(x + 0.5f);
        vertices.put(y + 0.5f);
        vertices.put(z);
        texcoords.put(0.0f);
        texcoords.put(1.0f);
        vertices.put(x - 0.5f);
        vertices.put(y + 0.5f);
        vertices.put(z);
        texcoords.put(1.0f);
        texcoords.put(0.0f);
        vertices.put(x + 0.5f);
        vertices.put(y - 0.5f);
        vertices.put(z);
        texcoords.put(0.0f);
        texcoords.put(0.0f);
        vertices.put(x - 0.5f);
        vertices.put(y - 0.5f);
        vertices.put(z);
        gl.glDrawArrays(GL10.GL_TRIANGLE_STRIP, 0, 4);
        particles[loop].x += particles[loop].xi / (slowdown * 1000);
        particles[loop].y += particles[loop].yi / (slowdown * 1000);
        particles[loop].z += particles[loop].zi / (slowdown * 1000);
        particles[loop].xi += particles[loop].xg;
        particles[loop].yi += particles[loop].yg;
        particles[loop].zi += particles[loop].zg;
        particles[loop].life -= particles[loop].fade;
        if (particles[loop].life < 0.0f)
        {
            float xi, yi, zi;
```

```
                xi = xspeed + (float) ((rand() % 60) - 32.0f);
                yi = yspeed + (float) ((rand() % 60) - 30.0f);
                zi = (float) ((rand() % 60) - 30.0f);
                ResetParticle(loop, col, xi, yi, zi);
            }
        }
    }
    gl.glDisableClientState(GL10.GL_TEXTURE_COORD_ARRAY);
    gl.glDisableClientState(GL10.GL_VERTEX_ARRAY);
    gl.glFinish();
}
```

执行后将在屏幕中显示一个粒子系统的效果，执行效果如图 8-2 所示。

● 图 8-2　执行效果

8.4 镜像技术

镜像技术在游戏中具有多种作用，它可以增强游戏的视觉效果、提高逼真度，并为游戏提供更多的交互性和复杂性。本节的内容将详细讲解在 Android 中使用镜像技术的知识。

8.4.1 Portal（传送门）游戏中的镜像技术应用

Portal 是一款由 Valve 开发的著名游戏，其中有着极具创意的镜像技术应用。游戏的核心机制涉及使用“门”（Portals）来进行空间传送，而这些门的表面就是反射表面。镜像技术在 *Portal* 中的关键应用如下：

- 空间传送门：玩家可以使用一种特殊的武器，创建两个互相连接的门，分别位于游戏世界的不同地点。这两个门之间会创建一个虚拟的通道，物体可以自由穿越这个通道，仿佛它们在不同地点之间传送。这个机制涉及反射和折射的概念，因为门的表面会反射玩家和物体的图像。
- 物理谜题：游戏中的谜题通常需要玩家巧妙地运用这些传送门来解决。这包括利用反射、折射和镜像效应来找到通行路线、获取物体或绕过障碍物。
- 视觉效果：*Portal* 的开发团队使用了高度精细的渲染技术，以呈现门表面的反射效果。这些反射效果增强了游戏的视觉吸引力，并使玩家更加沉浸在游戏的科幻世界中。

- 镜像世界：游戏中还出现了“反射世界”，这是一个被虚拟反射门创造出来的空间，其中一切都是倒置的。玩家需要智慧地利用这个反射世界来解决谜题，创造出一些非常有趣的玩法。

Portal 游戏很好地展示了镜像技术在游戏中的创新应用，这种技术不仅用于增加游戏的视觉吸引力，还成为游戏的核心机制之一，为玩家提供了富有挑战性的解谜体验。

8.4.2 在 Android 中使用镜像技术

在 Android 中使用 OpenGL ES 实现镜像技术的基本骤如下。

1）创建反射表面：在 OpenGL ES 中，需要创建一个表示反射表面的几何形状。通常，这可以是一个平面，其法向量与反射表面的法向量相反。可以使用顶点和法向量来定义这个平面。

2）设置渲染目标：需要设置一个帧缓冲对象（Framebuffer Object，FBO）作为渲染目标，以将反射内容绘制到其中。这是为了确保反射内容不会直接呈现在屏幕上。

3）创建反射内容：在渲染到 FBO 之前，需要在 FBO 上下文中绘制反射内容，包括需要反射的物体或场景。这通常包括渲染相机视图或场景的反射版本。

4）应用反射变换：在反射内容渲染期间，需要应用适当的反射变换，将反射内容倒置。这通常是通过缩放或翻转来实现的。

5）渲染到 FBO：将反射内容渲染到 FBO 中，而不是屏幕。这确保了反射内容不会直接出现在屏幕上。

6）渲染到屏幕：最后，可以在原始场景中的反射表面上绘制 FBO 的内容，从而模拟反射效果。

7）处理性能和细节：镜像技术可能对性能造成一定的压力，特别是在复杂的 3D 场景中。因此，要注意性能优化，包括使用合适的缓冲区对象和遮挡剔除技术。

注意：上面只是一个基本的步骤概述，实际可能会更加复杂，具体取决于游戏和反射效果的要求。另外，一些游戏引擎和库可能提供了简化镜像效果实现的工具和函数，可以更容易地实现反射效果。如果使用特定游戏引擎（如 Unity 或 Unreal Engine），则可能有相应的镜像特效组件可供使用。

下面的实例演示了在 Android 中实现镜像特效的过程。

实例 8-3：实现镜像特效（双语 Java/Kotlin 实现）

本实例的实现流程如下所示。

1）编写实例文件 jingCHControl.java 定义一个篮球运动实现类 jingCHControl，此文件的实现流程如下所示：

- 声明成员变量，并为该类构造器创建一个控制球运动的线程，通过此线程可以控制球的运动；
- 检验球是否与地板相撞；
- 实现绘制物体本身和镜像。

2）编写实例文件 mmm.java，在此定义场景绘制类 mmm，并通过 initTextur( )方法来初始化纹理。文件 mmm.java 的主要代码如下所示。

```
private SceneRenderer mRenderer;//渲染器
    public mm(Context context) {
        super(context);
        mRenderer = new SceneRenderer();//创建渲染器
        setRenderer(mRenderer);//设置渲染器
        setRenderMode(GLSurfaceView.RENDERMODE_CONTINUOUSLY);//设置为主动渲染
    }
    private classSceneRenderer implements GLSurfaceView.Renderer
    {
        int lan;//篮球场的纹理
        int basketballTexId;//篮球的纹理
        ttt put;//普通反射面
    jingCHTextureByVertex qiu;//绘制的球
    jingCHControl kong;//控制的球
        public void onDrawFrame(GL10 gl) {
          //打开背面剪裁
          gl.glEnable(GL10.GL_CULL_FACE);
          //设置为平滑着色
            gl.glShadeModel(GL10.GL_SMOOTH);
          //清除颜色缓存
          gl.glClear(GL10.GL_COLOR_BUFFER_BIT |GL10.GL_DEPTH_BUFFER_BIT);
          //设置为模式矩阵
            gl.glMatrixMode(GL10.GL_MODELVIEW);
            //设置当前矩阵为单位矩阵
            gl.glLoadIdentity();
            //设置 camera 位置
            GLU.gluLookAt
            (
                    gl,
                    0.0f,  //人眼位置 X
                    7.0f, //人眼位置 Y
                    7.0f,  //人眼位置 Z
                    0, //人眼看的点 X
                    0f,  //人眼看的点 Y
                    0,  //人眼看的点 Z
                    0,
                    1,
                    0
            );
            gl.glTranslatef(0, -2, 0);
            put.drawSelf(gl);//绘制反射面
            kong.drawSelfMirror(gl);//绘制镜像体
            //tr.drawSelf(gl);//绘制半透明反射面
            kong.drawSelf(gl);//绘制实际物体
        }
```

```
    public void onSurfaceChanged(GL10 gl, int width, int height) {
        //设置视窗大小及位置
      gl.glViewport(0, 0, width, height);
      //设置当前矩阵为投影矩阵
        gl.glMatrixMode(GL10.GL_PROJECTION);
        //设置当前矩阵为单位矩阵
        gl.glLoadIdentity();
        //计算透视投影的比例
        float ratio = (float) width / height;
        //计算产生透视投影矩阵
        gl.glFrustumf(-ratio, ratio, -1, 1, 3, 100);
    }
    public void onSurfaceCreated(GL10 gl, EGLConfig config) {
        //关闭抗抖动
    gl.glDisable(GL10.GL_DITHER);
    //设置 Hint 项目为快速模式
        gl.glHint(GL10.GL_PERSPECTIVE_CORRECTION_HINT,GL10.GL_FASTEST);
        //设置屏幕背景色
        gl.glClearColor(0,0,0,0);
        //打开深度测试
        //gl.glEnable(GL10.GL_DEPTH_TEST);
        //打开混合
        gl.glEnable(GL10.GL_BLEND);
        //设置源混合因子与目标混合因子
        gl.glBlendFunc(GL10.GL_SRC_ALPHA, GL10.GL_ONE_MINUS_SRC_ALPHA);
        //纹理初始化
        lan=chuwen(gl,R.drawable.aaa);
        basketballTexId=chuwen(gl,R.drawable.jingxiang);
        put=newttt(4,2.568f,lan);
        //创建绘制球
        qiu=new jingCHTextureByVertex(BALL_SCALE,basketballTexId);
        //创建控制球
        kong=newjingCHControl(qiu,3f);
    }
}
//纹理初始化
public intchuwen(GL10 gl,int drawableId)//textureId
{
    //生成纹理 ID
    int[] textures = new int[1];
    gl.glGenTextures(1, textures, 0);
    int currTextureId=textures[0];
    gl.glBindTexture(GL10.GL_TEXTURE_2D, currTextureId);
    gl.glTexParameterf(GL10.GL_TEXTURE_2D, GL10.GL_TEXTURE_MIN_FILTER,GL10.GL_NEAREST);
    gl.glTexParameterf(GL10.GL_TEXTURE_2D,GL10.GL_TEXTURE_MAG_FILTER,GL10.GL_LINEAR);
    gl.glTexParameterf(GL10.GL_TEXTURE_2D, GL10.GL_TEXTURE_WRAP_S,GL10.GL_CLAMP_TO_EDGE);
    gl.glTexParameterf(GL10.GL_TEXTURE_2D, GL10.GL_TEXTURE_WRAP_T,GL10.GL_CLAMP_TO_EDGE);
    InputStream is = this.getResources().openRawResource(drawableId);
```

```
        Bitmap bitmapTmp;
        try
        {
          bitmapTmp = BitmapFactory.decodeStream(is);
        }
        finally
        {
            try
            {
                is.close();
            }
            catch(IOException e)
            {
                e.printStackTrace();
            }
        }
        GLUtils.texImage2D(GL10.GL_TEXTURE_2D, 0, bitmapTmp, 0);
        bitmapTmp.recycle();
        return currTextureId;
    }
}
```

执行后的效果如图 8-3 所示。

● 图 8-3　执行效果

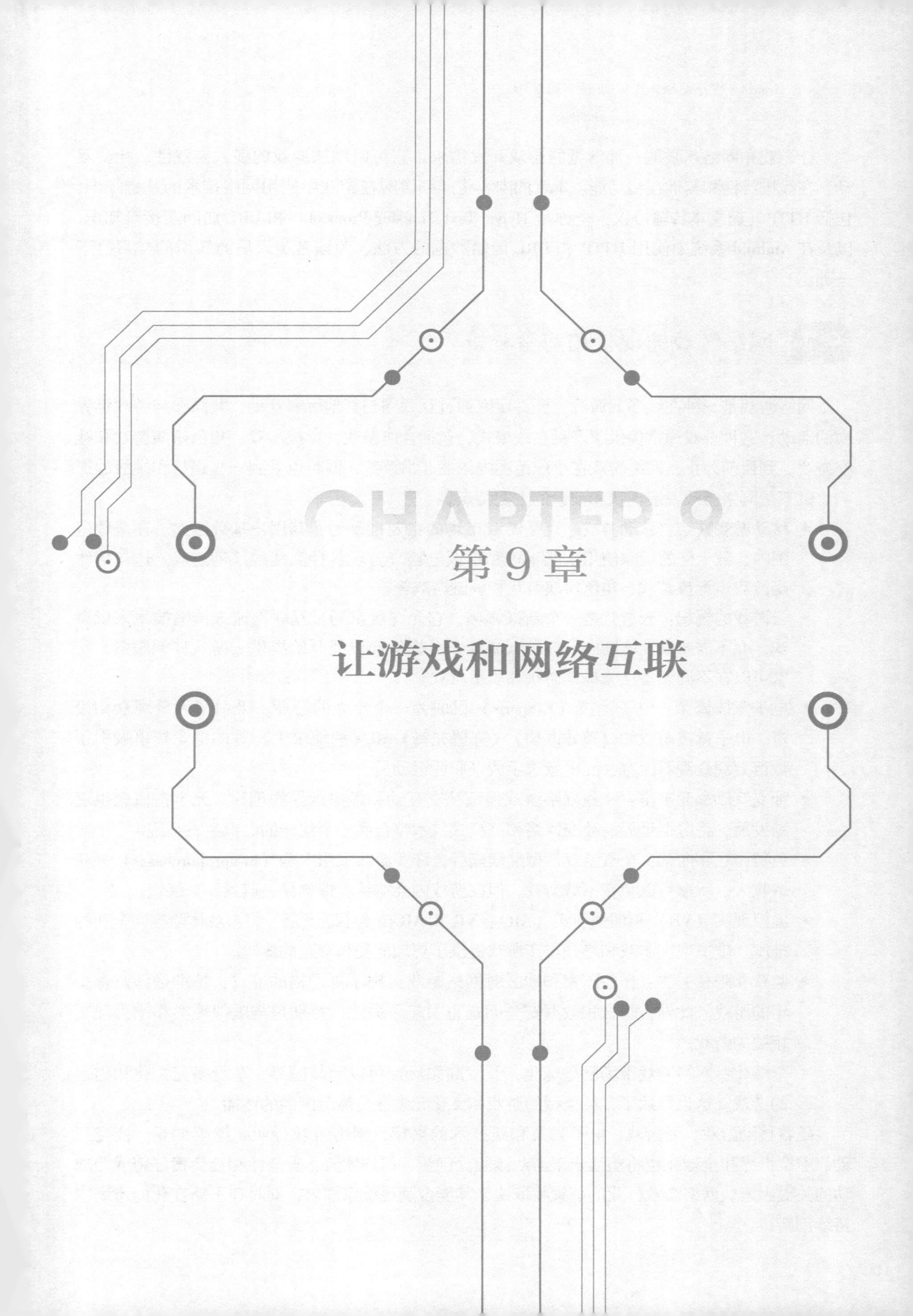

CHAPTER 9

第9章 让游戏和网络互联

让游戏和网络互联是一种常见的游戏开发需求，它可以增加游戏的多人游戏性、社交互动、在线排行榜和其他在线功能。本章的内容将详细讲解在游戏中使用网络技术的基础知识，包括 HTTP（超文本传输协议，全称是 Hyper Text Transfer Protocol）和 URL 访问连接等知识，以及在 Android 系统中使用 HTTP 和 URL 传输数据的方法，为读者步入后面知识的学习打下基础。

9.1 网络游戏的现状和前景分析

网络游戏是一种在线多人游戏，允许玩家通过互联网与其他玩家互动，共同参与游戏世界中的活动。这种游戏通常提供了多种在线模式，包括合作游戏、竞技游戏、角色扮演游戏和社交游戏。到目前为止，网络游戏在全球范围内依然非常繁荣，同时也受到一些趋势和挑战的影响。以下是网络游戏发展现状和前景的主要特点。

- 移动游戏繁荣：移动游戏一直是游戏市场的主要推动力，其用户基数巨大。在全球范围内，数十亿的玩家使用智能手机和平板电脑来游玩各种类型的移动游戏。这包括休闲游戏、竞技游戏、角色扮演游戏和解谜游戏等。
- 云游戏的崛起：云游戏是一个新兴领域，它允许玩家通过互联网流式传输技术来玩游戏，而不需要高性能硬件。各种云游戏服务提供商已经开始提供云游戏订阅服务，玩家可以在不同设备上流畅地游玩高质量游戏。
- 电子竞技繁荣：电子竞技（E-Sports）已成为一个庞大的行业，吸引了大量观众和投资。电子竞技游戏如《英雄联盟》《守望先锋》和《绝地求生》等的电竞赛事吸引了数百万观众观看比赛，而电竞选手成了职业运动员。
- 社交互动和元宇宙：一些网络游戏强调社交互动和虚拟世界的创建。元宇宙概念也逐渐发展，将虚拟世界、社交网络和沉浸式技术整合到一个统一的虚拟生态系统中。
- 免费游戏和内购：免费游戏模型继续盛行，许多游戏采用内购（in-app purchases）来获取收入。玩家可以免费下载游戏，但在游戏内会购买虚拟物品、道具和扩展包。
- 虚拟现实（VR）和增强现实（AR）：VR 和 AR 技术不断发展，将游戏体验推向全新的维度。虚拟现实游戏和增强现实游戏提供了更加沉浸和交互的体验。
- 监管和隐私关注：一些国家和地区对网络游戏实施了更严格的监管，特别是涉及青少年的游戏。此外，隐私和数据安全问题也引起了关注，特别是与虚拟现实和增强现实相关的游戏。
- 全球化：网络游戏市场已全球化，开发商和玩家可以跨越国界，享受多元文化和语言的游戏。这也导致了各种类型的游戏和文化元素在全球范围内的传播。

随着移动游戏、云游戏、电子竞技和新技术的兴起，网络游戏行业将继续增长。社交互动、虚拟世界和全球化也将塑造未来游戏体验。创新、用户体验、安全性和社会责任将成为成功的关键因素。网络游戏行业的前景将取决于其能否满足玩家需求，同时在不断变化的市场中持续创新。

总之，网络游戏行业在全球范围内保持着强劲的增长势头，吸引了广泛的受众和投资。未来，随着新技术的不断涌现，网络游戏将继续发展，提供更多创新的游戏体验。然而，也需要解决监管、隐私和道德问题，以确保游戏行业的可持续发展。

9.2 HTTP 传输

要进行 Android 网络游戏开发，需要掌握一系列必备知识和技能，其中 HTTP 在 Android 应用中充当了一个关键的角色，它使应用能够与远程服务器进行通信、获取数据、与 Web 服务进行交互，以及实现其他与互联网和网络相关的功能。本节的内容将详细讲解在 Android 中实现 HTTP 传输的知识。

9.2.1 HTTP 技术

HTTP 是超文本传输协议，是客户端浏览器或其他程序与 Web 服务器之间的应用层通信协议。在 Internet 上的 Web 服务器上存放的是超文本信息，客户机需要通过 HTTP 协议传输所要访问的超文本信息。HTTP 包含命令和传输信息，不仅可用于 Web 访问，也可以用于其他因特网或内联网应用系统之间的通信，从而实现各类应用资源超媒体访问的集成。

当我们想浏览一个网站的时候，只要在浏览器的地址栏里输入网站的地址就可以了，例如 www.*****.com，但是在浏览器的地址栏里面出现的却是：http://www.*******，为什么会多出一个“http”呢？请看这个例子，http://www.******.com /china/index.htm 的含义如下所示。

1）http://：代表超文本转移协议，通知****.com 服务器显示 Web 页，通常不用输入。

2）www：代表一个 Web（万维网）服务器。

3）****.com/：这是装有网页的服务器的域名，或站点服务器的名称。

4）China/：为该服务器上的子目录，就好像我们的文件夹。

5）Index.htm：是文件夹中的一个 HTML 文件（网页）。

为了实现网络数据传输功能，在 Android 系统中提供了如下三种通信接口。

- 标准 Java 接口：java.net。
- Apache 接口：org.apache.http，从 Android 5.1 开始被删除，但是可以通过引用第三方库的方式继续使用。
- Android 网络接口：android.net.http。

在 Android 系统中包括一个名为 Apache HttpClient 的库，此库为执行 Android 中的网络操作的首选方法。除此之外，Android 还可允许通过标准的 Java 联网 API（java.net 包）来访问网络。即便使用 Java.net 包，也是在内部使用该 Apache 库。为了访问互联网，需要设置应用程序获取“android.permission.INTERNET”权限的许可。

在 Android 系统中，提供了如下与网络连接相关的包。

1）java.net：提供联网相关的类，包括流和数据报套接字、互联网协议以及通用的 HTTP

处理。此为多用途的联网资源。经验丰富的 Java 开发人员可立即使用此惯用的包来创建应用程序。

2）java.io：此包中的各种类通过其他 Java 包中提供的套接字和链接来使用。它们也可用来与本地文件进行交互（与网络进行交互时经常发生）。

3）java.nio：包含了表示具体数据类型的缓冲的各种类。便于基于 Java 语言的两个端点之间的网络通信。

4）org.apache. *：包含了可以为 HTTP 通信提供精细控制和功能的各种包，可以将 Apache 识别为普通的开源 Web 服务器。

5）android.net：包括核心 java.net. * 类之外的各种附加的网络接入套接字。此包包括 URL 类，其通常在传统联网之外的 Android 应用程序开发中使用。

6）android.net.http：包含了可操作 SSL 证书的各种类。

7）android.net.wifi：包含了可管理 Android 平台中 Wi-Fi（802.11 无线以太网）所有方面的各种类。并非所有的设备均配备有 Wi-Fi 能力，尤其是随着 Android 在对制造商（如诺基亚和 LG）的翻盖手机研发方面取得了进展。

8）android.telephony.gsm：包含了管理和发送短信（文本）消息所要求的各种类。随着时间的推移，可能将引入一种附加的包，以提供有关非 GSM 网络（如 CDMA 或类似 android.telephony.cdma）的类似功能。

9.2.2　传递 HTTP 参数

下面的实例演示了在 Android 中传递 HTTP 参数的过程。在本实例中插入了两个按钮，一个用于以 POST 方式获取网站数据，另外一个用于以 GET 方式获取数据，并用 TextView 对象来显示由服务器端返回的内容，具体显示的是 HTTP 对应的网页内容。首先需要建立和 HTTP 的连接，连接之后才能获取 Web Server 返回的结果。

实例 9-1：在 Android 中传递 HTTP 参数（Java/Kotlin 双语实现）

1）编写布局文件 main.xml，设置两个按钮控件和一个文本控件。

2）编写文件 httpSHI.java，具体实现流程如下所示。

- 使用 OnClickListener 来聆听单击第一个按钮事件，声明网址字符串并使用 Post 方式联机，最后通过 mTextView1.setText 输出提示字符。具体代码如下所示。

```
mButton1.setOnClickListener(new Button.OnClickListener() {   //设定 OnClickListener 来
                                                               聆听 OnClick 事件
  public voidonClick(View v) {                                //覆写 onClick 事件
    //声明网址字符串
    String uriAPI = "http://www.dubblogs.cc:8751/Android/Test/API/Post/index.php";
    HttpPost httpRequest = new HttpPost(uriAPI);               //建立 HTTP Post 联机
    //Post 运行传送变量必须用 NameValuePair[]数组存储
    List <NameValuePair> params = new ArrayList <NameValuePair>();
    params.add(new BasicNameValuePair("str", "I am Post String"));
    try {
```

```
        httpRequest.setEntity(new UrlEncodedFormEntity(params, HTTP.UTF_8));
        //取得 HTTP 输出
        HttpResponse httpResponse = new DefaultHttpClient().execute(httpRequest);
        //如果状态码为 200
        if(httpResponse.getStatusLine().getStatusCode() == 200)  {
          //获取应答字符串
          String strResult = EntityUtils.toString(httpResponse.getEntity());
          mTextView1.setText(strResult);
      }
        else {
          mTextView1.setText("Error Response: "+httpResponse.getStatusLine().toString());
        }
    }
    catch (ClientProtocolException e) {
      mTextView1.setText(e.getMessage().toString());
      e.printStackTrace();
    }
    catch (IOException e) {
      mTextView1.setText(e.getMessage().toString());
      e.printStackTrace();
    }
    catch (Exception e) {
      mTextView1.setText(e.getMessage().toString());
      e.printStackTrace();
    }
  }
});
```

- 使用 **OnClickListener** 来聆听单击第二个按钮的事件，声明网址字符串并建立 **Get** 方式的联机功能，分别实现发出 **HTTP** 获取请求、获取应答字符串和删除冗余字符操作，最后通过 **mTextView1.setText** 输出提示字符。具体代码如下所示。

```
mButton2.setOnClickListener(new Button.OnClickListener() {
  @Override
  public void onClick(View v) {
    //声明网址字符串
    String uriAPI = "http://www.XXXX.cc:8751/index.php? str=I+am+Get+String";
    //建立 HTTP Get 联机
    HttpGet httpRequest = new HttpGet(uriAPI);
    try {
      //发出 HTTP 获取请求
      HttpResponse httpResponse = new DefaultHttpClient().execute(httpRequest);
      //若状态码为 200 ok
      if(httpResponse.getStatusLine().getStatusCode() == 200)          {
        //获取应答字符串
        String strResult = EntityUtils.toString(httpResponse.getEntity());
        //删除冗余字符
        strResult = eregi_replace("(\r\n|\r|\n|\n\r)","",strResult);
```

```
            mTextView1.setText(strResult);
          }
          else {
            mTextView1.setText("Error Response: "+httpResponse.getStatusLine().toString());
          }
        }
        catch (ClientProtocolException e) {
          mTextView1.setText(e.getMessage().toString());
          e.printStackTrace();
        }
        catch (IOException e) {
          mTextView1.setText(e.getMessage().toString());
          e.printStackTrace();
        }
        catch (Exception e) {
          mTextView1.setText(e.getMessage().toString());
          e.printStackTrace();
        }
      }
    });
  }
```

- 定义字符串替换函数 eregi_replace 来替换掉一些非法字符，具体代码如下所示。

```
  //字符串替换函数
  public String eregi_replace(String strFrom, String strTo, String strTarget){
    String strPattern = "(? i)"+strFrom;
    Pattern p =Pattern.compile(strPattern);
    Matcher m =p.matcher(strTarget);
    if(m.find())  {
      return strTarget.replaceAll(strFrom, strTo);
    }
    else{
      return strTarget;
    }
  }
}
```

3）在文件 AndroidManifest.xml 中声明网络连接权限，具体代码如下所示。

```
<uses-permission android:name="android.permission.INTERNET"></uses-permission>
```

执行后的效果如图 9-1 所示，单击图中的按钮能够以不同方式获取 HTTP 参数。

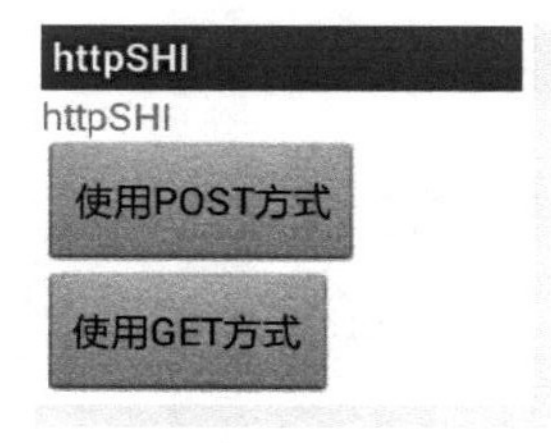

● 图 9-1　执行效果

注意：解决 Android 9 后的网络权限问题。

由于 Android P（版本 27 以上）限制了明文流量的网络请求，非加密的流量请求都会被系统禁止掉。如果当前应用的请求是 http，而非 https，就会导致系统禁止当前应用进行该请求。建议读者将服务器和本地应用都改用 https，测试时为了方便使用 http，在上线时应该都会用 https（比较安全）。具体解决流程如下。

1）在 res 下新建一个 xml 目录，然后创建一个 XML 文件 network_security_config.xml。

```
<? xml version="1.0" encoding="utf-8"? >
<network-security-config>
<base-config cleartextTrafficPermitted="true" />
</network-security-config>
```

2）在文件 AndroidManifest.xml 中的“application”标签中增加如下配置代码：

```
android:networkSecurityConfig="@xml/network_security_config"
```

9.3 URL 和 URLConnection

URLConnection 和 HttpURLConnection 是 Java 中用于进行网络通信的类。在 Android 开发中，可以使用这些类来建立与远程服务器的连接，发送 HTTP 请求和接收响应数据。

9.3.1 Java 中的类 URL

在 JDK 中还提供了一个 URI（Uniform Resource Identifiers）类，其实例代表一个统一资源标识符，Java 的 URI 不能用于定位任何资源，它的唯一作用就是解析。与此对应的是，URL 不仅包含定位资源的标识符，还提供了一个打开并访问该资源的输入流。因此可以将 URL 理解成 URI 的特例。在 URL 类中提供了多个可以创建 URL 对象的构造器，一旦获得了 URL 对象之后，可以调用下面的方法来访问该 URL 对应的资源。

- StringgetFile()：获取此 URL 的资源名。
- StringgetHost()：获取此 URL 的主机名。
- StringgetPath()：获取此 URL 的路径部分。
- int getPort()：获取此 URL 的端口号。
- StringgetProtocol()：获取此 URL 的协议名称。
- StringgetQuery()：获取此 URL 的查询字符串部分。
- URLConnection openConnection()：返回一个 URLConnection 对象，它表示到 URL 所引用的远程对象的连接。
- InputStream openStream()：打开与此 URL 的连接，并返回一个用于读取该 URL 资源的 InputStream。

在 URL 中，可以使用 openConnection()方法返回一个 URLConnection 对象，该对象表示应用程序和 URL 之间的通信链接。应用程序可以通过 URLConnection 实例向此 URL 发送请求，并读取 URL 引用的资源。

在建立和远程资源的实际连接之前，可以通过如下方法来设置请求头字段。

- setAllowUserInteraction：设置该 URLConnection 的 allowUserInteraction 请求头字段的值。
- setDoInput：设置该 URLConnection 的 doInput 请求头字段的值。
- setDoOutput：设置该 URLConnection 的 doOutput 请求头字段的值。
- setIfModifiedSince：设置该 URLConnection 的 ifModifiedSince 请求头字段的值。
- setUseCaches：设置该 URLConnection 的 useCaches 请求头字段的值。

除此之外，还可以使用如下方法来设置或增加通用头字段。

- setRequestProperty（String key，String value）：设置该 URLConnection 的 key 请求头字段的值为 value。
- addRequestProperty（String key，String value）：为该 URLConnection 的 key 请求头字段增加 value 值，该方法并不会覆盖原请求头字段的值，而是将新值追加到原请求头字段中。

当发现远程资源可以使用后，可使用如下方法访问头字段和内容。

- ObjectgetContent()：获取该 URLConnection 的内容。
- StringgetHeaderField（String name）：获取指定响应头字段的值。
- getInputStream()：返回该 URLConnection 对应的输入流，用于获取 URLConnection 响应的内容。
- getOutputStream()：返回该 URLConnection 对应的输出流，用于向 URLConnection 发送请求参数。
- getHeaderField：根据响应头字段来返回对应的值。

9.3.2　下载图片为手机屏幕背景

在现实应用中，经常需要从网络中下载一个图片文件作为手机屏幕的背景。下面的演示实例可以远程获取网络中的一幅图片，并将这幅图片作为手机屏幕的背景。当下载图片完成后，是通过 InputStream 传到 ContextWrapper 中重写 setWallpaper 的方式实现的。其中传入的参数是 URCConection.getInputStream()中的数据内容。

实例 9-2：从网络中下载图片作为屏幕背景（Java/Kotlin 双语实现）

1）编写布局文件 main.xml，分别插入一个文本框控件和按钮控件。

2）编写主程序文件 pingmu.java，具体实现流程如下所示。

- 解决 Android 4.0 以后的 android.os.NetworkOnMainThreadException 异常问题，具体实现代码如下所示。

```
if (android.os.Build.VERSION.SDK_INT > 9) {
  StrictMode.ThreadPolicy policy = new StrictMode.ThreadPolicy.Builder().permitAll().build();
  StrictMode.setThreadPolicy(policy);
}
```

- 单击 mButton1 按钮时，通过 mButton1.setOnClickListener 来预览图片，如果网址为空，

则输出空白提示，如果不为空，则传入“type=1”表示预览图片。具体实现代码如下所示。

```
public void onCreate(Bundle savedInstanceState) {
  super.onCreate(savedInstanceState);
  setContentView(R.layout.main);
  // 初始化对象
  mButton1 =(Button) findViewById(R.id.myButton1);
  mButton2 =(Button) findViewById(R.id.myButton2);
  mEditText = (EditText) findViewById(R.id.myEdit);
  mImageView = (ImageView) findViewById(R.id.myImage);
  mButton2.setEnabled(false);
  mButton1.setOnClickListener(new Button.OnClickListener() {        // 预览图片的 Button
    public void onClick(View v){
      String path=mEditText.getText().toString();
      if(path.equals("")){
        showDialog("网址不可为空白!");
      }
      else{
        // 传入 type=1 为预览图片
        setImage(path,1);
      }
    }
});
```

- 单击 mButton2 按钮时，通过 mButton2.setOnClickListener 将图片设置为桌面。如果网址为空，则输出空白提示，如果不为空，则传入“type=2”将其设置为桌面。
- 定义方法 setImage（String path，int type）将图片抓取预览或设置为桌面，如果有异常，则输出对应提示。具体实现代码如下所示。

```
private void setImage(String path,int type){           // 将图片抓下来预览或设置为桌面的方法
  try {
    URL url = new URL(path);
    URLConnection conn = url.openConnection();
    conn.connect();
    if(type==1){
      bm = BitmapFactory.decodeStream(conn.getInputStream());        // 预览图片
      mImageView.setImageBitmap(bm);
      mButton2.setEnabled(true);
    }
    else if(type==2){
      Pingmu.this.setWallpaper(conn.getInputStream());        // 设置为桌面
      bm = null;
      mImageView.setImageBitmap(bm);
      mButton2.setEnabled(false);
      showDialog("桌面背景设置完成!");
    }
  }
  catch (Exception e) {
```

```
        showDialog("读取错误!网址可能不是图片或网址错误!");
        bm = null;
        mImageView.setImageBitmap(bm);
        mButton2.setEnabled(false);
        e.printStackTrace();
      }
    }
```

- 定义方法 showDialog（String mess）后弹出一个对话框，单击后完成背景设置。具体实现代码如下所示。

```
//弹出 Dialog 的方法
  private void showDialog(String mess){
    new AlertDialog.Builder(example8.this).setTitle("Message").setMessage(mess)
    .setNegativeButton("确定", new DialogInterface.OnClickListener(){
      public void onClick(DialogInterface dialog, int which){
      }
    })
    .show();
  }
}
```

执行后在屏幕中显示一个输入框和两个按钮，输入图片网址并按下“预览”按钮后，可以查看此图片，如图 9-2 所示。按下“设置”按钮后可以将此图片设置成屏幕背景。

图 9-2　执行效果

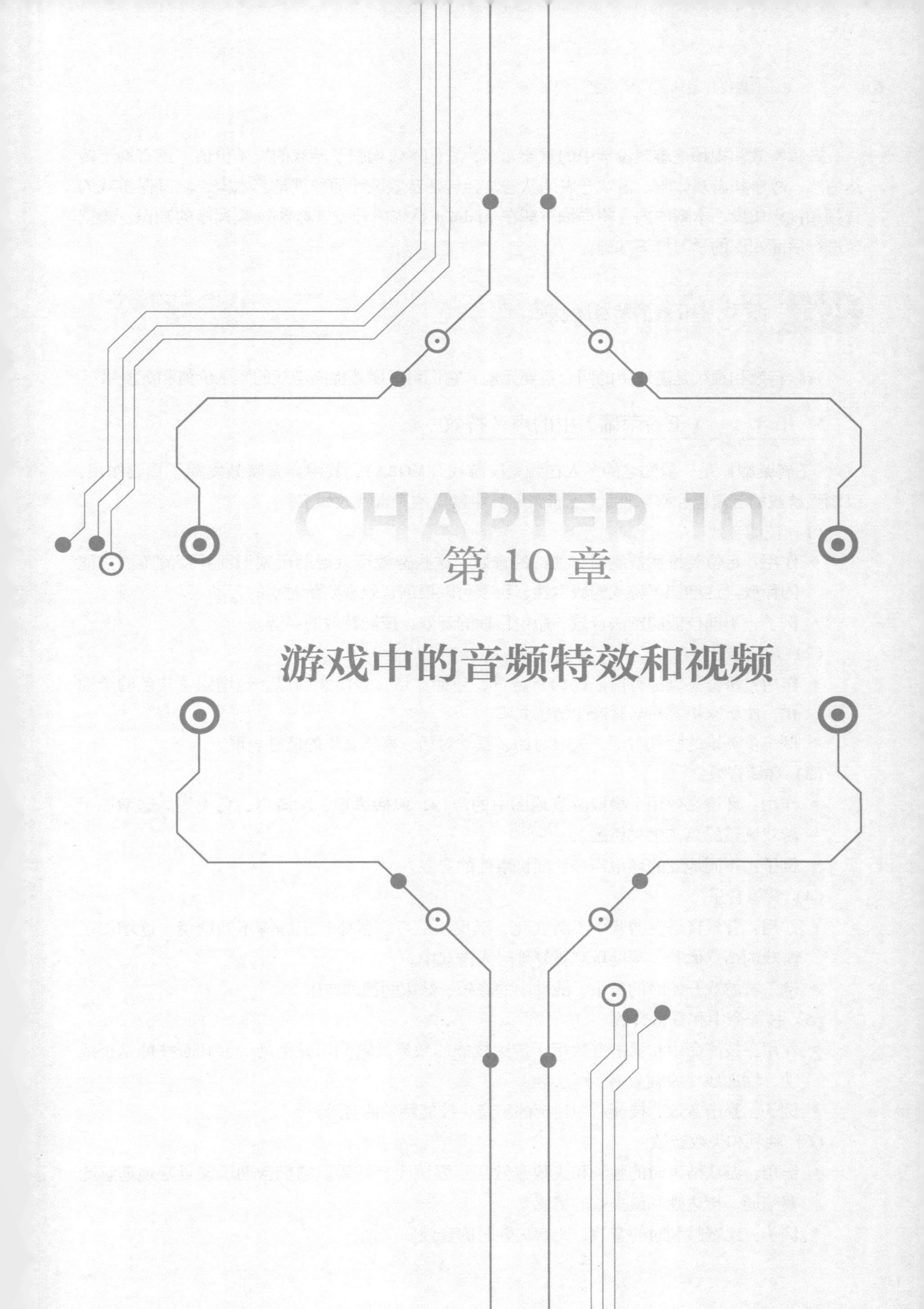

CHAPTER 10

第10章 游戏中的音频特效和视频

音频特效和视频是游戏设计中的重要元素，它们不仅增强了游戏的娱乐价值，还有助于传达情感、故事和游戏体验。游戏开发团队通常会包括音效设计师和视觉艺术家，以确保游戏的音频和视频质量。本章的内容将详细讲解在 Android 系统中开发音频和视频程序的知识，为读者进行后面知识的学习打下基础。

10.1 游戏中的音频和视频

音频特效和视频是游戏中的两个重要元素，它们可以显著提高游戏的娱乐价值和沉浸感。

10.1.1 《王者荣耀》中的声音特效

《王者荣耀》是一款知名的多人在线竞技游戏（MOBA），其中声音特效发挥了重要作用，以增强游戏的沉浸感和娱乐性。《王者荣耀》中常见的声音特效如下。

（1）技能音效

- 作用：每位英雄和技能都有独特的音效，这些音效可以帮助玩家识别并预测不同技能的释放。这增加了游戏的战术性，玩家可以根据音效来判断对手的行动。
- 例子：不同技能的施法音效、命中目标的音效、技能特效的声音。

（2）角色语音

- 作用：每位英雄都有自己的语音台词，包括对话、表情和情感。这增强了角色的个性化，使玩家更容易与其产生情感共鸣。
- 例子：英雄的胜利对话、失败对话、互动对话、喜怒哀乐的情感表现。

（3）环境音效

- 作用：环境音效用于模拟游戏地图中的声音，包括风声、水流声、鸟鸣等。这增加了游戏场景的真实感和氛围。
- 例子：不同地图的环境声音、随机事件的音效。

（4）背景音乐

- 作用：背景音乐在游戏中不断变化，以反映战斗、紧张、宁静等不同情境。这增加了游戏的情感体验，帮助玩家更好地融入游戏中。
- 例子：游戏开始时的音乐、战斗中的音乐、结束画面的音乐。

（5）技能命中和暴击音效

- 作用：技能命中和暴击音效用于传达技能的效果。它们可以帮助玩家判断技能是否成功，增加战斗的刺激感。
- 例子：暴击音效、技能命中目标的声音、技能特效的音效。

（6）胜利和失败音效

- 作用：游戏结束时的胜利和失败音效用于强调比赛结果。它们帮助玩家更好地理解比赛结局，传达胜利或失败的情感。
- 例子：比赛胜利时的音效、比赛失败时的音效。

（7）交互性音效

- 作用：交互性音效包括玩家的操作和反馈声音，如购买物品、击杀敌人、受伤等。这些音效帮助玩家了解他们的行动和状态。
- 例子：购买物品的音效、死亡和复活的音效、击杀敌人的音效。

总的来说，声音特效在《王者荣耀》中起到了多重作用，包括帮助玩家识别技能、增加游戏的情感共鸣、提供战术信息和增强游戏的沉浸感。这些声音特效是游戏设计中不可或缺的元素，它们共同构建了游戏的世界和情感体验。

10.1.2 音效在游戏中的作用

游戏中的音频特效是指用来增强游戏体验的声音效果，它们可以改善游戏的沉浸感，传达情感，提供重要的反馈，并且增加娱乐价值。在游戏中常见的音频特效和作用如下：

（1）背景音乐（Background Music）

背景音乐用于创造游戏的氛围和情感共鸣，可以增强玩家的情感体验，使游戏场景更加生动。例如在恐怖游戏中，紧张的音乐可以增加紧张感，而在冒险游戏中，史诗般的音乐可以提高激情。

（2）音效效果（Sound Effects）

音效用于提供关于游戏世界的反馈和信息，可以增强互动性，让玩家知道他们的操作和环境中的变化。例如当玩家在射击游戏中开火时，枪声音效可以传达武器的威力。当角色踏上不同地形时，脚步声音效可以提供真实感。

（3）语音配音（Voice Acting）

语音配音用于为游戏角色和 NPC 提供声音，可以加强角色的个性，传达情感和情节，提高叙事性。例如在角色扮演游戏中，玩家可以听到角色之间的对话，这有助于推动故事情节。在多人游戏中，玩家可以进行语音聊天，以协调游戏策略。

（4）环境音效（Ambient Sounds）

环境音效用于模拟游戏世界中的自然和背景声音，它们提供了环境感，让玩家感觉自己置身于虚拟世界中。例如在开放世界游戏中，鸟鸣、风声和城市嘈杂声可以增强游戏场景的真实感。

（5）音效空间（Soundscapes）

音效空间技术用于模拟声音的方向和距离，使玩家能够听到来自不同方向的声音，增加了游戏的沉浸感。例如在虚拟现实游戏中，音效空间可以模拟立体声效，使玩家感受到声音来自四周。

（6）音效反馈（Audio Feedback）

音效反馈用于回应玩家的操作，以强调行为的结果，有助于玩家理解游戏中发生的事情。例如在射击游戏中，当玩家命中目标时，击中效果的声音可以确认射击的准确性。当玩家扮演的角色受伤时，疼痛的声音效果可以提醒玩家。

总的来说，音频特效是游戏中不可或缺的组成部分，它们可以增加游戏的情感、互动性和乐趣。音频设计师通常负责创建和实施这些效果，以确保它们与游戏的情节和体验相匹配。

10.1.3 视频在游戏中的作用

游戏中的视频通常指的是预先录制的视频剪辑或实时渲染的游戏内动画，这些视频元素用于增强游戏的视觉吸引力、叙事性和娱乐性。概括来说，游戏中常见的视频元素及其作用如下。

(1) 游戏剧情视频

- 作用：游戏剧情视频用于讲述游戏的故事情节，向玩家介绍游戏世界和角色。它们可以提供背景信息、设定情节，引导玩家理解游戏的目标。
- 例子：游戏开场动画、剧情中的重要情节、结束剧情。

(2) 游戏内动画

- 作用：游戏内动画用于展示游戏角色的动作、特效和过场动画。它们增加了游戏的视觉吸引力，使游戏更有趣。
- 例子：战斗动画、技能释放、任务完成动画。

(3) 实时渲染

- 作用：实时渲染视频是游戏引擎根据玩家的操作和游戏情境生成的动态图像。它们用于呈现游戏场景、角色和特效，提供高质量的图形和视觉效果。
- 例子：角色模型、游戏场景、光影效果。

(4) 屏幕录制和分享

- 作用：一些游戏支持玩家录制游戏过程，以后分享到社交媒体或视频分享平台。这有助于玩家展示自己的游戏技能和成就。
- 例子：游戏直播、游戏解说、游戏视频分享。

(5) 游戏预告片和宣传视频

- 作用：游戏开发商会创建预告片和宣传视频，用于宣传即将发布的游戏。这些视频通常在社交媒体、游戏展会和官方网站上发布。
- 例子：游戏发布前的预告片、特别活动的宣传视频。

(6) 交互性视频

- 作用：一些游戏具有交互性视频元素，其中玩家可以在视频中做出选择，影响游戏的发展和结局。
- 例子：交互小说游戏、决策驱动的角色扮演游戏。

游戏中的视频可以用来传达情感、增加沉浸感、提供故事情节、展示精彩的画面和效果，以及吸引玩家。它们是游戏设计的重要组成部分，通常需要由视觉艺术家和动画师来创建。不同类型的游戏和游戏平台可能会使用不同类型的视频元素，以满足其特定的需求和目标。

10.2 Android 的音频处理

在 Android 系统中操作音频的方法有多种，本节的内容将详细讲解这些方法的使用方式和具体实现过程。

10.2.1 音频处理 API 概览

在 Android 系统中，顶层的音频应用功能是通过内置 API 接口实现的，开发者可以根据不同的场景选择用不同的接口来播放音乐资源。在 Android 系统中提供了专门的音频接口类，具体说明如下所示。

- 音乐类型的音频资源：通过 MediaPlayer 来播放。
- 音调：通过 ToneGenerator 来播放。
- 提示音：通过 Ringtone 来播放。
- 游戏中的音频资源：通过 SoundPool 来播放。
- 录音功能：通过 MediaRecorder 和 AudioRecord 等来记录音频。

除了上述音频处理类之外，在 Android 中也提供了相关的类来处理音量调节和音频设备的管理等功能，具体说明如下所示。

- AudioManager：通过音频服务，为上层提供了音量和铃声模式控制的接口，铃声模式控制包括检查是否打开扬声器、耳机、蓝牙等，麦克风是否静音等。在开发多媒体应用时，会经常用到 AudioManager。
- AudioSystem：提供了定义音频系统的基本类型和基本操作的接口，对应的 JNI 接口文件为 android_media_AudioSystem.cpp。
- AudioTrack：直接为 PCM 数据提供支持，对应的 JNI 接口文件为 android_media_AudioTrack.cpp。
- AudioRecord：是音频系统的录音接口，默认的编码格式为 PCM_16_BIT，对应的 JNI 接口文件为 android media_AudioRecord.cpp。
- Ringtone 和 RingtoneManager：为铃声、提示音、闹钟等提供了快速播放以及管理的接口，实质是对媒体播放器提供了一个简单的封装。
- ToneGenerator：提供了对 DTMF 音（ITU-T Q.23），以及呼叫监督音（3GPP TS 22.001）、专用音（3GPP TS 31.111）中规定的音频的支持，根据呼叫状态和漫游状态，该文件产生的音频路径为下行音频或者传输给扬声器或耳机。对应的 JNI 接口文件为 android_media_ToneGenerator.cpp，其中 DTMF 音为 WAV 格式，相关的音频类型定义位于文件 ToneGenerator.h 中。
- SoundPool：能够播放音频流的组合音，主要被应用在游戏领域。对应的 JNI 接口文件为 android_media_SoundPool.cpp。可以从 APK 包中的资源文件或者文件系统中的文件中将音频资源加载到内存。在底层的实现上，SoundPool 通过媒体播放服务将音频资源解码为一个 16bit 的单声道或者立体声的 PCM 流，使得应用避免了在回放过程中进行解码造成的延迟。除了回放过程中延迟小这一优点外，SoundPool 还能够同时播放一定数量的音频流。当要播放的音频流数量超过 SoundPool 所设定的最大值时，SoundPool 将会停止已播放的一条低优先级的音频流。通过设置 SoundPool 最大播放音频流的数量，可以避免 CPU 过载和影响 UI 体验。

- android.media.audiofx 包：是从 Android 2.3 开始新增的包，提供了对单曲和全局的音效支持，包括重低音、环绕音、均衡器、混响和可视化等声音特效。

10.2.2 核心功能类 AudioManager

AudioManager 类是 Android 系统中最常用的音量和铃声控制接口类，Android 系统中的大多数音频功能，几乎都可以通过 AudioManager 类来实现。

1. AudioManager 类中的方法

在 AudioManager 类中是通过方法实现音频功能的，其中最为常用的方法如下所示。

- 方法 adjustVolume（int direction，int flags）：这个方法用来控制手机音量大小，当传入的第一个参数为 AudioManager.ADJUST_LOWER 时，可将音量调小一个单位；传入 AudioManager.ADJUST_RAISE 时，则可以将音量调大一个单位。
- 方法 getMode()：返回当前音频模式。
- 方法 getRingerMode()：返回当前的铃声模式。
- 方法 getStreamVolume（int streamType）：取得当前手机的音量，最大值为 7，最小值为 0，当为 0 时，手机自动将模式调整为“震动模式”。
- 方法 setRingerMode（int ringerMode）：改变铃声模式。

2. 声音模式

Android 手机都有声音模式，例如声音、静音、震动、震动加声音兼备，这些都是手机的基本功能。在 Android 手机中，可以通过 Android SDK 提供的声音管理接口来管理手机声音模式以及调整声音大小，此功能通过 AudioManager 类来实现。

1）设置声音模式，例如下面的演示代码。

```
AudioManager.setRingerMode(AudioManager.RINGER_MODE_NORMAL);        //声音模式
AudioManager.setRingerMode(AudioManager.RINGER_MODE_SILENT);        //静音模式
AudioManager.setRingerMode(AudioManager.RINGER_MODE_VIBRATE);       //震动模式
```

2）调整声音大小，例如下面的演示代码。

```
AudioManager.adjustVolume(AudioManager.ADJUST_LOWER, 0);            //减少声音音量
AudioManager.adjustVolume(AudioManager.ADJUST_RAISE, 0);            //调大声音音量
```

3. 调节声音的基本步骤

在 Android 系统中，使用类 AudioManager 调节声音的基本步骤如下所示。

1）通过系统服务获得声音管理器，例如下面的演示代码。

```
AudioManager audioManager = (AudioManager)getSystemService(Service.AUDIO_SERVICE);
```

2）根据实际需要调用适当的方法，例如下面的演示代码。

```
audioManager.adjustStreamVolume(int streamType, int direction, int flags);
```

各个参数的具体说明如下所示。

- □ streamType：声音类型，可取下面的值。
  - TREAM_VOICE_CALL：打电话时的声音。
  - STREAM_SYSTEM：Android 系统声音。
  - STREAM_RING：电话铃响。
  - STREAM_MUSIC：音乐声音。
  - or STREAM_ALARM：警告声音。
- □ direction：调整音量的方向，可取下面的值。
  - ADJUST_LOWER：调低音量。
  - ADJUST_RAISE：调高音量。
  - or ADJUST_SAME：保持先前音量。
- □ flags：可选标志位。

3）设置指定声音类型，例如下面的演示代码。

```
audioManager.setStreamMute(int streamType, boolean state)
```

通过上述方法设置指定声音类型（streamType）是否为静音。如果 state 为 true，则设置为静音；否则，不设置为静音。

4）设置铃音模式，例如下面的演示代码。

```
audioManager.setRingerMode(int ringerMode);
```

通过上述方法设置铃音模式，可取的值如下所示。

- RINGER_MODE_NORMAL：铃音正常模式。
- RINGER_MODE_SILENT：铃音静音模式。
- or RINGER_MODE_VIBRATE：铃音震动模式，即铃音为静音，启动震动。

5）设置声音模式，例如下面的演示代码。

```
audioManager.setMode(int mode);
```

通过上述方法设置声音模式，可取的值如下所示。

- MODE_NORMAL：正常模式，即没有铃音与电话的情况。
- MODE_RINGTONE：铃响模式。
- MODE_IN_CALL：接通电话模式。
- or MODE_IN_COMMUNICATION：通话模式。

10.2.3 录音接口 MediaRecorder

在 Android 系统中，通常采用 MediaRecorder 接口实现录制音频和视频功能。在录制音频文件之前，需要设置音频源、输出格式、录制时间和编码格式等。在 AudioRecord 接口中提供了很多内置方法来实现录制功能，主要包含了表 10-1 中列出的常用方法。

表 10-1　类 MediaRecorder 中的常用方法

方法名称	描　述
public void setAudioEncoder（int audio_encoder）	设置刻录的音频编码，其值可以通过 MediaRecorder 内部类的 MediaRecorder.AudioEncoder 的几个常量：AAC、AMR_NB、AMR_WB、DEFAULT 来设置
public void setAudioEncodingBitRate（int bitRate）	设置音频编码比特率
public void setAudioSource（int audio_source）	设置音频的来源，其值可以通过 MediaRecorder 内部类的 MediaRecorder.AudioSource 的几个常量来设置，通常设置的值 MIC：来源于传声器（俗称麦克风）
public void setCamera（Camera c）	设置摄像头用于来刻录
public void setOutputFormat（int output_format）	设置输出文件的格式，其值可以通过 MediaRecorder 内部类 MediaRecorder.OutputFormat 的一些常量字段来设置。比如一些 3gp（THREE_GPP）、mp4（MPEG4）等
setOutputFile（String path）	设置输出文件的路径
setVideoEncoder（int video_encoder）	设置视频的编码格式。其值可以通过 MediaRecorder 内部类的 MediaRecorder.VideoEncoder 的几个常量：H263、H264、MPEG_4_SP 来设置
setVideoSource（int video_source）	设置刻录视频来源，其值可以通过 MediaRecorder 的内部类 MediaRecorder.VideoSource 来设置。比如可以设置刻录视频来源为摄像头：CAMERA
setVideoEncodingBitRate（int bitRate）	设置编码的比特率
setVideoSize（int width，int height）	设置视频的大尺寸
public void start()	开始刻录
public void prepare()	预期做准备
public void stop()	停止
public void release()	释放该对象资源

10.2.4　音频播放类 MediaPlayer

在当今的智能手机中，几乎每一款手机都具备音频播放功能，例如常见的播放 MP3 音乐文件。

在 Android 系统中，类 MediaPlayer 的功能比较强大，既可以播放音频，也可以播放视频，另外也可以通过 VideoView 来播放视频。虽然 VideoView 比 MediaPlayer 简单易用，但是定制性不如 MediaPlayer，读者需要视具体情况来选择处理方式。MediaPlayer 播放音频比较简单，但是要播放视频就需要 SurfaceView。SurfaceView 比普通的自定义 View 更有绘图上的优势，它支持完全的 OpenGL ES 库。MediaPlayer 能被用来控制音频/视频文件或流媒体的回放，可以在 VideoView 里找到关于如何使用该类中的这个方法的例子。

使用 MediaPlayer 播放音频的基本步骤如下所示。

1）生成 MediaPlayer 对象，根据播放文件从不同的地方使用不同的生成方式（具体过程可以参考 MediaPlayer API）。

2）得到 MediaPlayer 对象后，根据实际需要调用不同的方法，如 start( )，storp( )，pause( )，release( )等。

和前面介绍的音频类一样，MediaPlayer 也是通过其内置的接口和方法实现播放功能。

1. MediaPlayer 的接口

- 接口 MediaPlayer.OnBufferingUpdateListener：定义了一个回调方法 OnBufferingUpdate，在播放器的缓冲区大小改变时被调用；
- 接口 MediaPlayer.OnCompletionListener：是为了媒体资源的播放完成后被唤起的回放定义的；
- 接口 MediaPlayer.OnErrorListener：定义了当在异步操作的时候（其他错误将会在呼叫方法的时候抛出异常）出现错误后唤起的回放操作；
- 接口 MediaPlayer.OnInfoListener：提供了 OnInfo 方法，该方法在媒体播放过程中发生某些信息事件或警告时被调用；
- 接口 MediaPlayer.OnPreparedListener：是为媒体的资源准备播放的时候唤起回放准备的；
- 接口 MediaPlayer.OnSeekCompleteListener：定义了指明查找操作完成后唤起的回放操作；
- 接口 MediaPlayer.OnVideoSizeChangedListener：定义了当视频大小被首次知晓或更新的时候唤起的回放。

2. MediaPlayer 的常量

- int MEDIA_ERROR_NOT_VALID_FOR_PROGRESSIVE_PLAYBACK：表示某个视频流或其容器格式不支持渐进式下载播放；
- int MEDIA_ERROR_SERVER_DIED：媒体服务终止；
- int MEDIA_ERROR_UNKNOWN：未指明的媒体播放错误；
- int MEDIA_INFO_BAD_INTERLEAVING：不正确的交叉存储技术意味着媒体被不适当地交叉存储或者根本就没有交叉存储，例子里面有所有的视频和音频例子；
- int MEDIA_INFO_METADATA_UPDATE：一套新的可用的元数据；
- int MEDIA_INFO_NOT_SEEKABLE：媒体位置不可查找；
- int MEDIA_INFO_UNKNOWN：未指明的媒体播放信息；
- int MEDIA_INFO_VIDEO_TRACK_LAGGING：视频对于解码器太复杂，以至于不能解码足够快的帧率。

3. MediaPlayer 的内置方法

- static MediaPlayer create（Context context，Uri uri）：根据提供的 Uri 创建一个 MediaPlayer 对象；
- static MediaPlayer create（Context context，int resid）：根据给定的资源 id 方便地创建 MediaPlayer 对象的方法；
- static MediaPlayer create（Context context，Uri uri，SurfaceHolder holder）：根据给定的 Uri 方便地创建 MediaPlayer 对象的方法；
- int getCurrentPosition( )：获得当前播放的位置；

- int getDuration( )：获得文件段；
- int getVideoHeight( )：获得视频的高度；
- int getVideoWidth( )：获得视频的宽度；
- boolean isLooping( )：检查 MedioPlayer 处于循环与否；
- boolean isPlaying( )：检查 MedioPlayer 是否在播放；
- void pause( )：暂停播放；
- void prepare( )：让播放器处于准备状态（同步的）；
- void prepareAsync( )：让播放器处于准备状态（异步的）；
- void release( )：释放与 MediaPlayer 相关的资源；
- void reset( )：重置 MediaPlayer 到初始化状态；
- void seekTo（int msec）：搜寻指定的时间位置；
- void setAudioStreamType（int streamtype）：为 MediaPlayer 设定音频流类型；
- void setDataSource（String path）：从指定的加载 path 路径所代表的文件；
- void setDataSource（FileDescriptor fd，long offset，long length）：指定加载 fd 所代表的文件中从 offset 开始、长度为 length 的文件内容；
- void setDataSource（FileDescriptor fd）：设定使用的数据源（filedescriptor）；
- void setDataSource（Context context，Uri uri）：设定一个如 Uri 内容的数据源；
- void setDisplay（SurfaceHolder sh）：设定播放该 Video 的媒体播放器的 SurfaceHolder；
- void setLooping（boolean looping）：设定播放器循环或不循环；
- void setOnBufferingUpdateListener（MediaPlayer.OnBufferingUpdateListener listener）：注册一个当网络缓冲数据流变化时唤起的播放事件；
- void setOnCompletionListener（MediaPlayer.OnCompletionListener listener）：注册一个当媒体资源在播放的时候到达终点时唤起的播放事件；
- void setOnErrorListener（MediaPlayer.OnErrorListener listener）：注册一个当在异步操作过程中发生错误的时候唤起的播放事件；
- void setOnInfoListener（MediaPlayer.OnInfoListener listener）：注册一个当有信息/警告出现的时候唤起的播放事件；
- void setOnPreparedListener（MediaPlayer.OnPreparedListener listener）：注册一个当媒体资源准备播放时唤起的播放事件；
- void setOnSeekCompleteListener（MediaPlayer.OnSeekCompleteListener listener）：注册一个当搜寻操作完成后唤起的播放事件；
- void setOnVideoSizeChangedListener（MediaPlayer.OnVideoSizeChangedListener listener）：注册一个当视频大小知晓或更新后唤起的播放事件；
- void setScreenOnWhilePlaying（boolean screenOn）：控制当视频播放发生时是否使用 SurfaceHolder 来保持屏幕；
- void setVolume（float leftVolume，float rightVolume）：设置播放器的音量；
- void setWakeMode（Context context，int mode）：为 MediaPlayer 设置低等级的电源管理状态；

- void start( )：开始或恢复播放；
- void stop( )：停止播放。

为了节约手机的存储空间，在听音乐时可以从网络中下载的方式播放 MP3。请看下面的例子，功能是使用 MediaPlayer 播放网络中的 MP3 音频。

实例 10-1：播放一首音乐（Java/Kotlin 双语实现）

首先在本实例中插入 4 个按钮，分别用于播放、暂停、重新播放和停止处理。执行后，通过 Runnable 发起运行线程，在线程中远程下载指定的 MP3 文件，这是通过网络传输方式下载的。下载完毕后，将其临时保存到 SD 卡中，这样可以通过 4 个按钮对其进行控制。当程序关闭后，会删除 SD 卡中的临时性文件。本实例程序文件 example.java 的具体实现流程如下所示。

1）定义 currentFilePath 用于记录当前正在播放 MP3 的 URL 地址，定义 currentTempFilePath 表示当前播放 MP3 的路径。具体实现代码如下所示。

```
private StringcurrentFilePath = "";            //记录当前正在播放 MP3 的地址 URL
private StringcurrentTempFilePath = "";        //当前播放 MP3 的路径
private String strVideoURL = "";
```

2）使用 strVideoURL 设置要播放 mp3 文件的网址，并设置透明度。

3）编写单击【播放】按钮所触发的处理事件，具体实现代码如下所示。

```
// 播放按钮
mPlay.setOnClickListener(new ImageButton.OnClickListener(){
  public void onClick(View view)  {
    playVideo(strVideoURL);                       // 调用播放影片函数
    mTextView01.setText(
      getResources().getText(R.string.str_play).toString()+
      "\n"+strVideoURL
    );
  }
});
```

4）编写单击【重播】按钮所触发的处理事件，具体实现代码如下所示。

```
mReset.setOnClickListener(new ImageButton.OnClickListener(){// 重新播放
  public void onClick(View view){
    if(bIsReleased == false){
      if (mMediaPlayer01 ! = null){
        mMediaPlayer01.seekTo(0);
        mTextView01.setText(R.string.str_play);
      }
    }
  }
});
```

5）编写单击【暂停】按钮所触发的处理事件，具体实现代码如下所示。

```
mPause.setOnClickListener(new ImageButton.OnClickListener() { // 暂停播放
  public void onClick(View view){
    if (mMediaPlayer01 ! = null){
```

```
        if(bIsReleased == false){
          if(bIsPaused==false){
            mMediaPlayer01.pause();
            bIsPaused = true;
            mTextView01.setText(R.string.str_pause);
          }
          else if(bIsPaused==true){
            mMediaPlayer01.start();
            bIsPaused = false;
            mTextView01.setText(R.string.str_play);
          }
        }
      }
    }
  });
```

6）编写单击【停止】按钮所触发的处理事件，具体实现代码如下所示。

```
  mStop.setOnClickListener(new ImageButton.OnClickListener(){  //停止播放
    public void onClick(View view){
      try {
        if (mMediaPlayer01 != null){
          if(bIsReleased==false){
            mMediaPlayer01.seekTo(0);
            mMediaPlayer01.pause();
            mTextView01.setText(R.string.str_stop);
          }
        }
      }
      catch(Exception e){
        mTextView01.setText(e.toString());
        Log.e(TAG, e.toString());
        e.printStackTrace();
      }
    }
  });
```

7）定义方法 playVideo（final String strPath）来播放指定的 MP3，其播放的是存储卡中暂时保存的 MP3 文件。

8）编写 setOnErrorListener 来监听错误处理，具体实现代码如下所示。

```
    mMediaPlayer01.setOnErrorListener(new MediaPlayer.OnErrorListener(){//错误事件
      @Override
      public boolean onError(MediaPlayer mp, int what, int extra){
        Log.i(TAG, "Error on Listener, what: " + what + "extra: " + extra);
        return false;
      }
    });
```

9）编写 setOnBufferingUpdateListener 来监听 MediaPlayer 缓冲区的更新。

10）编写 setOnCompletionListener 来监听播放完毕所触发的事件。

11）编写 setOnPreparedListener 来监听开始阶段的事件，具体实现代码如下所示。

```
// 开始阶段的监听 Listener
mMediaPlayer01.setOnPreparedListener(new MediaPlayer.OnPreparedListener(){
  public void onPrepared(MediaPlayer mp){
    Log.i(TAG,"Prepared Listener");
  }
});
```

12）将文件存到 SD 卡后，通过 mMediaPlayer01.start( )方法播放 MP3。

13）如果有异常则输出提示，具体实现代码如下所示。

```
catch(Exception e){
    if (mMediaPlayer01 ! = null){
        mMediaPlayer01.stop();// 线程发生异常则停止播放
        mMediaPlayer01.release();
    }
    e.printStackTrace();
  }
}
```

执行后可以通过播放、暂停、重新播放和停止 4 个按钮来控制指定的 MP3 音乐，执行效果如图 10-1 所示。

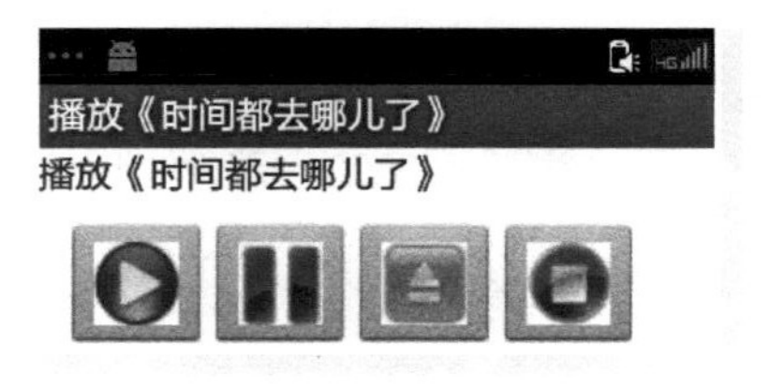

● 图 10-1　执行效果

10.2.5　震动特效

在 Android 系统中，可以通过类 Vibrator 实现手机振动。我们可以在 Android SDK 的 android.os.Vibrator 中找到类 Vibrator 的相关描述。在使用时首先实例化 Vibrator 类，在调用时需获取震动服务的实例句柄。假设我们定义了一个 Vibrator 对象 mVibrator 变量，获取方法的具体代码如下所示。

```
mVibrator = (Vibrator) getSystemService(Context.VIBRATOR_SERVICE);
```

然后直接调用下面的方法。

```
vibrate(long[] pattern, int repeat)
```

- 第一个参数 long[ ] pattern：是一个节奏数组，比如｛1，200｝；
- 第二个参数 repeat：是重复次数，-1 为不重复，而数字直接表示的是具体的数字，和一般的-1 表示无限不同。

在 Android 中使用震动功能时需要注意如下两点。

1）在使用震动功能之前，需要先在 manifest 中加入下面的权限。

```
<uses-permission android:name="android.permission.VIBRATE"/>
```

2）在设置震动（Vibration）事件时，必须知道命令其震动的时间长短、震动事件的周期等。因为在 Android 里设置的数值，皆是以毫秒（1000 毫秒=1 秒）来进行计算，所以在做设置时，必须注意设置时间的长短，如果设置的时间值太小，会感觉不出来。

下面的例子演示了在 Android 系统中实现震动功能的过程。

实例 10-2：实现手机震动（Java/Kotlin 双语实现）

实例文件 MainActivity.java 的具体实现代码如下所示。

```
public class MainActivity extends Activity{
    Vibrator vibrator;
    public void onCreate(Bundle savedInstanceState){
        super.onCreate(savedInstanceState);
        setContentView(R.layout.main);
        vibrator = (Vibrator) getSystemService(Service.VIBRATOR_SERVICE);   //获取系统的
                                                                              Vibrator
                                                                              服务
    }
    //重写 onTouchEvent 方法,当用户触碰触摸屏时触发该方法
    public boolean onTouchEvent(MotionEvent event){
        Toast.makeText(this, "手机振动", Toast.LENGTH_SHORT).show();
        vibrator.vibrate(2000);                                   //控制手机振动 2000 毫秒
        return super.onTouchEvent(event);
    }
}
```

编写文件 AndroidManifest.xml，在此声明 Android.permission.VIBRATE 权限，主要代码如下所示。

```
<uses-permission android:name="android.permission.VIBRATE"></uses-permission>
```

执行后的效果如图 10-2 所示，如果用手触摸手机屏幕或将手机反转，则会自动进入震动模式。

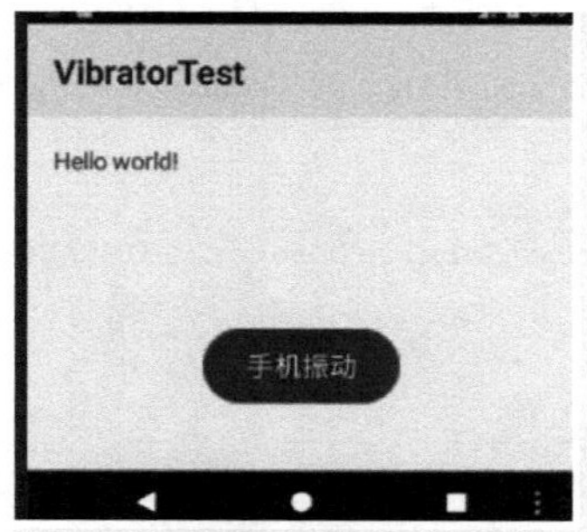

● 图 10-2　执行效果

10.3 开发视频应用程序

通过使用在前面的介绍 MediaPlayer，可以在 Android 中播放视频文件。除了 MediaPlayer 外，还可以使用 VideoView 实现视频播放功能。

10.3.1 VideoView 的作用

在游戏开发中，VideoView 可以用于播放游戏中的介绍视频、广告视频、剧情动画等，以增强游戏的叙事性和娱乐性。VideoView 在游戏中的主要作用如下。

- 叙事和故事情节：游戏中的介绍视频或剧情动画可以通过 VideoView 播放，以向玩家呈现游戏的背景故事和情节。这有助于提供游戏世界的背景信息，使玩家更容易融入游戏情节。
- 游戏广告：游戏中的广告视频可以通过 VideoView 播放，以在游戏中展示其他游戏或产品的广告。这为开发者提供了一种赚取广告收入的方式，同时向玩家提供了可能感兴趣的内容。
- 教程和提示：VideoView 可以展示游戏的视频教程，以向新玩家解释游戏规则和操作方式。这可以帮助玩家更容易上手并提高游戏的可玩性。
- 宣传材料：游戏中的预告片或宣传视频可以使用 VideoView 播放，以向玩家展示游戏的高潮场景、特效和卖点。这有助于提高玩家对游戏的期待和兴趣。
- 剧情发展：在某些游戏中，剧情发展可能需要通过视频来呈现，这些视频可以由 VideoView 播放。这有助于游戏叙事的深化和情感共鸣的建立。
- 结束画面：游戏结束时，VideoView 可以用来播放结束画面或奖励动画，以奖励玩家并提供游戏结局的展示。

在 Android 系统中，VideoView 的用法和其他 Widget 私有方法类似。在使用 VideoView 时，必须先在 Layout XML 中定义 VideoView 属性，然后在程序中通过 findViewById( )方法即可创建 VideoView 对象。VideoView 可以从不同的来源（例如资源文件或内容提供器）读取图像，计算和维护视频的画面尺寸，以使其适用于任何布局管理器，并提供一些诸如缩放、着色之类的显示选项。

VideoView 是一个方便的工具，使游戏开发者能够轻松地将视频媒体嵌入游戏中，从而丰富游戏体验。开发者可以加载本地视频文件或从网络中获取视频流，然后在游戏中合理地安排视频的播放时机，以实现期望的效果。

10.3.2 在游戏中播放视频

在本节的内容中，将通过一个具体实例的实现过程，讲解在 Android 系统中使用 MediaPlayer 播放视频的方法。在本实例中，预先准备了两个“.3gp”格式的视频文件，然后将这两个文件上传到虚拟 SD 卡中，再插入两个按钮，单击按钮后分别实现对这两个视频文件的播放。

实例 10-3：观看射击比赛的回放录像（Java/Kotlin 双语实现）

编写主程序文件 example.java，其具体实现流程如下所示。

1）设置默认是否安装存储卡 flag 值为 false，然后设置全屏幕显示。具体实现代码如下所示。

```
// 默认判别是否安装存储卡 flag 为 false
private boolean bIfSDExist = false;
public void onCreate(Bundle savedInstanceState){
  super.onCreate(savedInstanceState);
  getWindow().setFormat(PixelFormat.TRANSLUCENT);                // 全屏幕
  setContentView(R.layout.main);
```

2）判断存储卡是否存在，不存在则通过 mMakeTextToast 输出提示。具体实现代码如下所示。

```
    // 判断存储卡是否存在
    if(android.os.Environment.getExternalStorageState().equals
    (android.os.Environment.MEDIA_MOUNTED)){
      bIfSDExist = true;
    }
    else{
      bIfSDExist = false;
      mMakeTextToast (
        getResources().getText(R.string.str_err_nosd).toString(),
        true
      );
    }
```

3）定义单击第一个按钮的处理事件，通过 playVideo（strVideoPath）函数来播放第一个影片。具体实现代码如下所示。

```
    mButton01.setOnClickListener(new Button.OnClickListener(){
      @Override
      public void onClick(View arg0){
        if(bIfSDExist){
          strVideoPath = "file:///sdcard/hello.3gp";          // 播放影片路径 1
          playVideo(strVideoPath);
        }
      }
    });
```

4）定义单击第二个按钮的处理事件，通过 playVideo（strVideoPath）函数来播放第二个影片。具体实现代码如下所示。

```
    mButton02.setOnClickListener(new Button.OnClickListener(){
      @Override
      public void onClick(View arg0){
        if(bIfSDExist){
          strVideoPath = "file:///sdcard/test.3gp";      // 播放影片路径 2
```

```
          playVideo(strVideoPath);
        }
      }
    });
  }
```

5）定义方法 VideoView 来播放指定路径的影片，具体实现代码如下所示。

```
  // 定义 VideoView 方法来播放影片
  private void playVideo(String strPath){
    if(strPath!="") {
      mVideoView01.setVideoURI(Uri.parse(strPath));   // 调用 VideoURI 方法,指定解析路径
      mVideoView01.setMediaController                 // 设置控制 Bar 显示于此 Context 中
      (new MediaController(example.this));
      mVideoView01.requestFocus();
      mVideoView01.start();                           // 调用 VideoView.start()自动播放
      if(mVideoView01.isPlaying()){
        // 以下程序不会被运行,因 start()后尚需要 preparing()
        mTextView01.setText("Now Playing:"+strPath);
        Log.i(TAG, strPath);
      }
    }
  }
```

6）定义方法 mMakeTextToast 来输出提醒语句，具体实现代码如下所示。

```
public void mMakeTextToast(String str, boolean isLong) {
    if(isLong==true){
      Toast.makeText(example.this, str, Toast.LENGTH_LONG).show();
    }
    else{
      Toast.makeText(example.this, str, Toast.LENGTH_SHORT).show();
    }
  }
}
```

执行后的效果如图 10-3 所示。当单击【播放 200 米移动靶回放】和【播放 200 米飞碟回放】按钮后，分别播放预设的影片。

● 图 10-3　执行效果

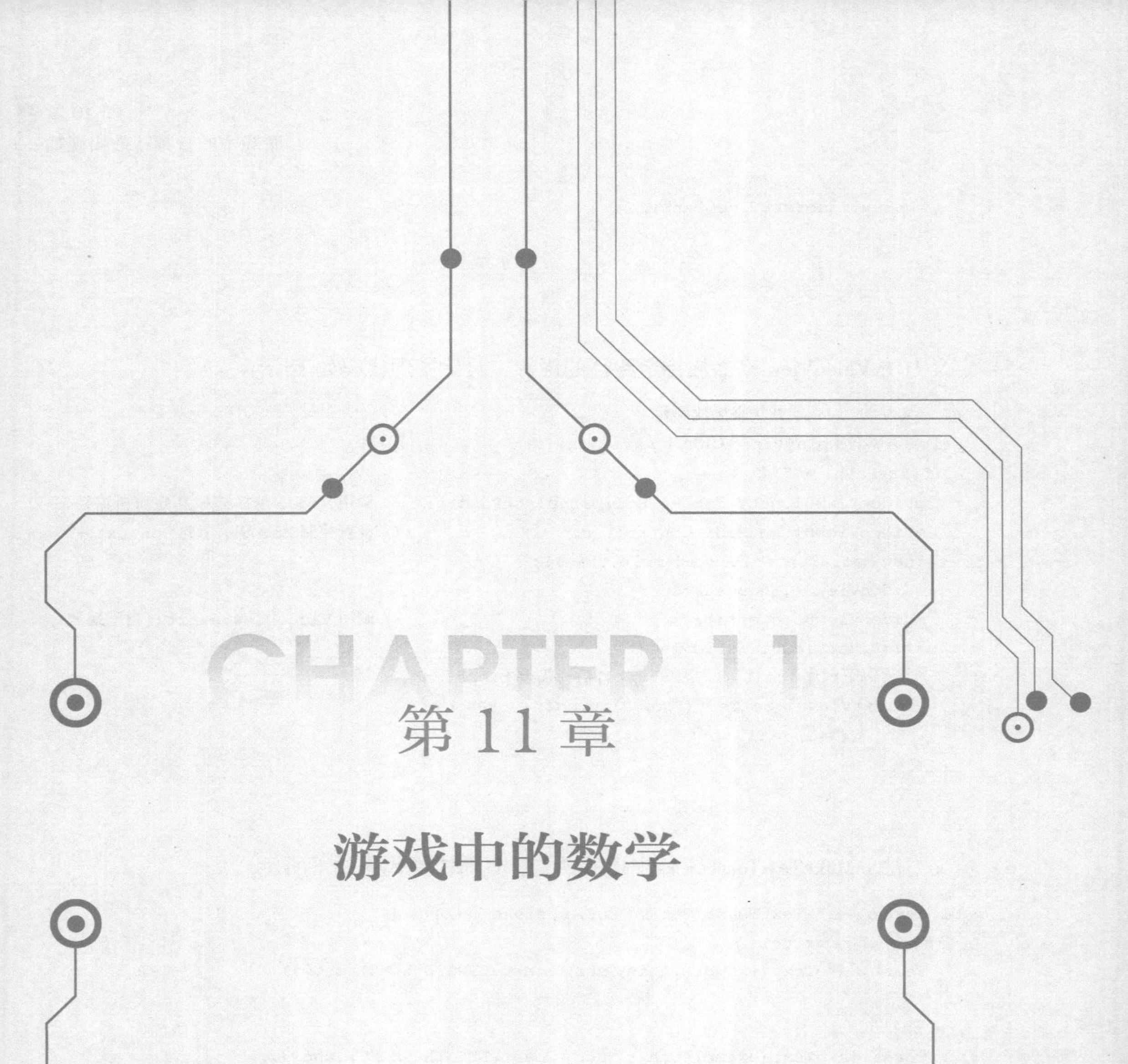

第 11 章

游戏中的数学

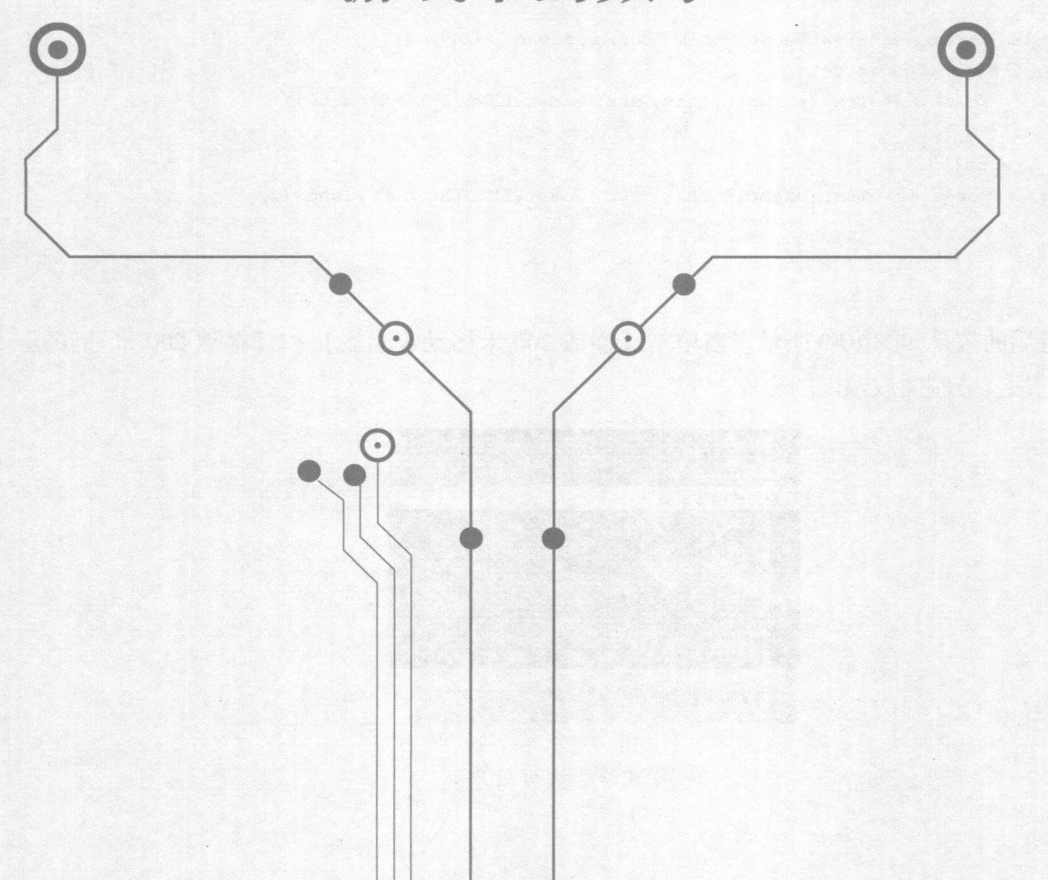

数学和物理在游戏开发中扮演了重要的角色，它们使游戏物体的行为更加真实和可预测，增加了游戏的逼真性和互动性。游戏开发者使用数学和物理原理来创建引人入胜的游戏体验，从模拟物理效应到实现复杂的游戏机制。本章的内容将详细讲解在 Android 系统中开发游戏时用到的数学和物理知识，为读者进行后面知识的学习打下基础。

11.1 数学在游戏中的作用

数学概念对于游戏开发者来说至关重要，它们能够帮助开发者更好地理解和实现游戏中的复杂功能和效果。数学的运用不仅能够提高游戏的质量和体验，还有助于创造更加真实、流畅和具有挑战性的游戏世界。

11.1.1 让游戏精灵的运动轨迹更加精密

数学在游戏中的主要作用之一便是让游戏精灵的运动轨迹更加精密，这一点在游戏物理和碰撞检测方面尤为重要。下面详细介绍了数学在这方面的作用。

- 精确的运动轨迹：通过数学计算，游戏可以精确计算物体的位置、速度和加速度，以实现真实的运动轨迹。这对于模拟物体的自然运动非常重要，如投射物、角色移动和车辆驾驶。
- 碰撞检测：数学用于检测游戏中物体之间的碰撞。通过数学公式和算法，游戏可以确定对象是否相交，以便触发碰撞效果、伤害或其他交互操作。这使得游戏中的碰撞行为更加精确和可预测。
- 物理模拟：数学和物理方程式用于模拟物体的物理行为，如重力、摩擦、空气阻力和弹性碰撞。这使得游戏中的物体可以以更真实的方式互动，增加了游戏的逼真性。
- 路径规划：在游戏中，数学算法可以用于计算游戏对象的移动路径，如 AI 角色的路径规划、敌人的追踪以及导航系统。这使得游戏中的对象可以更智能地移动和互动。
- 动画插值：数学插值技术用于平滑动画过渡，以使游戏中的运动看起来更加流畅和自然。这包括线性插值、曲线插值和旋转插值等。
- 视图变换：数学变换用于将游戏世界中的物体从三维空间映射到屏幕上的二维坐标。这包括投影、旋转、平移和缩放等变换。

11.1.2 精密控制场景的移动

在游戏应用中，数学可以精密控制场景的移动。在下面列出了一些数学应用的例子，使游戏开发者能够更好地控制游戏场景中的物体和玩家的移动。

- 坐标转换：数学用于将游戏世界中的三维坐标映射到屏幕上的二维坐标，以实现物体的精确位置和运动。这包括投影和视图变换，确保物体在屏幕上的位置准确无误。
- 移动和旋转：数学计算用于精确控制游戏对象的位置、方向和速度。这包括线性代数和向量运算，以实现物体的平移和旋转运动。

- 路径规划：数学算法用于计算游戏角色或物体的移动路径，以确保它们可以避开障碍物、遵循自定义轨迹或追踪目标。路径规划使得移动更加精密和智能。
- 碰撞检测：数学计算用于检测游戏对象之间的碰撞，以确保它们在互动中的位置和边界是准确的。这对于精确控制碰撞效果和互动行为至关重要。
- 物理模拟：数学和物理方程式用于模拟物体的物理行为，如重力、摩擦、弹性和阻尼。这使得物体在游戏场景中的移动更加真实和可预测。
- 相机控制：数学计算用于控制游戏中的相机，以实现不同的视角和视图。这包括摄像机的平移、旋转和缩放等操作。
- 平滑过渡：插值和曲线插值技术用于实现精密的平滑过渡效果，使物体的移动看起来更加流畅和逼真。

数学的精确性和准确性对于控制游戏场景中的物体和玩家的移动至关重要，它使游戏开发者能够创建具有高度精密和可控性的游戏场景，从而提供更好的游戏体验。选用不同的数学技术和算法可用于实现各种精密的移动效果，取决于游戏的需求和复杂性。

11.2 使用物理坐标系分割场景

在 Android 游戏开发中，使用物理坐标系分割场景是一种常见的技术，它有助于处理复杂的游戏世界并简化碰撞检测。这是一种特别有用的技术，尤其是在需要处理大量游戏对象和复杂碰撞检测的情况下。这种方法提供了更多的精确度和控制，以确保游戏对象在场景中的移动和互动是准确的。

11.2.1 基本步骤

使用物理坐标系分割游戏场景的基本步骤如下。

1）理解物理坐标系：物理坐标系是一个虚拟的坐标系统，与屏幕上的像素坐标无关。它通常以浮点数表示，以方便处理精确的位置和运动。

2）创建场景网格：将游戏场景划分为一个网格，每个单元格在物理坐标系中都有自己的坐标。这个网格可以是规则的方形网格，也可以是不规则的，具体取决于游戏需求。

3）将对象放入单元格：每个游戏对象（如角色、障碍物、道具等）都应该被放置到网格的一个或多个单元格中。这可以通过将对象的物理坐标与单元格的边界进行比较来实现。

4）碰撞检测：当进行碰撞检测时，只需考虑位于相同或相邻单元格的对象。这减少了需要检查的对象数量，提高了碰撞检测的效率。

5）移动和更新：游戏对象的移动和更新通常在物理坐标系中进行的。可以根据对象的物理坐标更新其位置，然后检查与相邻单元格的碰撞。

6）相机和渲染：游戏场景的相机通常也在物理坐标系中操作，相机可以跟随玩家角色，或者游戏需求进行自定义的移动。渲染时，将物理坐标转换为屏幕坐标，以进行绘制。

7）管理物理坐标与屏幕坐标的转换：在游戏的不同阶段，开发者需要进行物理坐标与屏幕坐标之间的转换。这包括将物理坐标转换为屏幕坐标，以进行渲染，或者将屏幕坐标转换为物理坐标，以进行碰撞检测。

11.2.2 在 Android 游戏中使用物理坐标系分割场景

在 Android 游戏项目中，使用物理坐标系分割场景的例子通常比较复杂，为了节省本书篇幅，将在下面讲解在 Android 游戏中使用物理坐标系分割场景的主要实现步骤。在这个示例中，我们将创建一个简单的 2D 游戏，其中包含一个角色，一些障碍物和一些虚拟单元格来分割场景。我们将使用 Java 和 Android Studio 来编写代码。

(1) 创建 Android 工程

在 Android Studio 中创建一个新的 Android 项目，选择一个合适的项目名称和包名。

(2) 设计游戏场景

在 res 目录中创建游戏场景的背景图像，并将其放入 drawable 目录。这将成为游戏的背景。

(3) 创建游戏对象类

创建一个名为 GameObject 的 Java 类，用于表示游戏中的对象（包括角色和障碍物），包括物理坐标、绘制方法和碰撞检测方法。

```
public class GameObject {
    private float x, y;                    //物理坐标
    private Bitmap bitmap;                 // 游戏对象的图像

    public GameObject(float x, float y, Bitmap bitmap) {
        this.x = x;
        this.y = y;
        this.bitmap = bitmap;
    }

    public void draw(Canvas canvas) {
        //在屏幕上绘制游戏对象
        canvas.drawBitmap(bitmap, x, y, null);
    }

    //添加碰撞检测方法
    public boolean checkCollision(GameObject otherObject) {
        //根据物体的坐标和边界框进行碰撞检测
        //返回 true 表示碰撞发生
        //返回 false 表示没有碰撞
    }
}
```

(4) 创建游戏引擎

创建一个名为 GameEngine 的 Java 类，用于处理游戏逻辑、绘制和碰撞检测。这个类包括场景分割单元格、游戏对象的管理和游戏循环等功能。

```
public class GameEngine {
    private List<GameObject> gameObjects;
```

```
    private int gridWidth, gridHeight;
    private int cellSize;

    public GameEngine(int screenWidth, int screenHeight, int gridSize) {
        gridWidth = screenWidth / gridSize;
        gridHeight = screenHeight / gridSize;
        cellSize = gridSize;
        gameObjects = new ArrayList<>();
    }

    public void addGameObject(GameObject gameObject) {
        gameObjects.add(gameObject);
    }

    public void update() {
        //游戏逻辑更新
    }

    public void draw(Canvas canvas) {
        //在屏幕上绘制游戏对象
    }

    public void checkCollisions() {
        //进行碰撞检测
    }
}
```

（5）在 MainActivity 中使用游戏引擎

在 MainActivity.java 中，初始化并使用 GameEngine 来管理游戏。

```
public class MainActivity extends AppCompatActivity {
    private GameEngine gameEngine;

    @Override
    protected void onCreate(Bundle savedInstanceState) {
        super.onCreate(savedInstanceState);
        setContentView(R.layout.activity_main);

        //获取屏幕宽度和高度
        int screenWidth = getResources().getDisplayMetrics().widthPixels;
        int screenHeight = getResources().getDisplayMetrics().heightPixels;

        //创建游戏引擎
        gameEngine = new GameEngine(screenWidth, screenHeight, 10);

        //创建并添加游戏对象
        Bitmap playerBitmap = BitmapFactory.decodeResource(getResources(), R.drawable.player);
        GameObject player = new GameObject(100, 100, playerBitmap);
        gameEngine.addGameObject(player);
```

```
        //添加更多游戏对象...

        //启动游戏循环
        gameLoop.start();
    }

    private Thread gameLoop = new Thread(new Runnable() {
        @Override
        public void run() {
            while (true) {
                //游戏逻辑更新
                gameEngine.update();

                //碰撞检测
                gameEngine.checkCollisions();

                //绘制游戏场景
                Canvas canvas = surfaceHolder.lockCanvas();
                gameEngine.draw(canvas);
                surfaceHolder.unlockCanvasAndPost(canvas);
            }
        }
    });
}
```

注意：上面只是一个简单的示例，用于演示如何使用物理坐标系分割场景并管理游戏对象。在实际游戏开发中，开发者需要实现更多的细节和功能，如用户输入处理、更多的游戏对象、更复杂的碰撞检测和更多的游戏逻辑。

11.3 矢量

矢量是物理学和数学中的一个概念，它表示了量的大小和方向。在游戏开发中，矢量通常是一个包含两个分量（如 x 和 y 坐标）的对象，用于表示在二维空间中的位置、速度、力等信息。

11.3.1 矢量在游戏中的作用

矢量在游戏中的作用非常重要，其中常见的用途如下所示。

- 表示位置：矢量可以用来表示游戏中物体的位置。例如一个二维矢量（x，y）可以表示一个物体在屏幕上的坐标。
- 表示速度：速度是物体在单位时间内移动的距离和方向。矢量可以用来表示物体的速度，这在模拟物体的运动和动画中非常有用。
- 表示力：在物理模拟中，矢量可以表示施加在物体上的力。例如重力可以表示为一个指向下方的矢量。

- 碰撞检测和响应：矢量用于检测物体之间的碰撞。当两个物体相交时，可以使用矢量来计算碰撞法线、碰撞点和碰撞深度，以便进行碰撞响应。
- 移动和控制：游戏中的角色和物体通常使用矢量来控制它们的移动。通过改变速度矢量的方向和大小，可以实现角色的移动和导航。
- 动画：在游戏中，物体的动画通常涉及位置的变化，矢量用于控制动画中的位置和运动路径。
- 粒子系统：矢量在粒子系统中用于控制粒子的速度和运动路径，从而实现粒子效果，如火花、雨滴和爆炸效果。
- 光线追踪：在 3D 游戏中，矢量用于表示光线的方向和交点，以实现光线追踪渲染效果。
- 矢量图形：在 2D 游戏中，矢量图形可用于创建图形元素，如 UI 图标和形状。
- 路径规划：游戏中的 AI 角色通常使用矢量来规划它们的移动路径，以实现智能导航。

总之，矢量用于表示和控制物体的位置、速度和运动方向，以及用于各种物理模拟和游戏机制，在游戏开发中扮演了重要的角色。精确处理矢量可以使游戏更加逼真、可预测和富有交互性。

11.3.2 使用矢量操控精灵的移动

使用矢量来控制精灵的移动，需要考虑两个主要方面：精灵的位置和速度。可以使用矢量表示精灵的速度和方向，然后在游戏循环中根据这些矢量来更新精灵的位置。使用矢量来控制精灵移动的基本步骤如下。

1）创建精灵类：首先，创建一个精灵类，它包括精灵的位置和速度属性，以及用于更新位置的方法。

```
public class Sprite {
    private float x, y;                         //精灵的位置坐标
    private Vector2 velocity;                   //速度矢量

    public Sprite(float x, float y) {
        this.x = x;
        this.y = y;
        velocity = new Vector2(0, 0);           //初始速度为零
    }

    public void update() {
        //根据速度矢量更新精灵的位置
        x +=velocity.x;
        y +=velocity.y;
    }

    // Getter 和 Setter 方法
}
```

2）使用矢量控制移动：然后可以在游戏循环中使用速度矢量来控制精灵的移动，例如可以通过键盘输入或触摸事件来更改速度矢量。

```
//在游戏循环中
sprite.update(); // 更新精灵位置
//处理用户输入或其他事件以更改速度矢量
if (isLeftPressed) {
    sprite.getVelocity().x = -1.0f; // 向左移动
} else if (isRightPressed) {
    sprite.getVelocity().x = 1.0f;  // 向右移动
} else {
    sprite.getVelocity().x = 0.0f;  // 停止水平移动
}

if (isUpPressed) {
    sprite.getVelocity().y = -1.0f; // 向上移动
} else if (isDownPressed) {
    sprite.getVelocity().y = 1.0f;  // 向下移动
} else {
    sprite.getVelocity().y = 0.0f;  // 停止垂直移动
}
```

3）绘制精灵：最后在游戏循环中绘制精灵的位置。

```
//游戏循环中
canvas.drawSprite(sprite); // 根据精灵的位置绘制精灵
```

注意：上面只是一个简单的演示步骤，展示了使用矢量来控制精灵的移动方法。大家可以根据自己的游戏需求扩展这个概念，包括更多复杂的速度计算、碰撞检测和其他游戏机制。在实际游戏开发中，通常需要考虑更多的细节，如时间步长、重力、摩擦等。

11.4 游戏对抗中的路径与搜索

在研发游戏应用中，路径和搜索算法起着关键作用，尤其是在对抗式游戏（如策略游戏、射击游戏和角色扮演游戏）中。路径与搜索算法用于寻找最佳路径、规划角色移动、决策敌人的行动等。

11.4.1 A＊算法

A＊算法（A star algorithm）是一种常用于寻找从起点到目标点的最短路径的启发式搜索算法。它在游戏开发中被广泛应用于角色导航、敌人 AI 移动、地图探索和许多其他场景。

1. A＊算法介绍

A＊算法是一种搜索算法，用于查找从起点到目标点的最短路径。它通过结合实际代价（通常是距离）和一个启发式估计来选择下一步。A＊算法使用如下两个主要函数来决定每个节点的顺序。

- 代价函数（g 值）：表示从起点到当前节点的实际代价。通常，这是通过计算路径上所有节点的总代价来确定。
- 启发式估计函数（h 值）：表示从当前节点到目标节点的估计代价。这个函数是启发式的，通常是基于实际距离的估计，但不超过实际代价。

A＊算法维护一个开放列表和一个关闭列表，以跟踪已经访问的节点和将要访问的节点。它在每个步骤中选择具有最低的 f = g + h 值的节点来扩展搜索。一旦找到目标节点，A＊算法可以回溯路径，找出最佳路径。

2. A＊算法在 Android 游戏中的应用

A＊算法在 Android 游戏中有多种应用，主要包括以下几种。

- 角色导航：A＊算法用于计算角色的移动路径，确保角色能够避开障碍物、找到目标位置或追踪其他游戏对象。
- 敌人 AI：A＊算法可用于实现敌人 AI 的智能移动，使敌人能够追踪玩家、避开障碍物或规避危险。
- 地图探索：A＊算法用于游戏地图的自动探索，例如迷宫生成和自动生成地图中的道路。
- 任务路径规划：在角色扮演游戏中，A＊算法可用于规划任务的路径，如从城镇到任务目标的路径。
- 自动寻找道路：在实时策略游戏中，A＊算法用于建筑和单位的自动路径查找，以确保它们能够穿越地图。
- 路径动画：A＊算法还可用于创建路径动画，使物体沿着路径移动，这在游戏中的各种场景中都很有用。

请看下面的例子，功能是使用 A＊算法来寻找从起点到目标点的最短路径。

实例 11-1：使用 A＊算法来寻找最短路径（Java/Kotlin 双语实现）

实例文件 asuan.java 的具体实现代码如下所示。

```
import java.util.ArrayList;
import java.util.List;
import java.util.PriorityQueue;

public class AStarPathfinding {
    private static class Node {
        int x, y;           // 坐标
        int g;              // 从起点到当前节点的实际代价
        int h;              // 启发式估计到目标的代价
        int f;              // f = g + h
        Node parent;

        Node(int x, int y) {
            this.x = x;
            this.y = y;
```

```
        }
    }

    public static List<Node> findPath(int[][] map, int startX, int startY, int goalX, int
goalY) {
        int[][] directions = {{-1, 0}, {1, 0}, {0, -1}, {0, 1}};  // 上下左右四个方向
        int rows = map.length;
        int cols = map[0].length;

        //初始化起始节点和目标节点
        Node startNode = new Node(startX, startY);
        Node goalNode = new Node(goalX, goalY);

        PriorityQueue<Node> openSet = new PriorityQueue<>((n1, n2) -> n1.f - n2.f);
        openSet.add(startNode);

        while (!openSet.isEmpty()) {
            Node current =openSet.poll();

            //如果当前节点是目标节点,回溯路径
            if (current.x == goalX && current.y == goalY) {
                List<Node> path = newArrayList<>();
                while (current != null) {
                    path.add(current);
                    current = current.parent;
                }
                return path;
            }

            //探索当前节点的相邻节点
            for (int[] dir : directions) {
                int newX = current.x + dir[0];
                int newY = current.y + dir[1];

                //检查是否在地图内并且可通行
                if (newX >= 0 && newX < rows && newY >= 0 && newY < cols && map[newX][newY] == 0) {
                    Node neighbor = newNode(newX, newY);
                    neighbor.parent = current;
                    neighbor.g = current.g + 1;  // 假设每一步代价都是 1
                    neighbor.h = Math.abs(newX - goalX) + Math.abs(newY - goalY);  // 曼哈顿距离
                    neighbor.f = neighbor.g + neighbor.h;

                    //检查相邻节点是否在开放集合中
                    boolean inOpenSet = false;
                    for (Node node : openSet) {
                        if (node.x == neighbor.x && node.y == neighbor.y) {
                            inOpenSet = true;
                            break;
```

```
                    }
                }

                if (! inOpenSet) {
                    openSet.add(neighbor);
                }
            }
        }
    }
    //如果开放集合为空,表示无法找到路径
    return null;
  }
}
```

上述代码展示了使用 A * 算法来查找从迷宫的起点到目标点的最短路径。请注意，实际游戏中可能需要更复杂的地图和路径渲染，但这个示例提供了 A * 算法的基本实现。执行后会输出：

```
[0, 0]
[1, 0]
[2, 0]
[3, 0]
[3, 1]
[3, 2]
[3, 3]
[3, 4]
[4, 4]
```

如果提供的地图不支持从起点到目标点的路径，那么将输出“无法找到路径!”。请确保地图和起点/目标坐标是正确的，以获得期望的输出。

11.4.2 Dijkstra 算法

Dijkstra 算法（Dijkstra ' s algorithm）是一种用于寻找带权重图中从一个起点到所有其他节点的最短路径的算法。它以荷兰计算机科学家 Edsger W.Dijkstra 的名字命名，是一种广泛使用的最短路径算法。

1. Dijkstra 算法介绍

Dijkstra 算法用于解决带权重图中的最短路径问题。该算法从一个起点节点开始，通过逐步扩展到未访问的邻居节点来查找到所有其他节点的最短路径。算法使用两个主要数据结构：一个集合（通常是优先队列）用于存储未访问的节点，以及一个数组用于存储到每个节点的最短距离。

实现 Dijkstra 算法的主要步骤如下：

1）初始化起点节点的最短距离为 0，其他节点的最短距离为无穷大。

2）将起点节点添加到未访问的节点集合中。

3）从未访问的节点中选择具有最小最短距离的节点。

4）对选定的节点，计算通过它到达其邻居节点的距离，如果这个距离小于当前已知的最短距离，则更新最短距离。

5）标记当前节点为已访问。

6）重复步骤 3）至步骤 5），直到未访问的节点集合为空。

2. Dijkstra 算法在 Android 游戏中的应用

Dijkstra 算法被广泛用于 Android 游戏中，尤其是需要寻找路径或最短距离的情况，例如以下几种情况。

- 寻路和导航：Dijkstra 算法可用于计算游戏中角色、单位或对象之间的最短路径，以实现智能导航。这在实时战略游戏、角色扮演游戏和模拟器中非常有用。
- 资源分配：在一些策略游戏中，Dijkstra 算法可以用于优化资源的分配，以确保资源在游戏世界中的最佳分布。
- 生成迷宫：Dijkstra 算法可以用于生成迷宫，其中它探索地图的空白区域，创建通路，以便玩家可以通过迷宫探索。
- 敌人 AI 路径规划：在射击游戏中，Dijkstra 算法可用于计算敌人 AI 到达玩家位置的最短路径。
- 地图编辑器：Dijkstra 算法可以用于游戏地图编辑器，以自动计算和优化地图上的道路、连接或传送门。

请看下面的例子，功能是使用 Dijkstra 算法寻找游戏地图上的最短路径。该示例表示一个游戏地图，其中包含节点（代表位置）和边（代表路径），然后使用 Dijkstra 算法找到从起点到目标节点的最短路径。

实例 11-2：使用 Dijkstra 算法寻找最短路径（Java/Kotlin 双语实现）

实例文件 duan.java 的具体实现代码如下所示。

```
import java.util.*;

class Dijkstra {
    private static class Node implements Comparable<Node> {
        int vertex;
        int distance;

        Node(int vertex, int distance) {
            this.vertex = vertex;
            this.distance = distance;
        }

        @Override
        public int compareTo(Node other) {
            return Integer.compare(this.distance, other.distance);
        }
    }
```

```
    public static int[] findShortestPath(int[][] graph, int source) {
        int V = graph.length;
        int[] distance = new int[V];
        Arrays.fill(distance, Integer.MAX_VALUE);

        PriorityQueue<Node> pq = new PriorityQueue<>();
        pq.add(new Node(source, 0));
        distance[source] = 0;

        while (!pq.isEmpty()) {
            Node current =pq.poll();
            int u = current.vertex;

            for (int v = 0; v < V; v++) {
                if (graph[u][v] != 0) {
                    int alt = distance[u] + graph[u][v];
                    if (alt < distance[v]) {
                        distance[v] = alt;
                        pq.add(new Node(v, distance[v]));
                    }
                }
            }
        }

        return distance;
    }
}
```

上述代码演示了使用 Dijkstra 算法查找从源节点到其他节点的最短路径，并输出最短距离的用法。在游戏中，我们可以根据实际需求修改和扩展这些示例，以满足特定的路径规划需求。

11.4.3　广度优先搜索算法

广度优先搜索算法（Breadth-First Search，BFS）是一种用于图和树结构的搜索算法，其主要目的是从一个起始节点开始，逐层遍历所有相邻节点，直到找到目标节点或达到某个特定条件。BFS 通常用于解决最短路径问题以及发现连接关系。

1. BFS 算法介绍

BFS 算法从起始节点开始，首先遍历所有与起始节点直接相邻的节点，然后逐层扩展到这些节点的相邻节点，以此类推。BFS 通常使用队列数据结构来管理待处理的节点，确保按层级顺序处理节点。BFS 算法的基本步骤如下：

1）将起始节点放入队列中。

2）从队列中弹出一个节点并处理它。

3）将所有未访问的相邻节点放入队列中。

4）重复步骤（2）和步骤（3），直到队列为空或满足某个终止条件。

5）BFS 算法通常用于无权重的图或树结构，以查找从起始节点到目标节点的最短路径。

2. BFS 算法在 Android 游戏中的应用

BFS 算法在 Android 游戏中具有多种应用，尤其是在需要查找路径、探索地图或查找连接关系的情况下，例如以下几种情况。

- 寻路和导航：BFS 算法可用于角色或单位的路径规划，以确保它们以最短路径到达目的地，适用于 2D 和 3D 游戏。
- 迷宫生成：BFS 算法可用于生成迷宫，其中从起始位置开始探索并打破墙壁，以创建迷宫路径。
- 发现关键物品：在冒险或解谜游戏中，BFS 可用于搜索关键物品的位置。
- 敌人 AI 路径规划：BFS 算法可用于计算敌人 AI 到达玩家位置的最短路径，以提高游戏中敌人的智能。
- 网络拓扑分析：在策略游戏中，BFS 可用于分析城市、国家或军队之间的连接关系，用于决策和战略制定。
- 任务链管理：在角色扮演游戏中，BFS 可用于管理任务链，以确保任务的合理触发和完成。

BFS 算法的应用在游戏中非常广泛，开发者可以根据游戏的具体场景和目标来使用和扩展 BFS 算法，以提高游戏的交互性和智能性。游戏引擎和库通常提供了 BFS 算法的实现，以简化路径规划和导航的开发。例如下面是一个使用广度优先搜索算法（BFS）的例子，演示了在 Android 游戏中使用 BFS 来查找从起点到目标点的最短路径的过程。

实例 11-3：使用 BFS 算法查找最短路径（Java/Kotlin 双语实现）

实例文件 bfduan.java 的具体实现代码如下所示。

```
import java.util.*;

class BFS {
    private static class Node {
        int x, y;
        Node parent;

        Node(int x, int y, Node parent) {
            this.x = x;
            this.y = y;
            this.parent = parent;
        }
    }

    public static List<Node> findShortestPath(int[][] grid, int startX, int startY, int
goalX, int goalY) {
        int[] dx = {-1, 1, 0, 0};
        int[] dy = {0, 0, -1, 1};

        int rows = grid.length;
```

```
        int cols = grid[0].length;
        boolean[][] visited = new boolean[rows][cols];

        Queue<Node> queue = newLinkedList<>();
        queue.add(new Node(startX, startY, null));

        while (!queue.isEmpty()) {
            Node current =queue.poll();

            if (current.x == goalX && current.y == goalY) {
                List<Node> path = newArrayList<>();
                while (current != null) {
                    path.add(current);
                    current = current.parent;
                }
                Collections.reverse(path);
                return path;
            }

            for (int i = 0; i < 4; i++) {
                int newX = current.x + dx[i];
                int newY = current.y + dy[i];

                if (newX >= 0 && newX < rows && newY >= 0 && newY < cols && grid[newX][newY] ==
0 && !visited[newX][newY]) {
                    visited[newX][newY] = true;
                    queue.add(new Node(newX, newY, current));
                }
            }
        }

        return Collections.emptyList();
    }

    public static void main(String[] args) {
        int[][] grid = {
            {0, 1, 0, 0, 0},
            {0, 1, 0, 1, 0},
            {0, 0, 0, 0, 0},
            {0, 1, 0, 1, 0},
            {0, 0, 0, 0, 0}
        };

        int startX = 0;
        int startY = 0;
        int goalX = 4;
        int goalY = 4;
```

```
        List<Node> path =findShortestPath(grid, startX, startY, goalX, goalY);

        if (!path.isEmpty()) {
            for (Node node : path) {
                System.out.println("[" + node.x + ", " + node.y + "]");
            }
        } else {
            System.out.println("无法找到路径!");
        }
    }
}
```

上述代码的实现流程如下所示:

- 创建 Point 类来表示坐标。
- 创建一个队列 queue 用于广度优先搜索，将起始点添加到队列中。
- 创建一个 parent 映射，用于记录每个节点的父节点。
- 使用 while 循环，直到队列为空。
- 弹出队列中的一个节点。
- 如果该节点是目标节点，构建并返回路径。
- 否则遍历 4 个相邻节点，将未访问过的节点添加到队列和 parent 映射中，同时将当前节点作为父节点。
- 如果循环结束未找到路径，返回一个空列表，表示无法找到路径。

上述整个 Java 版的 BFS 代码示例通过广度优先搜索遍历游戏地图，从起点寻找到目标点的最短路径。这个算法对于游戏中的路径规划和导航非常有用，可以在各种类型的游戏中应用。

11.4.4 深度优先搜索算法

深度优先搜索算法（Depth-First Search，DFS）是一种用于图和树结构的搜索算法，其主要目的是深入探索尽可能远的节点，然后回溯并继续探索。DFS 通常用于解决图的遍历问题和查找连通组件。

1. DFS 算法介绍

DFS 算法从起始节点开始，沿着一条路径尽可能深入地遍历节点，直到无法再继续，然后回溯到上一个分支点，继续探索其他路径，直到所有路径被探索。实现 DFS 算法的基本步骤如下。

1）从起始节点开始。

2）DFS 算法沿着一条路径深入，标记已访问的节点。

3）DFS 算法如果无法再继续，回溯到上一个未探索的节点。

4）重复步骤 2）和步骤 3），直到所有路径被探索。

DFS 算法通常用于解决深度相关的问题，如寻找路径、图的遍历、拓扑排序等。

2. DFS 算法在 Android 游戏中的应用

DFS 算法在 Android 游戏中具有多种应用，尤其是在需要深度搜索、探索地图或查找特定对象的情况下非常有用，例如以下几种。

- 地图探索：DFS 算法可用于游戏中的地图探索，例如勘探未知区域或查找隐藏的宝藏。
- 连通组件：DFS 可用于查找游戏中的连通组件，如迷宫中的房间或地图中的区域。
- 深度路径规划：在某些游戏中，需要进行深度路径规划，以确保玩家或角色按照特定路径行进，而不是最短路径。
- 回溯游戏：DFS 算法可用于解决谜题和逻辑游戏，其中玩家需要不断回溯尝试不同的可能性。
- 拓扑排序：在策略游戏中，DFS 可用于确定单位的行动顺序。
- 连续地图生成：在一些游戏中，需要生成连续地图，DFS 可用于构建地图的连续性。

例如下面是一个在 Android 游戏中使用深度优先搜索算法（DFS）的应用示例，功能是探索地图中的连通区域。

实例 11-4：使用 DFS 探索地图中的连通区域（Java/Kotlin 双语实现）

实例文件 dfduan.java 的具体实现代码如下所示。

```
import java.util.*;

class DFS {
    static class Point {
        int x, y;

        Point(int x, int y) {
            this.x = x;
            this.y = y;
        }
    }

    public static List<Point> exploreConnectedRegion(int[][] grid, Point start) {
        int rows = grid.length;
        int cols = grid[0].length;

        List<Point>connectedRegion = new ArrayList<>();
        Stack<Point> stack = new Stack<>();
        stack.push(start);

        boolean[][] visited = new boolean[rows][cols];

        while (!stack.isEmpty()) {
            Point current =stack.pop();
            int x = current.x;
            int y = current.y;

            if (x >= 0 && x < rows && y >= 0 && y < cols && grid[x][y] == 0 && !visited[x][y]) {
```

```
                visited[x][y] = true;
                connectedRegion.add(current);

                //Explore neighbors (up, down, left, right)
                stack.push(new Point(x - 1, y));
                stack.push(new Point(x + 1, y));
                stack.push(new Point(x, y - 1));
                stack.push(new Point(x, y + 1));
            }
        }

        return connectedRegion;
    }
}
```

上述代码的实现流程如下所示：

1）创建 Point 类来表示坐标。

2）创建 exploreConnectedRegion 方法，接受一个二维整数数组 grid 和起始点 start。

3）初始化一个 connectedRegion 列表，用于存储探索到的连通区域的点。

4）创建一个栈 stack，用于深度优先搜索。

5）创建一个布尔数组 visited，用于标记已访问的节点。

6）使用栈进行 DFS 搜索，从起始点开始，探索相邻的未访问过的点，并将其加入栈。

7）如果点合法且未被访问，标记为已访问，加入连通区域列表，然后继续探索相邻的点。

8）当栈为空时，返回已探索到的连通区域列表。

这个示例演示了 DFS 算法用于游戏中探索连通区域的应用，适用于寻找地图中的连通区域或区块，例如地下洞穴、连通的城市区域等。Java 和 Kotlin 版本的代码实现了相同的功能。

11.4.5 最小生成树算法

最小生成树算法（Minimum Spanning Tree，MST）是一种图论算法，用于在一个连通的、带有权重的无向图中找到一棵包含所有顶点的子树，使得这颗子树的边权重之和最小。MST 算法的主要目的是在保持图连通的前提下，尽量降低连接各个节点的总成本。在 Android 游戏中，MST 算法可以有多种应用，主要包括以下几种。

- 游戏地图生成：在策略游戏或冒险游戏中，MST 算法可以用来生成游戏地图，确保地图上的所有区域是连通的，并且生成地图的成本尽可能低。
- 物体布局优化：在游戏场景中，MST 算法可用于优化物体的布局，例如在建筑模拟游戏中放置建筑物，以最小化建筑成本或满足特定条件。
- 电路布线：在电子游戏中，MST 算法可用于电路布线，以连接电子元件，使得电路能够正常工作。
- 资源分配：在资源管理游戏中，MST 算法可以帮助确定资源的最佳分配方式，以确保资源传输的效率和成本最低。

- 道路和铁路建设：在交通模拟游戏中，MST 算法可用于规划道路或铁路的建设，以确保城市的交通系统是最有效的。
- 连通性检测：MST 算法可以用于检测游戏中的连通性，例如检查玩家是否能够到达所有游戏区域。
- 物体路径规划：在游戏中，MST 算法可以用于规划物体的路径，例如 AI 角色的巡逻路径或寻路算法。

例如，下面是一个 MST 算法在 Android 游戏中的应用示例，功能是使用最小生成树算法来生成游戏地图，以确保地图上的所有区域是连通的，同时最小化连接各个区域的总成本。

实例 11-5：使用最小生成树算法来生成游戏地图（Java/Kotlin 双语实现）

实例文件 ditu.java 的具体实现代码如下所示。

```
import java.util.*;

class MST {
    static class Point {
        int x, y;

        Point(int x, y) {
            this.x = x;
            this.y = y;
        }
    }

    static class Edge implements Comparable<Edge> {
        Point from, to;
        double weight;

        Edge(Point from, Point to, double weight) {
            this.from = from;
            this.to = to;
            this.weight = weight;
        }

        @Override
        public int compareTo(Edge other) {
            return Double.compare(this.weight, other.weight);
        }
    }

    public static List<Edge> generateMinimumSpanningTree(List<Point> points) {
        //构建点与点之间的边
        List<Edge> edges = newArrayList<>();
        for (int i = 0; i < points.size(); i++) {
            for (int j = i + 1; j < points.size(); j++) {
                Point from =points.get(i);
                Point to =points.get(j);
```

```
                double distance =calculateDistance(from, to); // 计算距离作为边的权重
                edges.add(new Edge(from, to, distance));
            }
        }

        //使用 Kruskal 算法生成最小生成树
        List<Edge>minimumSpanningTree = new ArrayList<>();
        Collections.sort(edges);
        DisjointSet disjointSet = new DisjointSet(points);

        for (Edge edge : edges) {
            if (!disjointSet.sameSet(edge.from, edge.to)) {
                minimumSpanningTree.add(edge);
                disjointSet.union(edge.from, edge.to);
            }
        }

        return minimumSpanningTree;
    }

    private static double calculateDistance(Point from, Point to) {
        //计算两点之间的距离,可以使用欧几里得距离公式等
        //这里简化为直线距离
        return Math.sqrt(Math.pow(from.x - to.x, 2) + Math.pow(from.y - to.y, 2));
    }
}
```

上述代码的实现流程如下所示。

1）创建 Point 类来表示坐标。

2）创建 Edge 类来表示边，其中包括边的起点、终点和权重。

3）创建 generateMinimumSpanningTree 方法，接受点的列表作为输入，然后执行以下步骤。

- 构建点与点之间的所有边，并计算边的权重。
- 使用 Kruskal 算法生成最小生成树。首先对边按权重升序排序，然后创建一个不相交集合（DisjointSet）来管理点的连接状态。
- 遍历排序后的边，如果边的起点和终点不在同一集合中，将该边加入最小生成树中，并将起点和终点合并到同一集合中。

4）最后返回生成的最小生成树。

注意：MST 算法的选择和应用取决于具体的游戏类型和需求，在实际开发过程中，开发者可以使用现成的图论库或自行实现 MST 算法，以满足游戏中的连通性和成本优化需求。这些应用示例展示了 MST 算法在 Android 游戏中的潜在应用，有助于提高游戏的质量和效率。

11.5 网格地图

在游戏开发中，网格地图是一种常见的地图表示方式，特别适用于像策略游戏、角色扮演

游戏、迷宫游戏等类型的游戏。网格地图将游戏世界划分为规则的单元格或网格，每个网格可以表示地图上的一个区域、单元或格子。

11.5.1 网格地图的应用场景和特点

1. 应用场景

- 游戏地图：网格地图通常用于表示游戏中的地图。每个网格可以表示一块土地、一座建筑、一条道路等。这样的地图适合实现拓扑结构，例如城市规划、迷宫设计等。
- 路径规划：网格地图可用于路径规划，如在策略游戏中找到最短路径，或在迷宫游戏中寻找通往目标的路径。
- 单位移动：游戏中的单位（如角色、敌人）通常在网格地图上移动，每个单位可以占据一个或多个网格，移动时遵循网格的规则。
- 碰撞检测：网格地图可用于检测游戏中的碰撞，以确定单位是否与地形或其他单位发生碰撞。
- 战斗系统：某些游戏的战斗系统也使用网格地图，单位在战斗中的位置和攻击范围由网格地图决定。

2. 特点

- 离散性：网格地图是离散的，即游戏世界被划分为离散的单元格。这使得游戏物体的位置和移动是分步的，而不是连续的。
- 简单的坐标系统：每个网格通常有一个简单的坐标系统，如（x，y）坐标，使得定位和移动游戏物体变得容易。
- 易于设计和编辑：网格地图的设计和编辑通常相对容易，可以通过工具或地图编辑器轻松创建、修改和调整地图。
- 规则性：网格地图通常是规则的，即每个单元格的大小和形状相同，使得规则性的游戏元素（如建筑、道路、单位）可以轻松放置和排列。
- 离散的移动：单位的移动在网格地图上是离散的，只能朝上、下、左、右 4 个方向移动，不像连续的移动那样复杂。

网格地图在游戏开发中提供了一种强大的方式来表示和管理游戏世界，尤其适用于那些需要离散、规则性和路径规划的游戏。游戏引擎通常提供了处理网格地图的功能和工具，以帮助开发者创建复杂的游戏地图和游戏机制。

11.5.2 导航网格

导航网格（Navigation Grid），也被称为寻路网格（Pathfinding Grid）或寻路图（Pathfinding Graph），是游戏开发中用于路径规划和导航的关键元素。导航网格是一种数据结构，通常用于表示游戏世界中的可通行区域和障碍物，以便游戏中的单位或角色能够找到最佳路径来移动或到达目的地。导航网格算法在 Android 游戏中的一个常见应用是帮助游戏中的角色或单位找到从起点到目的地的最佳路径，绕过障碍物或避免碰撞。下面的例子演示这一用法的实现过程。

实例 11-6：使用导航网格算法查找游戏中单位的最佳路径（Java/Kotlin 双语实现）

实例文件 **dao.java** 的具体实现代码如下所示。

```
import java.util.LinkedList;
import java.util.Queue;

public class NavigationGrid {
    private int[][] grid; // 导航网格,0 表示通行,1 表示障碍
    private int numRows;
    private int numCols;

    public NavigationGrid(int[][] grid) {
        this.grid = grid;
        this.numRows = grid.length;
        this.numCols = grid[0].length;
    }

    public LinkedList<Point> findPath(Point start, Point end) {
        Queue<Point>openList = new LinkedList<>();
        boolean[][] visited = new boolean[numRows][numCols];
        Point[][] parent = new Point[numRows][numCols];

        openList.add(start);
        visited[start.x][start.y] = true;

        while (!openList.isEmpty()) {
            Point current =openList.poll();

            if (current.equals(end)) {
                //找到路径,从终点追溯回起点
                return reconstructPath(parent, start, end);
            }

            //遍历当前节点的邻居
            for (Point neighbor : getNeighbors(current)) {
                if (!visited[neighbor.x][neighbor.y] && grid[neighbor.x][neighbor.y] == 0) {
                    openList.add(neighbor);
                    visited[neighbor.x][neighbor.y] = true;
                    parent[neighbor.x][neighbor.y] = current;
                }
            }
        }

        //未找到路径
        return null;
    }

    private LinkedList<Point> reconstructPath(Point[][] parent, Point start, Point end) {
```

```
        LinkedList<Point> path = new LinkedList<>();
        Point current = end;

        while (!current.equals(start)) {
            path.addFirst(current);
            current = parent[current.x][current.y];
        }

        path.addFirst(start);
        return path;
    }

    private Point[] getNeighbors(Point point) {
        Point[] neighbors = new Point[4];
        neighbors[0] = new Point(point.x - 1, point.y);
        neighbors[1] = new Point(point.x + 1, point.y);
        neighbors[2] = new Point(point.x, point.y - 1);
        neighbors[3] = new Point(point.x, point.y + 1);
        return neighbors;
    }

    public static class Point {
        int x;
        int y;

        public Point(int x, int y) {
            this.x = x;
            this.y = y;
        }
    }
}
```

上述代码的实现流程如下所示：

1）创建 NavigationGrid 类，初始化导航网格，其中 0 表示通行，1 表示障碍物。

2）使用广度优先搜索（BFS）算法来查找从起点到目的地的最佳路径。算法使用队列来管理待探索的节点，并使用一个 visited 数组来标记已访问的节点。

3）在搜索过程中，遍历节点的邻居，并将它们加入到待探索的队列中，同时更新 parent 数组，以便在找到路径时能够重构路径。

4）如果找到路径，就从终点出发，回溯到起点，形成路径并返回。

注意：在游戏开发中，通常会使用专门的工具或游戏引擎来创建和管理导航网格。一些游戏引擎提供了内置的导航网格编辑工具，以帮助开发者轻松创建和调整导航网格。

11.5.3 局部路径规划

在游戏开发应用中，局部路径规划算法用于在已知的导航网格或地图上计算游戏角色或单位的短程路径，以避免障碍物、碰撞或其他动态障碍。局部路径规划通常是一种在有限范围内寻找路径的技术，它在全局路径规划算法（如 A * 或 Dijkstra 算法）的基础上寻找角色周围的路径，以适应动态环境。下面是一些常见的局部路径规划算法，以及在游戏开发中的应用。

- 占据盒子算法（Occupancy Grid Algorithm）：这种算法通常用于静态环境中，其中地图上的某些区域被标记为占据，而其他区域为空。角色可以使用光线投射或其他方法来检测障碍物，并计算避免碰撞的路径。
- 光线投射算法（Ray Casting Algorithm）：这个算法用于检测角色与障碍物之间是否有可通行的路径。它通过从角色位置向目标位置发射射线，然后检查射线与障碍物相交的情况，以确定路径的可行性。
- 膨胀算法（Inflation Algorithm）：膨胀算法将障碍物区域进行膨胀处理，以生成一个新的地图，其中障碍物被扩大，以确保角色可以安全地绕过它们。然后，全局路径规划算法可以用于寻找膨胀地图上的路径。
- 局部优先搜索（Local Priority Search）：这种算法在已知地图上执行搜索，以找到路径并绕过障碍物。它可以使用各种启发式方法来生成路径，如距离场（Distance Field）或代价地图（Cost Map）。
- 局部避障算法（Local Avoidance Algorithm）：这种算法用于避免多个移动单位之间的碰撞。它可以根据单位的速度和动态位置来调整单位的路径，以确保它们不会相互碰撞。
- 局部动态规划算法（Local Dynamic Planning）：这种算法适用于处理动态环境中的角色或单位。它使用实时感知和反应来计算局部路径，以适应障碍物的运动和变化。

局部路径规划算法在 Android 游戏中的一个常见应用是帮助角色或单位避免碰撞，特别是在动态环境中，下面是一个简单的局部路径规划算法示例。

实例 11-7：实现局部路径规划（Java/Kotlin 双语实现）

实例文件 ju.java 的具体实现代码如下所示。

```
import java.util.LinkedList;

public class LocalPathPlanning {
    public LinkedList<Point> planPath(Point start, Point target, int[][] occupancyGrid) {
        LinkedList<Point> path = new LinkedList<>();
        int maxAttempts = Math.max(occupancyGrid.length, occupancyGrid[0].length);
        Point current = start;

        for (int attempt = 0; attempt < maxAttempts; attempt++) {
            if (current.equals(target)) {
                //到达目标
                return path;
            }

            //检查周围的邻居
            Point next =findNextFreeNeighbor(current, target, occupancyGrid);

            if (next ! = null) {
```

```
                //找到可通行的邻居
                path.add(next);
                current = next;
            } else {
                //无法前进,返回部分路径
                return path;
            }
        }

        //未找到路径
        return null;
    }

    private Point findNextFreeNeighbor(Point current, Point target, int[][] occupancyGrid) {
        //在附近找到一个可通行的邻居
        //这里可以使用不同的方法来选择邻居,如跳跃点算法、螺旋算法等
        //这个示例中,简单地选择离目标最近的邻居
        //实际应用中,可能需要更复杂的逻辑和启发式方法
        //请注意,这是一个简单的示例,实际中的算法可能更复杂
        int minDistance = Integer.MAX_VALUE;
        Point next = null;

        for (int dx = -1; dx <= 1; dx++) {
            for (int dy = -1; dy <= 1; dy++) {
                if (dx == 0 && dy == 0) {
                    continue;
                }

                int newX = current.x + dx;
                int newY = current.y + dy;

                if (isValid(newX, newY, occupancyGrid) && occupancyGrid[newX][newY] == 0) {
                    int distance = calculateDistance(newX, newY, target);
                    if (distance < minDistance) {
                        minDistance = distance;
                        next = new Point(newX, newY);
                    }
                }
            }
        }

        return next;
    }

    private boolean isValid(int x, int y, int[][] occupancyGrid) {
        return x >= 0 && x < occupancyGrid.length && y >= 0 && y < occupancyGrid[0].length;
    }
```

```
    private int calculateDistance(int x1, int y1, Point target) {
        return Math.abs(x1 - target.x) + Math.abs(y1 - target.y);
    }

    public static class Point {
        int x;
        int y;

        public Point(int x, int y) {
            this.x = x;
            this.y = y;
        }

        public boolean equals(Point other) {
            return this.x == other.x && this.y == other.y;
        }
    }
}
```

上述代码的实现流程如下所示：

1）创建 Local Path Planning 类，在类中创建 planPath 方法，该方法接收 3 个参数：起点（start）、目标点（target）和地图（occupancyGrid）。

2）使用一个循环来尝试找到路径，循环的次数限制为 maxAttempts，可以根据情况进行调整。

3）在每次循环中，检查当前位置周围的邻居，并选择一个可通行的邻居作为下一个点。

4）如果找到了可通行的邻居，将其添加到路径中，当前位置更新为该邻居。

5）如果无法找到可通行的邻居，返回部分路径。

6）如果达到目标点，返回完整路径。

注意：在实际游戏开发应用中，局部路径规划算法通常与全局路径规划算法结合使用，全局路径规划负责找到长程路径，而局部路径规划负责处理障碍物和碰撞，以使单位能够安全地移动。这些算法在游戏开发中非常重要，以确保游戏中的单位能够智能地避免障碍物并在动态环境中自主导航。

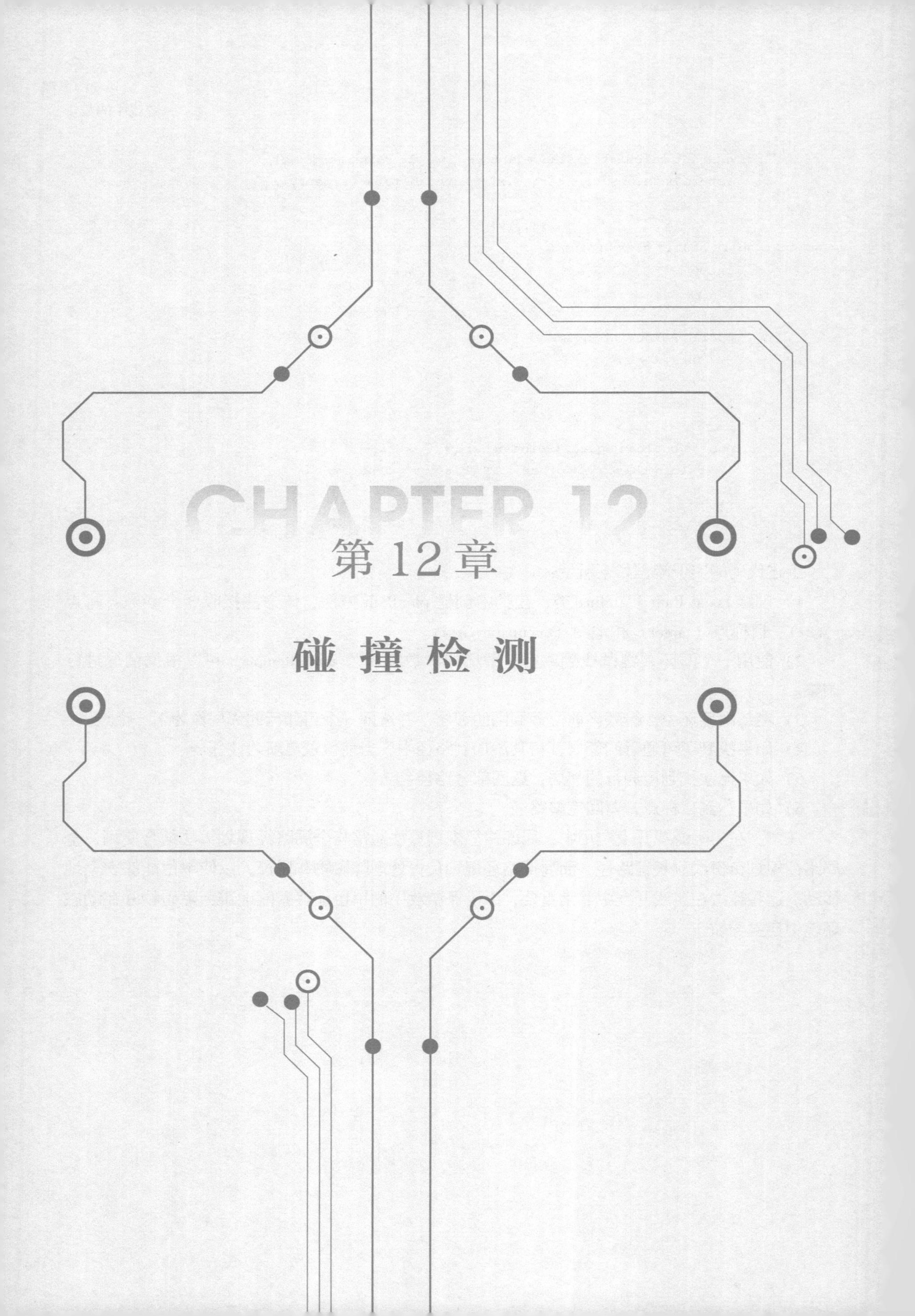

CHAPTER 12

第12章

碰撞检测

碰撞检测是一种计算机图形学和计算机游戏开发中的重要技术，用于确定两个或多个物体是否在三维空间中发生碰撞。这些物体可以是任何类型的对象，例如游戏中的角色、道具、障碍物，或者工程领域中的模型、机器人、车辆等。本章的内容将详细讲解在 Android 系统中实现碰撞检测的知识，为读者进行后面知识的学习打下基础。

12.1 碰撞检测基础

碰撞检测的主要目的是检测物体之间是否相互交叉、重叠或接触，以便在需要时触发相应的行为或反应，比如处理碰撞效果、触发声音效果、计算伤害等。

12.1.1 碰撞检测技术介绍

碰撞检测可以采用多种算法和技术，具体取决于应用的需求和物体的类型。常见的碰撞检测技术如下。

- 包围盒碰撞检测：这种方法使用包围盒（如轴对齐的边界框或球体）来近似物体的形状，然后检测包围盒之间的相交情况，以快速确定是否可能发生碰撞。
- 多边形碰撞检测：对于复杂形状的物体，可以使用多边形碰撞检测算法，如分离轴定理（SAT）来检测它们之间的碰撞。
- 网格碰撞检测：在游戏开发中，通常使用网格数据结构来划分三维空间，以加速碰撞检测，特别是在大规模环境中。
- 物理碰撞检测：用于模拟物体的物理行为，包括弹力碰撞、摩擦、质量等。
- 非几何碰撞检测：除了几何碰撞检测，还可以考虑非几何因素，如碰撞体积、触发器等。

碰撞检测在许多应用中都起着关键作用，尤其在三维图形、虚拟现实、视频游戏、仿真、机器人控制等领域。它有助于提高虚拟环境的真实感，确保物体之间的交互行为符合预期，以及增加用户体验。

12.1.2 《地下城与勇士》中的碰撞检测

《地下城与勇士》是一款经典的角色扮演游戏（RPG），在游戏中使用碰撞检测技术来管理角色、怪物、道具和环境之间的交互，在游戏中用到的碰撞检测技术有以下几种。

- 包围盒碰撞检测：游戏中的角色和怪物通常使用包围盒（例如矩形或立方体）来近似其形状。当两个包围盒相交时，游戏引擎可以触发碰撞事件。
- 多边形碰撞检测：游戏中的地形和一些复杂形状的对象可能使用多边形碰撞检测来确保准确的碰撞检测。这可以包括分离轴定理等技术。
- 触发器：游戏中的特殊区域或事件通常使用触发器，当角色或物体进入这些区域时，会触发相应的事件或碰撞检测。
- 物理引擎：一些游戏可能使用物理引擎来模拟物体之间的碰撞和相互作用，包括弹力、摩擦力等。

上述碰撞检测技术是在游戏引擎中实现的，尽管玩家不会直接感知到碰撞检测的细节，但它们确保了游戏中的交互行为和物体运动的真实性和游戏的可玩性。如果大家有兴趣想深入了解《地下城与勇士》中的碰撞检测或进行相关开发工作，可以查阅该游戏的开发文档或参考相关的游戏开发教程。

12.2 物理中的碰撞检测

在物理学中，碰撞检测是指确定两个或多个物体是否在三维空间中相互接触或碰撞的过程。碰撞检测在物理学研究、工程、运动模拟，以及各种科学领域都有广泛的应用。

12.2.1 几个概念

在物理碰撞检测中的关键概念和方法如下。

- 碰撞事件：在物理学中，碰撞通常描述为两个或多个物体之间的相互作用，这会导致它们的速度、动量、能量或其他物理属性发生变化。碰撞事件可以是弹性碰撞（动能守恒）或非弹性碰撞（动能部分损失）。
- 刚体碰撞：刚体是一个不会发生形变的物体，碰撞检测可以用于确定两个刚体是否相互接触或碰撞，以及计算碰撞后的速度和动量变化。
- 粒子碰撞：在一些物理问题中，物体可以被简化为质点或粒子，碰撞检测则涉及确定粒子之间的相对位置和速度，以检测碰撞事件。
- 形状碰撞检测：对于复杂形状的物体，可以使用几何碰撞检测算法来确定它们之间是否相互碰撞。这包括分离轴定理、Minkowski 和 Gilbert-Johnson-Keerthi（GJK）等算法。
- 物理引擎：在计算机图形学和游戏开发中，物理引擎通常用于模拟物体之间的碰撞和相互作用。这些引擎使用数值积分技术来模拟物体的运动和碰撞响应。
- 能量守恒和动量守恒：碰撞检测通常涉及检查碰撞前后的能量和动量守恒，这些原则有助于理解碰撞的性质和后果。

碰撞检测在物理学中有广泛的应用，不仅用于解释和预测物体之间的相互作用，还用于工程设计、材料科学、天文学和粒子物理等领域，以深入研究自然界中的现象，有助于我们理解物质和能量如何在空间中相互作用和交流。

12.2.2 完全弹性碰撞

在物理学中，完全弹性碰撞是指碰撞中没有能量损失，动能在碰撞前后完全守恒的碰撞。这意味着在完全弹性碰撞中，物体之间的相对速度在碰撞前后保持不变，没有能量被转化为其他形式或损失。

完全弹性碰撞需要满足如下所示的两个关键原则。

1）动量守恒：动量是质量与速度的乘积。在完全弹性碰撞中，总动量在碰撞前后保持不变，即碰撞前各物体的总动量等于碰撞后各物体的总动量。这可以用以下公式表示：

```
m1 * v1_initial + m2 * v2_initial = m1 * v1_final + m2 * v2_final
```

其中，m1 和 m2 分别是碰撞物体 1 和物体 2 的质量，v1_initial 和 v2_initial 分别是碰撞前各物体的速度，v1_final 和 v2_final 分别是碰撞后各物体的速度。

2）动能守恒：动能是动力学能量，通常以 0.5 * m * v^2 表示，其中 m 是物体的质量，v 是物体的速度。在完全弹性碰撞中，总动能在碰撞前后保持不变，即碰撞前各物体的总动能等于碰撞后各物体的总动能。

完全弹性碰撞：在理想情况下，物体在碰撞后不会发生形变，没有摩擦力或其他非弹性因素的作用。这样的碰撞在自然界中并不存在，但它是物理学中用于理论研究和分析的理想化模型，因为它使计算变得相对简单。真实世界中的碰撞通常会涉及能量损失，因此通常使用非完全弹性碰撞模型来更准确地描述碰撞行为。

12.2.3 有损失碰撞

在物理中，有损失的碰撞是指碰撞中会导致能量损失或动能损失的碰撞。这种类型的碰撞通常与物体之间的非完全弹性相互作用有关，其中一部分动能被转化为其他形式的能量，如热能或声能，或者在碰撞中丧失。有损失的碰撞在现实世界中非常常见，它们涉及各种复杂的物理过程，如形变、摩擦、黏滞和能量耗散。

有损失的碰撞的主要概念和特点如下。

- 能量损失：在有损失的碰撞中，总动能在碰撞前后不会守恒。部分动能会被转化为其他形式的能量或者散失，这通常以碰撞物体之间的相对速度减小作为表现。这意味着碰撞后的总动能小于碰撞前的总动能。
- 形变：有损失的碰撞通常涉及物体的形变。例如在汽车碰撞中，车辆的变形和撞击区域的压缩是导致能量损失的原因之一。
- 摩擦：摩擦力在碰撞中起着重要作用，它可以将一部分动能转化为热能。摩擦是碰撞中能量损失的常见来源，尤其是在实际物体之间的接触中。
- 空气阻力：在空气中运动的物体会受到空气阻力的作用，这导致了能量损失，特别是在高速运动中。
- 耗散：一些物质在碰撞中表现出能量耗散的特性，这意味着一部分能量会在碰撞中散失，例如弹性体的黏滞性质。

有损失的碰撞在许多日常和工程应用中都很重要，包括交通事故研究、材料科学、机械设计和工程等领域。在这些领域，为了确保工程安全性和设备性能，理解和模拟有损失的碰撞是非常关键的。物理学家和工程师使用各种模型和实验技术来研究和量化这种类型的碰撞。

12.3 使用碰撞检测

在游戏应用中，碰撞检测用于检测角色与物体之间的碰撞，例如玩家与障碍物的碰撞，子弹与敌人的碰撞等。在游戏中实现碰撞检测时，需要先为每个物体设计一个或多个几何形状

（例如包围盒、多边形、触发器），然后在每帧中检测物体之间的碰撞，并触发相应的行为或事件。

12.3.1　Android 中的碰撞检测基础

在开发 Android 游戏应用程序时，掌握碰撞检测的基础知识是非常重要的，因为它涉及游戏中物体之间的交互行为。下面列出了 Android 碰撞检测的基础知识大纲。

- 碰撞检测基础：理解碰撞检测的基本原理，包括几何碰撞检测、包围盒检测和触发器检测等概念。
- 坐标系统：理解游戏中使用的坐标系统，包括屏幕坐标、世界坐标和物体坐标。了解如何在这些坐标系之间转换。
- 物体建模：了解如何为游戏中的物体建立几何模型，可以使用矩形、圆形、多边形等来近似物体的形状。
- 碰撞检测算法：理解几何碰撞检测算法，如分离轴定理（SAT）和 Gilbert-Johnson-Keerthi（GJK）等，以检测物体之间的碰撞。
- 包围盒：学会使用包围盒（如矩形或球体）来加速碰撞检测，特别是对于复杂物体。
- 触发器：了解如何创建触发器，这是一种特殊的区域，用于触发碰撞事件而不产生物体之间的物理碰撞。
- 碰撞响应：学会如何响应碰撞事件，包括停止物体的运动、处理伤害、播放声音效果等。
- 性能优化：理解如何优化碰撞检测的性能，以确保游戏在 Android 设备上流畅运行。这可能包括空间划分技术（如四叉树）等。
- 物理引擎：考虑在游戏中使用物理引擎，如 Box2D 或 Unity 的内置物理引擎，以处理碰撞和物体之间的物理相互作用。
- 碰撞图形：理解如何可视化碰撞检测结果，可以绘制碰撞框或形状，以帮助开发和调试。

在 Android 游戏开发中，通常会使用游戏引擎或库来处理碰撞检测，但了解上述基础知识可以更好地理解游戏引擎的内部工作，以及如何自定义碰撞行为。此外，游戏开发还涉及与用户界面、图形渲染、物理模拟等其他方面的知识，这些知识也是非常重要的。

12.3.2　几何碰撞检测

几何碰撞检测是一种常用于游戏开发和模拟中的技术，用于确定两个或多个物体之间是否发生碰撞。这种技术基于物体的几何形状来检测碰撞，下面是几何碰撞检测的基础知识。

- 几何形状：物体通常使用简化的几何形状来近似其实际形状。这些形状可以包括矩形、圆形、多边形或其他基本几何形状。
- 碰撞检测算法：几何碰撞检测算法用于检测不同形状的物体之间的碰撞。一些常见的算法包括分离轴定理（SAT）和 Gilbert-Johnson-Keerthi（GJK）算法。

- 包围盒：包围盒是一种用于加速碰撞检测的方法，它是一个简单的矩形或立方体，用于包围物体的实际形状。包围盒碰撞检测是一种快速的初步检测方法。
- 触发器：触发器是一种用于触发碰撞事件的特殊区域，而不产生物体之间的物理碰撞。它们通常用于触发游戏事件或特殊效果。

下面的例子演示了在 Android 游戏中使用几何碰撞检测来检测一个小飞机是否与障碍物碰撞的过程。在这个示例中，我们将使用自定义的几何形状（矩形和多边形）来表示飞机和障碍物，并检测它们之间的碰撞。

实例 12-1：检测飞机和障碍物的碰撞（Java/Kotlin 双语实现）

实例文件 CollisionDetection.java 的具体实现代码如下所示。

```
import android.graphics.Path;
import android.graphics.RectF;
public class CollisionDetection {
    //飞机的多边形路径表示
    private Path airplanePath;
    //障碍物的矩形表示
    private RectF obstacleRect;

    public CollisionDetection() {
        //初始化飞机的多边形路径
        airplanePath = new Path();
        airplanePath.moveTo(0, 0);
        airplanePath.lineTo(20, 0);
        airplanePath.lineTo(20, 10);
        airplanePath.lineTo(0, 10);
        airplanePath.close();
        //初始化障碍物的矩形
        obstacleRect = new RectF(100, 100, 150, 150);
    }
    public boolean isCollision(float airplaneX, float airplaneY) {
        //创建一个平移后的飞机路径
        PathtranslatedAirplanePath = new Path(airplanePath);
        translatedAirplanePath.offset(airplaneX, airplaneY);

        //判断飞机路径与障碍物矩形是否相交
        return Path.intersect(translatedAirplanePath, obstacleRect, new Path());
    }
}
```

上述代码的实现流程如下所示。

1）导入必要的类库：在 Java 代码中，首先需要导入与绘图和碰撞检测相关的类库。

2）创建 CollisionDetection 类：创建一个 CollisionDetection 类，该类用于封装碰撞检测的功能。

3）初始化飞机和障碍物的几何形状：在类的构造函数中，初始化飞机和障碍物的几何形状，分别使用 Path 和 RectF 表示。

4）实现碰撞检测方法：在 CollisionDetection 类中，实现 isCollision 方法。该方法接受飞机的位置（坐标）作为参数，并返回一个布尔值，表示飞机是否与障碍物发生碰撞。

5）使用碰撞检测：在游戏循环或其他适当的地方，调用 isCollision 方法，传递飞机的当前位置，并检查返回值，以确定飞机是否与障碍物发生碰撞。

12.3.3　包围盒检测

包围盒检测是一种用于快速碰撞检测的方法，它涉及使用简单的几何形状（通常是矩形或立方体）来包围物体，以确定它们是否相交。这种方法虽然不如几何碰撞检测精确，但在实际应用中非常有用，特别是在需要高性能的情况下。

1. 包围盒检测的基本原理

包围盒是一个简单的几何形状，通常是矩形（2D）或立方体（3D）。因为用于包围物体，所以包围盒的边界通常比实际物体的边界要大。包围盒检测的思想是，在检测物体间碰撞时，首先检查它们的包围盒是否相交，如果包围盒不相交，则可以排除物体之间的碰撞。只有在包围盒相交的情况下，才进一步执行更复杂的几何碰撞检测。

2. 在 Android 游戏中的应用

- 加速碰撞检测：包围盒检测可以显著提高碰撞检测的性能。在复杂的游戏场景中，存在大量物体需要检测碰撞，而包围盒检测可以迅速排除不可能碰撞的物体，从而减少几何碰撞检测的计算量。
- 物体选择与交互：包围盒检测常用于选择物体和触摸交互。在 3D 游戏中，可以使用立方体包围盒来确定玩家是否点击了特定物体。在 2D 游戏中，矩形包围盒可以用于检测鼠标或触摸事件是否与物体相交。
- 物体运动的边界检测：在物理仿真或角色控制中，包围盒可以检测物体是否与墙壁、地面或其他物体碰撞。这可以用于处理碰撞后的反弹、停止或其他行为。
- 触发器检测：包围盒可以创建触发器区域，当物体进入或离开这些区域时，触发特定的事件，如触发关卡切换、触发音效等。
- 碰撞检测的预处理：在物体之间的精确几何碰撞检测之前，可以使用包围盒检测来筛选候选物体，从而降低后续检测的计算复杂度。

下面是一个简单的包围盒检测示例，演示了在 Android 游戏中使用包围盒检测来检测飞机是否与障碍物的矩形包围盒相交的过程。

实例 12-2：使用包围盒检测飞机是否与障碍物的矩形包围盒相交（Java/Kotlin 双语实现）

实例文件 CollisionDetection.java 的具体实现代码如下所示。

```
import android.graphics.RectF;
public class CollisionDetection {
    //飞机的包围盒
    private RectF airplaneBoundingBox;
    //障碍物的包围盒
```

```
    private RectF obstacleBoundingBox;
    public CollisionDetection() {
        //初始化飞机和障碍物的包围盒
        airplaneBoundingBox = new RectF();
        obstacleBoundingBox = new RectF();
    }
    public boolean isCollision() {
        //判断飞机包围盒与障碍物包围盒是否相交
        return airplaneBoundingBox.intersect(obstacleBoundingBox);
    }
}
```

上述代码的实现流程如下所示：

1）导入必要的类库，包括 android.graphics.RectF，用于创建包围盒。

2）创建 CollisionDetection 类，该类用于封装碰撞检测的功能。

3）在构造函数中初始化飞机和障碍物的包围盒，即 RectF 对象。

4）实现 isCollision 方法，该方法用于检测飞机包围盒与障碍物包围盒是否相交，返回一个布尔值表示是否发生碰撞。

5）在游戏循环或适当的位置，调用 isCollision 方法，检测飞机与障碍物的碰撞。

包围盒检测通常用于加速复杂游戏中的碰撞检测过程。这个示例演示了使用包围盒检测来快速判断飞机和障碍物是否发生碰撞的过程，请注意，这只是一个简单的示例，在实际应用中可能需要涉及更复杂的碰撞检测和多个物体的检测。

12.3.4 触发器检测

触发器检测是一种用于检测物体是否进入或离开特定区域（触发器）的技术。与常规碰撞检测不同，触发器检测不会导致物体之间的物理碰撞，而是用于触发特定事件或行为。以下是触发器检测的介绍，以及在 Android 游戏开发中的应用。

1. 触发器检测的基本原理

- 触发器是一种特殊的区域，通常由几何形状（如矩形或多边形）定义。这个区域可以位于游戏世界的任何位置。
- 触发器检测的目的是确定物体是否进入触发器区域或离开触发器区域，而不涉及物体之间的物理碰撞。
- 当物体进入触发器区域时，触发器会触发特定的事件，例如改变游戏状态、播放声音、切换关卡等。
- 触发器通常用于处理玩家与物体互动、触发任务目标、启动特效等。

2. 在 Android 游戏中的应用

- 触发游戏事件：触发器可以用于触发游戏中的特定事件，如玩家进入特定区域后触发任务目标的完成、打开隐藏的通道或触发剧情事件。
- 交互元素：触发器可以用于实现与游戏世界中的互动元素的交互，例如玩家与 NPC 对话、开启宝箱或采集物品。

- 区域效果：在 Android 游戏中，触发器可以用于实现区域效果，例如玩家进入毒气区域时减少生命值、进入加速区域时提高速度等。
- 传送门：触发器可用于创建传送门，当玩家进入传送门区域时，将其传送到另一个地点。
- 教程和提示：在游戏初期，触发器可用于提供教程和提示，以引导玩家完成特定任务或了解游戏机制。
- 任务和目标：触发器可用于检测玩家是否已达到任务目标的特定区域，例如收集所有宝藏或保护特定角色。
- 声音和音效：触发器可以触发声音效果，例如进入特定区域时播放背景音乐或触发声音效果，以提高游戏氛围。

下面是一个在 Android 游戏中使用触发器检测的例子，其中玩家需要触发一个按钮触发器以启动游戏中的特效。

实例 12-3：使用触发器检测助玩家能够触发特效或事件（Java/Kotlin 双语实现）

实例文件 TriggerDetection.java 的具体实现代码如下所示。

```
import android.graphics.RectF;
public class TriggerDetection {
    //触发器的包围盒
    private RectF triggerBoundingBox;
    //按钮触发状态
    private boolean buttonTriggered;
    public TriggerDetection() {
        //初始化触发器的包围盒和按钮触发状态
        triggerBoundingBox = new RectF(100, 100, 200, 200); // 触发器的位置和大小
        buttonTriggered = false; // 按钮触发状态初始化为未触发
    }
    public void playerInteract(float playerX, float playerY) {
        //玩家与触发器的碰撞检测
        RectF playerBoundingBox = new RectF(playerX, playerY, playerX + 50, playerY + 50);
// 假设玩家包围盒大小为 50×50
        boolean playerInTrigger = playerBoundingBox.intersect(triggerBoundingBox);
        //如果玩家进入触发器区域并按钮未触发,则触发按钮
        if (playerInTrigger && !buttonTriggered) {
            buttonTriggered = true;
            activateSpecialEffect();
        }
    }
    private void activateSpecialEffect() {
        //在这里实现触发的特效或事件,例如播放粒子效果、改变背景音乐等
        System.out.println("特效已触发!");
    }
}
```

上述代码的实现流程如下所示：

1）导入必要的类库，包括 android.graphics.RectF，用于创建包围盒。

2）创建 TriggerDetection 类，该类用于封装触发器检测的功能。

3）在构造函数中初始化触发器的包围盒和按钮触发状态。

4）实现 playerInteract 方法，该方法用于检测玩家是否进入触发器区域，并触发特效。

5）在 activateSpecialEffect 方法中实现触发的特效或事件。

这个示例演示了如何在 Android 游戏中使用触发器检测，使玩家能够触发特效或事件的用法。触发器检测通常用于增加游戏的交互性和趣味性，玩家可以通过与触发器互动来控制游戏中的各种事件。

12.4 碰撞检测算法

碰撞检测算法是计算机图形学和游戏开发中的关键技术，用于确定两个或多个物体是否相交或碰撞。这些算法可以分为多种类型，具体的选择取决于应用的需求和性能要求。

12.4.1 包围盒检测（Bounding Box Detection）算法

包围盒检测是一种常见的碰撞检测方法，用于确定物体是否相交或碰撞。它基于简单的几何形状包围物体，以便快速检测碰撞。以下是包围盒检测算法的三种常见形式。

1. AABB（Axis-Aligned Bounding Box）

- AABB 是一种轴对齐的矩形包围盒，其边与坐标轴平行。
- 特点：AABB 非常简单且高效，适用于大多数应用场景。
- 使用场景：AABB 适合快速筛选出不可能发生碰撞的物体，从而减少后续碰撞检测的计算量。常见于 2D 和 3D 游戏中。

2. OBB（Oriented Bounding Box）

- OBB 是一种旋转的矩形包围盒，可以包围旋转的物体。
- 特点：OBB 更灵活，可以适应旋转的物体，但稍复杂于 AABB。
- 使用场景：OBB 常用于包围旋转的物体，如飞行器、车辆或角色。在碰撞检测中，通常需要将物体的碰撞盒从局部坐标系变换到世界坐标系。

3. 球体包围盒

- 球体包围盒是一个包围物体的球体。
- 特点：球体包围盒可用于更接近物体的包围，但对于某些物体可能过于松散。
- 使用场景：球体包围盒常用于物体的快速碰撞检测，特别是在需要近似碰撞形状的情况下。

实现上述三种包围盒检测算法的基本步骤如下。

1）创建包围盒：为物体创建相应的包围盒，可以是 AABB、OBB 或球体。

2）更新包围盒：根据物体的位置、旋转和缩放等参数，更新包围盒的位置和大小。

3）碰撞检测：在碰撞检测过程中，将物体的包围盒进行相交测试，以快速排除不可能碰撞的物体。

4）精确碰撞检测：如果包围盒测试通过，可以进一步进行精确的碰撞检测，根据物体的几何形状检查碰撞是否真的发生。

上述包围盒检测算法可以用于许多应用，包括游戏开发、物理模拟、虚拟现实和计算机辅助设计等。选择适当的算法取决于具体应用的需求和性能要求。请看下面的例子，在 Android 游戏中使用 AABB、OBB 和球体包围盒检测算法来检测飞机是否与障碍物碰撞。

实例 12-4：使用不同类型的包围盒检测算法检测碰撞（Java/Kotlin 双语实现）

实例文件 CollisionDetection.java 的具体实现代码如下所示。

```
import android.graphics.RectF;
public class CollisionDetection {
    //飞机的包围盒
    private RectF airplaneAABB; // AABB
    private RectF airplaneOBB; // OBB
    private RectF airplaneSphere; // 球体包围盒
    //障碍物的包围盒
    private RectF obstacleAABB; // AABB
    private RectF obstacleOBB; // OBB
    private RectF obstacleSphere; // 球体包围盒
    public CollisionDetection() {
        //初始化飞机和障碍物的包围盒
        airplaneAABB = new RectF();
        airplaneOBB = new RectF();
        airplaneSphere = new RectF();
        obstacleAABB = new RectF();
        obstacleOBB = new RectF();
        obstacleSphere = new RectF();
    }
    public boolean isCollisionAABB() {
        //使用 AABB 包围盒检测飞机与障碍物的碰撞
        return airplaneAABB.intersect(obstacleAABB);
    }
    public boolean isCollisionOBB() {
        //使用 OBB 包围盒检测飞机与障碍物的碰撞
        return airplaneOBB.intersect(obstacleOBB);
    }
    public boolean isCollisionSphere() {
        //使用球体包围盒检测飞机与障碍物的碰撞
        return airplaneSphere.intersect(obstacleSphere);
    }
}
```

上述代码的实现流程如下所示：

1）创建 CollisionDetection 类，该类用于封装碰撞检测的功能。

2）在构造函数中初始化飞机和障碍物的 AABB、OBB 和球体包围盒。

3）实现 isCollisionAABB、isCollisionOBB 和 isCollisionSphere 方法，分别用于检测飞机与障碍物的 AABB、OBB 和球体包围盒是否相交。

4）在游戏循环或适当的位置，调用相应的碰撞检测方法，以确定飞机是否与障碍物发生碰撞。

这个示例演示了如何在 Android 游戏中使用不同类型的包围盒检测算法（AABB、OBB 和球体包围盒）来检测碰撞的过程，这些包围盒检测方法可根据游戏中的具体需求和物体形状来选择，以提供更精确的碰撞检测。

12.4.2 分离轴定理检测算法

分离轴定理（Separating Axis Theorem，SAT）是一种用于碰撞检测的高效算法，通常用于检测凸多边形（如矩形、三角形等）之间的碰撞。SAT 算法的核心思想是，如果两个凸多边形不相交，那么它们在某个轴上一定是分离的。

SAT 算法可以用于 2D 和 3D 碰撞检测。其基本原理如下。

- 对于每个凸多边形，需要找到一组轴，这些轴垂直于多边形的边。
- 对于每个轴，将两个多边形的顶点沿该轴方向进行投影，得到一组一维的投影线段。
- 如果在任何轴上两个投影区间不相交，那么多边形也不相交。否则它们可能相交。

SAT 算法的应用场景包括但不限于以下几点。

- 碰撞检测：SAT 算法可用于检测游戏中物体之间的碰撞，例如角色与墙壁、子弹与敌人之间的碰撞。
- 物理仿真：在物理引擎中，SAT 算法可用于检测物体之间的碰撞，以进行物体的反弹、碎裂等物理效应。
- 角色控制：在游戏中，SAT 算法可用于检测角色与环境的碰撞，从而控制角色的移动、跳跃等。
- 拾取和交互：SAT 算法可用于检测玩家点击的物体，以执行拾取和交互操作。
- 虚拟现实：在虚拟现实应用中，SAT 算法可用于检测手柄或虚拟物体与虚拟环境之间的碰撞。

在 Android 游戏开发中，SAT 算法通常会与包围盒检测等碰撞检测技术结合使用，以提高性能和精确度。在实际应用中，可以通过遍历多边形的边和轴来实现 SAT 算法，计算投影并检查是否相交。SAT 算法在复杂多边形之间的碰撞检测中非常强大，但要考虑到算法的复杂性和计算开销。请看下面的例子，功能是在 Android 游戏中使用 SAT 算法实现角色与墙壁之间的碰撞检测。在这个示例中，我们将创建一个简单的角色和墙壁，然后使用 SAT 算法来检测它们之间的碰撞。

实例 12-5：使用 SAT 算法实现角色与墙壁之间的碰撞检测（Java/Kotlin 双语实现）

实例文件 CollisionDetection.java 的具体实现代码如下所示。

```
import android.graphics.RectF;
public class CollisionDetection {
    //角色的多边形表示
```

```
    private float[] characterVertices = {
        10, 10,        //顶点 1
        30, 10,        //顶点 2
        30, 30,        //顶点 3
        10, 30         //顶点 4
    };
    //墙壁的多边形表示
    private float[] wallVertices = {
        50, 50,        //顶点 1
        100, 50,       //顶点 2
        100, 100,      //顶点 3
        50, 100        //顶点 4
    };
    public boolean isCollision() {
        //实现 SAT 算法来检测角色与墙壁之间的碰撞
        //这里需要实现 SAT 算法的核心部分,包括找到分离轴、投影、判断是否相交等步骤
        //假设碰撞检测结果为 isColliding
        boolean isColliding = false;
        return isColliding;
    }
}
```

上述代码的实现流程如下所示：

1）创建 CollisionDetection 类，该类用于封装 SAT 算法的碰撞检测功能。

2）定义角色和墙壁的多边形表示，分别使用顶点坐标来表示多边形的形状。

3）在 isCollision 方法中，实现 SAT 算法的核心部分，包括找到分离轴、进行投影、判断是否相交等步骤。这里是算法的关键部分，根据实际需求进行具体实现。

4）返回最终的碰撞检测结果，表示角色是否与墙壁相交。

这个示例演示了在 Android 游戏中使用 SAT 算法来检测角色与墙壁之间碰撞的过程。SAT 算法的核心在于寻找多边形之间的分离轴，通过投影检查是否相交，从而实现高效的碰撞检测。在实际应用中，还需要考虑多边形的旋转和碰撞响应等方面。

12.4.3　凸多边形检测算法

凸多边形检测（Convex Polygon Detection）是一种碰撞检测算法，通常用于检测两个凸多边形之间的碰撞。凸多边形是一种多边形，其内部的所有角都小于 180°，也就是说，多边形的边不会凹陷。凸多边形检测算法基于以下两个原则：

- 如果两个凸多边形不相交，它们之间不存在一条直线可以分隔它们。
- 如果两个凸多边形相交，它们之间存在一条直线可以分隔它们。

在 Android 游戏开发中，凸多边形检测算法通常用于游戏对象之间的碰撞检测。通过检测游戏对象的凸多边形表示是否相交，游戏可以判断对象是否碰撞，从而触发相应的游戏逻辑，例如角色的伤害、死亡或得分。

凸多边形检测算法通常涉及多边形的边和顶点的处理，以确定它们之间的相对位置。这包

括寻找分离轴、计算投影以及检查是否相交。在实际应用中，开发人员通常使用库或游戏引擎提供的碰撞检测工具，以简化这一过程。例如 Android 游戏开发中的 Unity 游戏引擎提供了内置的凸多边形碰撞检测工具，使碰撞检测更容易实现。请看下面的例子，功能是在飞行射击游戏中使用凸多边形检测算法检测子弹与敌人飞机的碰撞。这个示例将展示检测子弹的凸多边形与敌人飞机的凸多边形是否相交，以判断是否命中了敌人。

实例 12-6：使用凸多边形检测算法检测子弹与敌人飞机的碰撞（Java/Kotlin 双语实现）

实例文件 CollisionDetection.java 的具体实现代码如下所示。

```
import android.graphics.PointF;
public class CollisionDetection {
    //子弹的多边形表示
    private PointF[] bulletVertices = {
        new PointF(0, -5),      // 顶点 1
        new PointF(0, 5),       // 顶点 2
        new PointF(10, 5),      // 顶点 3
        new PointF(10, -5)      // 顶点 4
    };
    //敌人飞机的多边形表示
    private PointF[] enemyVertices = {
        new PointF(0, -20),       // 顶点 1
        new PointF(0, 20),        // 顶点 2
        new PointF(40, 20),       // 顶点 3
        new PointF(40, -20)       // 顶点 4
    };
    public boolean isCollision(PointF bulletPosition, PointF enemyPosition) {
        //使用凸多边形碰撞检测算法来检测子弹与敌人飞机之间的碰撞
        //这里需要实现凸多边形碰撞检测的核心部分,包括找到分离轴、进行投影、判断是否相交等步骤

        //假设碰撞检测结果为 isColliding
        boolean isColliding = false;
        return isColliding;
    }
}
```

上述代码的实现流程如下所示：

1）创建 CollisionDetection 类，该类用于封装凸多边形碰撞检测的功能。

2）定义子弹和敌人飞机的多边形表示，分别使用顶点坐标来表示多边形的形状。

3）在 isCollision 方法中，实现凸多边形碰撞检测的核心部分，包括找到分离轴、进行投影、判断是否相交等步骤。这里是算法的关键部分，根据实际需求进行具体实现。

4）返回最终的碰撞检测结果，表示子弹是否命中了敌人飞机。

这个示例演示了在 Android 游戏中使用凸多边形碰撞检测算法来检测子弹与敌人飞机之间的碰撞过程。在实际应用中，还需要考虑多边形的旋转和碰撞响应等方面，以实现更复杂的碰撞检测。

12.4.4　曲线碰撞检测算法

曲线碰撞检测（Curve Intersection Detection）是一种用于检测两个曲线是否相交或碰撞的算法。曲线可以是任何具有形状的连续路径，通常是二维空间中的曲线或路径。在 Android 游戏开发中，曲线碰撞检测通常需要处理具有形状和路径的游戏对象。这包括检测角色的路径是否与地形相交，检测投射物的轨迹是否与敌人相交，以及检测粒子效果的路径是否与其他对象相交。

实现曲线碰撞检测算法的基本步骤如下。

1）定义曲线路径：首先，需要为每个曲线定义其路径，通常使用数学方程或一组点表示曲线的路径。

2）参数化曲线：将曲线进行参数化，以便在不同的时间步长上检测碰撞。这涉及确定曲线上的点坐标，通常在离散的时间步长上进行。

3）碰撞检测：在每个时间步长上，检查曲线是否与其他对象（如地形、敌人、墙壁等）相交。这可以使用数学公式和几何技巧进行计算。

4）碰撞响应：如果发生碰撞，需要根据碰撞的情况采取适当的行动，例如停止移动、减速、触发特效或伤害敌人。

曲线碰撞检测通常需要更复杂的数学和几何运算，因此在实际应用中，游戏引擎和物理引擎通常提供了相应的工具和 API 来简化曲线碰撞检测的实现。这些工具使游戏开发人员能够轻松地处理曲线碰撞检测，以创造更有趣的游戏体验。

在 Android 游戏中，使用曲线碰撞检测算法的一个实用示例是飞行射击游戏中的导弹追踪目标路径的碰撞检测。请看下面的例子，使用曲线碰撞检测来确定导弹的路径是否与目标路径相交，从而击中目标。

实例 12-7：使用曲线碰撞检测来确定导弹是否击中目标（Java/Kotlin 双语实现）

实例文件 **CollisionDetection.java** 的具体实现代码如下所示。

```java
import android.graphics.PointF;
public class CollisionDetection {
    //导弹的路径,由一组点表示
    private PointF[] missilePath;

    //目标的路径,由一组点表示
    private PointF[] targetPath;
    public CollisionDetection(PointF[] missilePath, PointF[] targetPath) {
        this.missilePath = missilePath;
        this.targetPath = targetPath;
    }
    public boolean isCollision() {
        //实现曲线碰撞检测算法来检测导弹路径是否与目标路径相交
        for (int i = 0; i < missilePath.length - 1; i++) {
            for (int j = 0; j < targetPath.length - 1; j++) {
```

```
            boolean intersect = doLineSegmentsIntersect(
                missilePath[i], missilePath[i + 1],
                targetPath[j], targetPath[j + 1]
            );
            if (intersect) {
                return true;
            }
        }
    }
    return false;
}
private boolean doLineSegmentsIntersect(PointF p1, PointF p2, PointF q1, PointF q2) {
    //计算线段 p1p2 和 q1q2 的向量表示
    float pX = p2.x - p1.x;
    float pY = p2.y - p1.y;
    float qX = q2.x - q1.x;
    float qY = q2.y - q1.y;
    //计算一个向量从 p1 到 q1 的叉积
    float pq1Cross = (qX * (q1.y - p1.y)) - (q1.x - p1.x) * qY;
    //计算一个向量从 p1 到 q2 的叉积
    float pq2Cross = (qX * (q2.y - p1.y)) - (q2.x - p1.x) * qY;
    //计算一个向量从 q1 到 p1 的叉积
    float qp1Cross = (pX * (p1.y - q1.y)) - (p1.x - q1.x) * pY;
    //计算一个向量从 q1 到 p2 的叉积
    float qp2Cross = (pX * (p2.y - q1.y)) - (p2.x - q1.x) * pY;
    //检查是否相交
    return (pq1Cross * pq2Cross <= 0) && (qp1Cross * qp2Cross <= 0);
}
public static void main(String[] args) {
    PointF[] missilePath = {new PointF(0, 0), new PointF(5, 5)};
    PointF[] targetPath = {new PointF(2, 0), new PointF(2, 5)};

    CollisionDetection collisionDetection = new CollisionDetection(missilePath, targetPath);
    boolean isColliding = collisionDetection.isCollision();
    System.out.println("Collision detected: " + isColliding);
}
}
```

上述代码的实现流程如下所示。

1）导入类库：首先，导入所需的类库和依赖。

2）创建 CollisionDetection 类：创建名为 CollisionDetection 的类，用于封装碰撞检测的功能。

3）初始化路径：在类的构造函数中，接受导弹和目标的路径作为参数，并将它们存储在对象的私有成员变量中。

4）创建 isCollision 方法：这是用于执行碰撞检测的主要方法。在方法中，使用嵌套循环迭代导弹路径中的线段和目标路径中的线段，以检测它们是否相交。如果找到相交的线段，返回 true，表示发生了碰撞。如果没有找到相交，返回 false，表示没有碰撞。

5）创建 doLineSegmentsIntersect 方法：这是一个私有方法，用于检测两个线段是否相交。方法接受 4 个点，分别表示两个线段的起点和终点。在方法中，计算两个线段的向量表示，然后计算叉积来确定它们是否相交。如果相交，返回 true，否则返回 false。

6）main 方法：在 main 方法中创建 CollisionDetection 对象，初始化导弹路径和目标路径，然后调用 isCollision 方法来检测碰撞。最后，输出检测结果。

这个示例演示了如何实现曲线碰撞检测的基本流程。实际的碰撞检测算法可能会更复杂，特别是在处理曲线的参数化和曲线之间的相对运动时。根据项目需求，大家可以在本实例的基础上进一步扩展和优化算法。

12.4.5　静态和动态碰撞检测算法

静态和动态碰撞检测算法是用于检测物体之间是否碰撞的两种不同方法。它们在 Android 游戏开发中有各自的应用场景和用途。

1. 静态碰撞检测算法

- 介绍：静态碰撞检测算法用于检测静止物体之间的碰撞。它们适用于那些在游戏中不移动的物体，如墙壁、地板、建筑物等。静态碰撞检测通常在游戏场景初始化时进行，以构建碰撞检测的数据结构，如碰撞网格、空间分区或包围盒层次结构。
- 应用：静态碰撞检测算法广泛应用于游戏中的场景和地形碰撞检测，以提高性能。例如在 2D 平台游戏中，静态碰撞检测可用于检测玩家角色与墙壁之间的碰撞，使玩家无法穿越墙壁。在 3D 游戏中，静态碰撞检测可用于检测角色与地形之间的碰撞，确保角色不会掉入地下或穿越山脉。

2. 动态碰撞检测算法

- 介绍：动态碰撞检测算法用于检测移动的物体之间的碰撞。这些算法通常在游戏运行时执行，以检测角色、敌人、子弹等动态物体之间的碰撞。动态碰撞检测算法需要在物体的每一帧或时间步长内执行，以更新物体的位置并检测碰撞。
- 应用：动态碰撞检测算法在游戏中的各种情况下都有应用。例如，在平台游戏中，动态碰撞检测用于检测玩家角色是否与移动平台相交。在射击游戏中，它用于检测子弹是否击中目标或敌人是否接触角色。在赛车游戏中，它用于检测车辆之间的碰撞和障碍物碰撞。

在 Android 游戏应用中，静态和动态碰撞检测算法通常由游戏引擎提供或自定义开发，以实现不同类型游戏的碰撞检测需求。这些算法可以使用各种数据结构和技术来提高性能，如包围盒、AABB 树、OBB 树、四叉树等。根据游戏的性质和要求，开发人员可以选择合适的碰撞检测算法，以确保游戏的物理交互和逻辑正确性。

在 Android 游戏中使用静态和动态碰撞检测算法的典型例子是一个 2D 平台游戏，其中玩家角色（动态物体）必须穿越关卡中的平台并避免与敌人（静态物体）碰撞。请看下面的例子，功能是实现了一个简单的 2D 平台游戏，其中玩家角色通过静态和动态碰撞检测来避免与敌人碰撞。

实例 12-8：玩家通过静态和动态碰撞检测来避免与敌人碰撞（Java/Kotlin 双语实现）

实例文件 PlatformGame.java 的具体实现代码如下所示。

```
import java.awt.Rectangle;
public class PlatformGame {
    //定义玩家角色
    private Rectangle player;
    //定义敌人
    private Rectangle enemy;
    public PlatformGame() {
        //初始化玩家和敌人的位置与大小
        player = new Rectangle(50, 200, 20, 20);
        enemy = new Rectangle(150, 200, 30, 10);
    }
    //静态碰撞检测
    private boolean staticCollision() {
        return player.intersects(enemy);
    }
    //动态碰撞检测
    private boolean dynamicCollision() {
        //在每一帧更新玩家的位置
        player.x += 1; // 玩家每帧向右移动 1 像素
        return player.intersects(enemy);
    }
    public static void main(String[] args) {
        PlatformGame game = new PlatformGame();
        //静态碰撞检测示例
        boolean isStaticCollision = game.staticCollision();
        System.out.println("Static Collision Detected: " + isStaticCollision);
        //动态碰撞检测示例
        boolean isDynamicCollision = game.dynamicCollision();
        System.out.println("Dynamic Collision Detected: " + isDynamicCollision);
    }
}
```

上述代码模拟了一个简单的 2D 平台游戏，其中玩家角色通过静态和动态碰撞检测来避免与敌人碰撞。静态碰撞检测用于检测初始状态下的碰撞，而动态碰撞检测用于检测在每一帧中玩家移动后是否发生碰撞。具体实现流程如下：

1）创建 PlatformGame 类，初始化玩家和敌人的位置与大小。

2）实现 staticCollision 方法，用于执行静态碰撞检测。它使用 intersects 方法来检查两矩形是否相交。

3）实现 dynamicCollision 方法，用于执行动态碰撞检测。在每一帧中，更新玩家的位置，然后使用 intersects 方法检查是否发生碰撞。

4）在 main 方法中，创建游戏对象，分别调用静态和动态碰撞检测方法，并输出检测结果。

12.4.6 事件驱动碰撞检测算法

事件驱动碰撞检测算法是一种在物体之间发生碰撞时，触发特定事件或回调的碰撞检测方法。这种方法与传统的轮询碰撞检测不同，它不需要在每一帧中主动检测碰撞，而是在碰撞事件发生时，触发相应的处理代码。

1. 算法介绍

1）事件驱动碰撞检测：事件驱动碰撞检测的核心思想是，当两个物体之间的碰撞发生时，系统会触发一个事件或回调函数，以执行特定的处理代码。这种方法不需要在每一帧中遍历物体来检测碰撞，从而减少了计算开销。

2）碰撞事件：碰撞事件通常包括以下内容。

- 碰撞开始事件：当两物体刚刚碰撞时触发，用于执行初始化或特定动作。
- 碰撞结束事件：当两物体分离时触发，用于执行清理或其他操作。
- 碰撞持续事件：在两物体相互接触期间持续触发，用于处理物体之间的交互。

2. 在 Android 游戏中的应用

事件驱动碰撞检测算法在 Android 游戏中有多种应用，具体说明如下。

- 角色与物体碰撞：在平台游戏中，当玩家角色与地面或障碍物发生碰撞时，可以触发碰撞事件来处理跳跃、停止等操作。
- 子弹与敌人碰撞：在射击游戏中，当子弹与敌人相撞时，可以触发碰撞事件来处理伤害、死亡等逻辑。
- 物体之间的交互：在物理模拟游戏中，当两物体发生碰撞时，可以触发碰撞事件来模拟物体之间的物理反应，如弹跳、滑动等。
- 触发器检测：事件驱动碰撞检测也用于实现触发器检测，当玩家进入特定区域时触发事件，如切换场景、触发任务等。

在 Android 游戏中，使用事件驱动碰撞检测算法的典型例子是一个简单的射击游戏，其中玩家可以射击飞行的敌人，当子弹与敌人碰撞时触发事件。

实例 12-9：一个简单的射击游戏（Java/Kotlin 双语实现）

实例文件 ShootingGame.java 的具体实现代码如下所示。

```
import java.util.ArrayList;
import java.util.List;
class Player {
    private int x;
    private int y;
    public Player(int x, int y) {
        this.x = x;
        this.y = y;
    }
    //玩家的移动逻辑
```

```
    public void move(int dx, int dy) {
        x += dx;
        y +=dy;
    }
    public int getX() {
        return x;
    }

    public int getY() {
        return y;
    }
}
class Enemy {
    private int x;
    private int y;
    public Enemy(int x, int y) {
        this.x = x;
        this.y = y;
    }
    public int getX() {
        return x;
    }

    public int getY() {
        return y;
    }
}
class Bullet {
    private List<CollisionListener> collisionListeners = new ArrayList<>();
    private int x;
    private int y;
    public Bullet(int x, int y) {
        this.x = x;
        this.y = y;
    }
    public void addCollisionListener(CollisionListener listener) {
        collisionListeners.add(listener);
    }
    //检查与敌人的碰撞
    private boolean checkCollision(Enemy enemy) {
        return Math.abs(x - enemy.getX()) < 10 && Math.abs(y - enemy.getY()) < 10;
    }
    //触发碰撞事件
    public void checkCollisions(List<Enemy> enemies) {
        for (Enemy enemy : enemies) {
            if (checkCollision(enemy)) {
                for (CollisionListener listener : collisionListeners) {
                    listener.onCollision(enemy);
                }
```

```
            }
        }
    }
}
interface CollisionListener {
    void onCollision(Enemy enemy);
}
public class ShootingGame {
    public static void main(String[] args) {
        Playerplayer = new Player(100, 100);
        List<Enemy> enemies = newArrayList<>();
        for (int i = 0; i < 5; i++) {
            enemies.add(new Enemy(200 + i * 50, 100));
        }
        Bulletbullet = new Bullet(120, 100);
        bullet.addCollisionListener(enemy -> {
            //处理碰撞事件
            System.out.println("Player hit an enemy at (" + enemy.getX() + ", " + enemy.getY
() + ")");
            //处理伤害等逻辑
        });
        //模拟游戏循环
        for (int frame = 0; frame < 5; frame++) {
            bullet.checkCollisions(enemies);
            player.move(10, 0);
        }
    }
}
```

上述代码的实现流程如下所示：

1）创建了一个 Player 类来表示玩家，一个 Enemy 类来表示敌人。

2）创建 Bullet 类，其中包括检查碰撞和触发碰撞事件的方法。

3）定义了一个 CollisionListener 接口，用于处理碰撞事件的回调。

4）在 ShootingGame 主程序中，初始化玩家、敌人和子弹对象，并为子弹添加碰撞事件监听器。

5）在游戏循环中，模拟子弹的移动、碰撞检测和碰撞事件的处理。

这个示例展示了使用事件驱动碰撞检测算法来处理游戏中的碰撞事件的过程。当子弹与敌人碰撞时，触发了碰撞事件，其中包含了特定的处理逻辑。这种方法可以在更复杂的游戏中扩展和应用，以实现更多的交互和游戏逻辑。

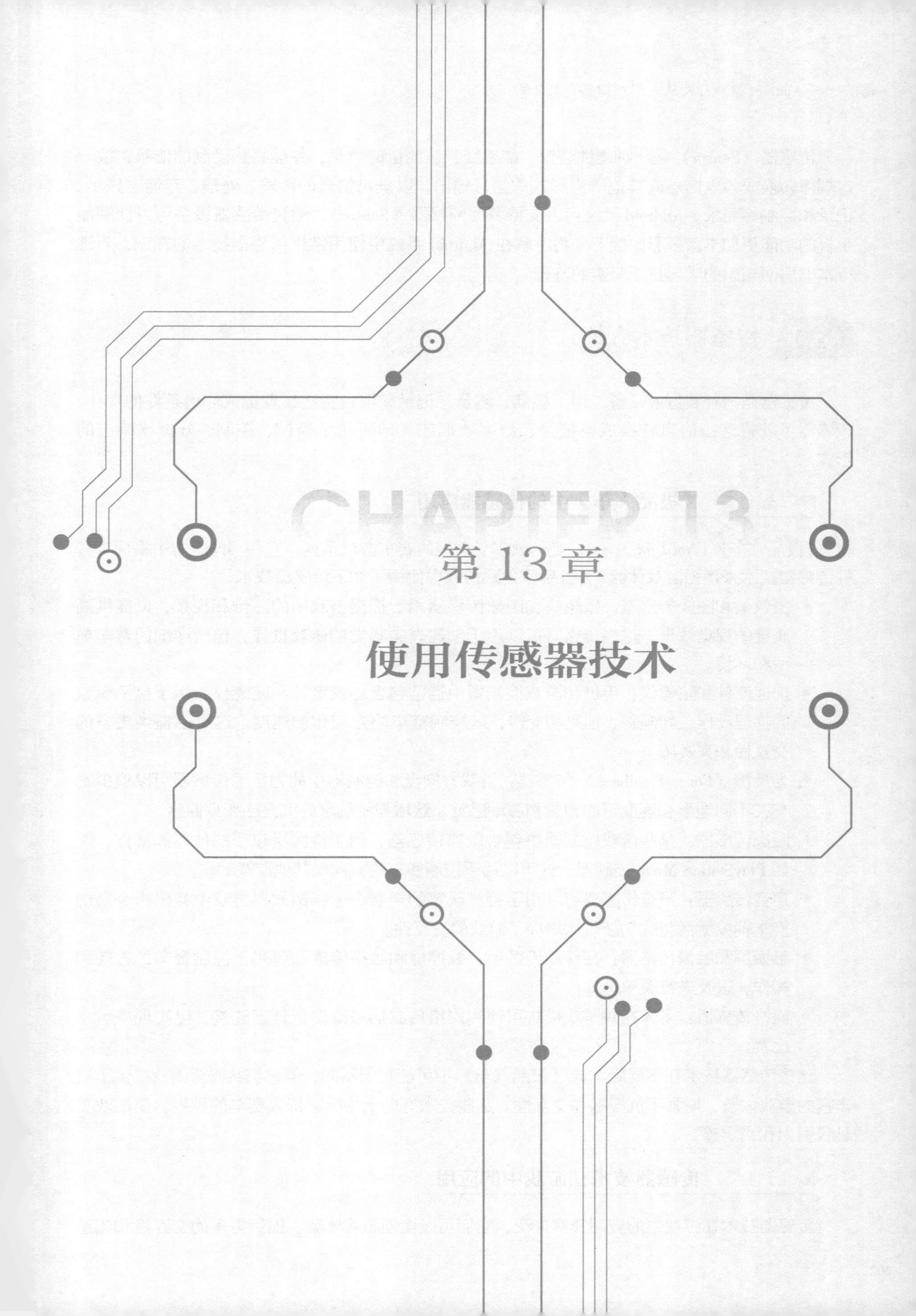

CHAPTER 13

第13章 使用传感器技术

传感器（Sensor）是一种硬件装置，能感受到被测量的信息，并能将感受到的信息，按一定规律转换成为电信号或其他所需形式的信息输出，以满足信息的传输、处理、存储、显示、记录和控制等要求。Android 系统可以支持多种传感器（Sensor），通过传感器设备可以让智能手机的功能更加丰富多彩。接下来将讲解在 Android 系统中使用常用传感器技术的知识，为进行本书后面知识的学习打下坚实的基础。

13.1 传感器技术介绍

传感器是一种装置或设备，用于检测、测量、记录和报告特定物理量或环境条件的变化。传感器可以将这些信息转换成电信号、数字数据或其他可用于监控、控制、分析或响应的形式。

13.1.1 《极品飞车》中的传感器应用

《极品飞车》（*Need for Speed*）是一款广受欢迎的赛车游戏系列，它在不同版本中采用了各种传感器技术来增强游戏体验。《极品飞车》游戏中使用了如下传感器技术。

- 摄像头和图像传感器：摄像头和图像传感器用于捕捉游戏中的图像和视频，以提供高质量的视觉效果。这些传感器可以用于创建真实感觉的游戏世界，包括详细的赛车模型和环境。
- 加速度计和陀螺仪：手机和游戏控制器中通常包含加速度计和陀螺仪，用于检测玩家的物理动作，如倾斜、摇晃和旋转，以控制赛车的方向和加速度。这可以提供更多的交互性和真实感。
- 力反馈（Force Feedback）传感器：游戏方向盘和控制器中的力反馈传感器可以模拟赛车在不同地形和速度下的力量和震动感觉。这增强了玩家的沉浸感和掌握感。
- 距离传感器：某些游戏控制器中包含距离传感器，用于检测玩家手的位置和动作，例如 PlayStation Move 控制器。这可以用于控制赛车的方向或其他游戏动作。
- 声音传感器：声音传感器可以用于检测玩家的声音命令，例如在游戏中喊出指令来切换车辆或激活特殊功能。这增加了游戏的交互性。
- 触摸屏和触摸传感器：在移动设备上，触摸屏和触摸传感器可用于控制赛车的方向和操作，以及进行菜单选择。
- 网络传感器：多人在线游戏模式可使用网络传感器来确保低延迟连接，以实现多玩家比赛。

这些传感器技术在不同版本的《极品飞车》中可能有所不同，但它们共同为游戏提供了更丰富的游戏体验，增强了沉浸感和交互性。这些技术有助于将玩家带入赛车的世界，使游戏更具吸引力和真实感。

13.1.2 传感器技术在游戏中的应用

传感器技术在游戏中的应用非常广泛，它们可以增强游戏体验、提供更多的交互性和创造更具创新性的玩法。以下是传感器技术在游戏中的一些常见应用。

- 加速度计和陀螺仪：这些传感器用于检测设备的加速度和方向变化。它们经常用于控制游戏中的角色、车辆或飞行器的运动。例如在赛车游戏中，玩家可以倾斜设备来模拟方向盘的操作。
- 触摸屏：虽然本身不是传感器，但触摸屏是最常见的游戏输入方式之一。触摸屏用于控制角色移动、交互和选择，例如点击、滑动和缩放。
- 摄像头：摄像头和图像传感器用于捕捉玩家的动作、环境或物体，以在游戏中创建增强现实（AR）体验。AR 游戏可以将虚拟物体叠加在真实世界中，玩家可以与这些虚拟物体互动。
- 声音传感器：声音传感器用于检测声音指令或环境噪声。它们可以用于触发特殊效果、交流或控制游戏中的元素。例如喊出特定指令以操控游戏中的角色或武器。
- GPS 传感器：GPS 传感器可用于地理位置游戏，例如增强现实游戏，其中玩家可根据其实际位置在游戏中进行探索、互动和资源收集。
- 光传感器：光传感器用于自动调整游戏屏幕的亮度和对比度，以适应当前环境的光照条件。这可以提供更好的可视性。
- 磁力传感器：磁力传感器可以用于导航、定位和检测设备的方向。在游戏中，它们可以用于创建虚拟指南针、解锁方向感知游戏元素等。
- 心率和生物传感器：一些游戏可以使用心率传感器来监测玩家的生理状态，例如心率、呼吸等，并根据这些数据调整游戏难度或提供更丰富的生理反馈。
- 触觉反馈传感器：这些传感器可以模拟力度、震动和触觉，提供沉浸式的游戏体验。它们用于振动手柄、触摸屏震动反馈等。
- 温度传感器：温度传感器可以在某些游戏中模拟温度变化，例如在生存游戏中影响角色的健康和耐寒耐热能力。

上述传感器技术使游戏更加互动、真实和引人入胜，开发者可以利用这些传感器来创造各种类型的游戏，从增强现实游戏到虚拟现实游戏，以及更具创新性的游戏体验。

13.1.3 Android 传感器系统介绍

Android 系统可以支持多种传感器，如重力传感器在《极品飞车》《天天跑酷》等游戏中有着近乎完美的体现。手机的“摇一摇”功能通过加速度传感器实现对手机的加速度进行感应。再如通过使用距离传感器，可以实现接电话时手机离开耳朵屏幕变亮，手机贴近耳朵屏幕变暗的效果。大多数 Android 设备都有内置传感器，用来测量运动、屏幕方向和各种环境条件。这些传感器能够提供高度精确的原始数据，非常适合监测设备的三维移动或定位，或监测设备周围环境的变化。例如游戏可以跟踪设备重力传感器的读数，以推断出复杂的用户手势和动作，如倾斜、摇晃、旋转或挥动。同样，天气应用可以使用设备的温度传感器和湿度传感器来计算和报告露点温度，旅行应用则可以使用地磁场传感器和加速度计来报告罗盘方位。

在安装 Android SDK 后，依次打开安装目录中的如下帮助文件：

```
Android SDK/sdk/docs/reference/android/hardware/Sensor.html
```

在此文件中列出了 Android 传感器系统包含的所有传感器类型。另外，也可以直接在线登录 http://developer.android.com/reference/android/hardware/Sensor.html 来查看。主要传感器的具体说明如下所示。

1）TYPE_ACCELEROMETER：加速度传感器，单位是 m/s^2，测量应用于设备 X、Y、Z 轴上的加速度，又叫作 G-sensor。

2）TYPE_AMBIENT_TEMPERATURE：温度传感器，单位是℃，能够测量并返回当前的温度。

3）TYPE_GRAVITY：重力传感器，单位是 m/s^2，用于测量设备 X、Y、Z 轴上的重力，也叫作 GV-sensor，地球上的数值是 $9.8m/s^2$，也可以设置其他星球。

4）TYPE_GYROSCOPE：陀螺仪传感器，单位是 rad/s，能够测量设备 X、Y、Z 三轴的角加速度数据。

5）TYPE_LIGHT：光线感应传感器，单位 lx，能够检测周围的光线强度，在手机系统中主要用于调节 LCD 亮度。

6）TYPE_LINEAR_ACCELERATION：线性加速度传感器，单位是 m/s^2，能够获取加速度传感器去除重力的影响得到的数据。

7）TYPE_MAGNETIC_FIELD：磁场传感器，单位是 μT（微特斯拉），能够测量设备周围三个物理轴（X，Y，Z）的磁场。

8）TYPE_ORIENTATION：方向传感器，用于测量设备围绕三个物理轴（X，Y，Z）的旋转角度，在新版本中已经使用 SensorManager.getOrientation( )替代。

9）TYPE_PRESSURE：压力传感器，单位是 hPa（百帕斯卡），能够返回当前环境下的压强。

10）TYPE_PROXIMITY：压力传感器，单位是 cm，能够测量某个对象到屏幕的距离。可以在打电话时判断人耳到手机屏幕的距离，以关闭屏幕而达到省电功能。

11）TYPE_RELATIVE_HUMIDITY：湿度传感器，单位是%，能够测量周围环境的相对湿度。

12）TYPE_ROTATION_VECTOR：旋转矢量传感器，旋转矢量代表设备的方向，是一个将坐标轴和角度混合计算得到的数据。

13）TYPE_TEMPERATURE：温度传感器，在新版本中已经被 TYPE_AMBIENT_TEMPERATURE 替换。

14）TYPE_ALL：返回所有的传感器类型。

15）TYPE_GAME_ROTATION_VECTOR：除了不能使用地磁场之外，和 TYPE_ROTATION_VECTOR 的功能完全相同。

16）TYPE_GYROSCOPE_UNCALIBRATED：提供了能够让应用调整传感器的原始值，定义了一个描述未校准陀螺仪的传感器类型。

17）TYPE_MAGNETIC_FIELD_UNCALIBRATED：和 TYPE_GYROSCOPE_UNCALIBRATED

相似，也提供了能够让应用调整传感器的原始值，定义了一个描述未校准陀螺仪的传感器类型。

18）**TYPE_SIGNIFICANT_MOTION**：运动触发传感器，应用程序不需要为这种传感器触发任何唤醒锁。能够检测当前设备是否运动，并发送检测结果。

请看下面的实例，功能是检测当前 Android 设备支持的传感器类型。

实例 13-1：检测当前设备支持的传感器（双语 Java/Kotlin 实现）

1）编写布局文件 main.xml，在里面设置多个文本组件和文本框组件，用于在屏幕中显示多个传感器的值。

2）编写主程序文件 MainActivity.java，功能是在文本框中显示不同传感器的值，为 7 种类型的传感器注册了事件监听器。文件 MainActivity.java 主要实现代码如下所示。

```
public void onSensorChanged(SensorEvent event){
    float[] values = event.values;
    int sensorType = event.sensor.getType();            // 获取触发 event 的传感器类型
    StringBuilder sb = null;
    switch (sensorType) {                                // 判断是哪个传感器发生改变
        case Sensor.TYPE_GYROSCOPE:                      // 陀螺仪传感器
            sb = new StringBuilder();
            sb.append("绕 X 轴旋转的角速度:");
            sb.append(values[0]);
            sb.append("\n 绕 Y 轴旋转的角速度:");
            sb.append(values[1]);
            sb.append("\n 绕 Z 轴旋转的角速度:");
            sb.append(values[2]);
            etGyro.setText(sb.toString());
            break;
        case Sensor.TYPE_MAGNETIC_FIELD:                 // 磁场传感器
            sb = new StringBuilder();
            sb.append("X 轴方向上的磁场强度:");
            sb.append(values[0]);
            sb.append("\nY 轴方向上的磁场强度:");
            sb.append(values[1]);
            sb.append("\nZ 轴方向上的磁场强度:");
            sb.append(values[2]);
            etMagnetic.setText(sb.toString());
            break;
        case Sensor.TYPE_GRAVITY:                        // 重力传感器
            sb = new StringBuilder();
            sb.append("X 轴方向上的重力:");
            sb.append(values[0]);
            sb.append("\nY 轴方向上的重力:");
            sb.append(values[1]);
            sb.append("\nZ 方向上的重力:");
            sb.append(values[2]);
            etGravity.setText(sb.toString());
            break;
```

```
            case Sensor.TYPE_LINEAR_ACCELERATION:            // 线性加速度传感器
                sb = new StringBuilder();
                sb.append("X 轴方向上的线性加速度:");
                sb.append(values[0]);
                sb.append("\nY 轴方向上的线性加速度:");
                sb.append(values[1]);
                sb.append("\nZ 轴方向上的线性加速度:");
                sb.append(values[2]);
                etLinearAcc.setText(sb.toString());
                break;
            case Sensor.TYPE_AMBIENT_TEMPERATURE:            // 温度传感器
                sb = new StringBuilder();
                sb.append("当前温度为:");
                sb.append(values[0]);
                etTemerature.setText(sb.toString());
                break;
            case Sensor.TYPE_LIGHT:                          // 光线感应传感器
                sb = new StringBuilder();
                sb.append("当前光的强度为:");
                sb.append(values[0]);
                etLight.setText(sb.toString());
                break;
            case Sensor.TYPE_PRESSURE:                       // 压力传感器
                sb = new StringBuilder();
                sb.append("当前压力为:");
                sb.append(values[0]);
                etPressure.setText(sb.toString());
                break;
        }
    }
}
```

执行后将会列表显示当前设备所支持的 7 种传感器的值，因为设备的不同，可能不会全部支持列出的 7 种传感器类型。在模拟器中的执行效果如图 13-1 所示。

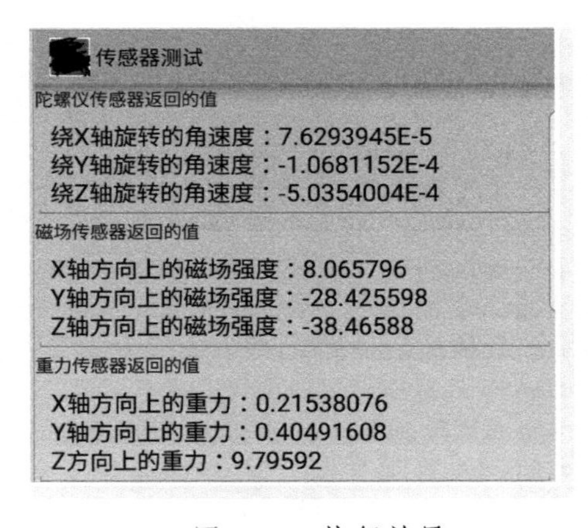

● 图 13-1　执行效果

13.2 使用 Android 中的常用传感器技术

在本章前面的内容中已经讲解过 Android 支持多种传感器技术。本节的内容将详细讲解在 Android 系统中使用这些传感器技术的知识和方法。

13.2.1 使用光线传感器

光线传感器的作用是根据当前所处环境的光线来调节亮度，比如在光线充足的地方设置屏幕会很亮，键盘灯就会关闭。如果在暗处，键盘灯就会亮，屏幕较暗（与屏幕亮度的设置也有关系），这样既保护了眼睛，又节省了能量。光线传感器在进入睡眠模式时，会发出蓝色周期性闪动的光，非常美观。

在 Android 设备中，光线传感器通常位于前摄像头旁边的一个小点，如果在光线充足的情况下（室外或者是灯光充足的室内），在 2~3s 之后键盘灯会自动熄灭，即使再操作，Android 设备的键盘灯也不会亮，除非到了光线比较暗的地方才会自动亮起来。如果在光线充足的情况下用手遮盖光线感应器，在 2~3s 后键盘灯会自动亮起来，在此过程中光线感应器起到了节电的作用。要想在 Android 系统中监听光线传感器，需要掌握如下所示的方法监听光线传感器事件。

```
registerListener(SensorEventListener listener,Sensor sensors,int rate)
```

在上述方法中，各个参数的具体说明如下所示。

- listener：相应的监听器的引用。
- sensors：相应的感应器的引用。
- rate：感应器的反应速度，必须是系统提供的以下 4 个常量之一。

➢ SENSOR_DELAY_NORMAL：匹配屏幕方向的变化；
➢ SENSOR_DELAY_UI：匹配用户接口；
➢ SENSOR_DELAY_GAME：匹配游戏；
➢ SENSOR_DELAY_FASTEST：匹配所能达到的最快。

在 Android 系统中，使用光线传感器的基本流程如下所示。

1）通过 SensorManager 来管理各种感应器，要想获得这个管理器的引用，必须通过如下所示的代码来实现。

```
(SensorManager)getSystemService(Context.SENSOR_SERVICE);
```

2）在 Android 系统中，所有的感应器属于 Sensor 类的一个实例，并没有继续细分下去，所以 Android 对于感应器的处理几乎是一模一样的。既然都是 Sensor 类，那么怎样获得相应的感应器呢？这时就需要通过定义一个 SensorManager 类变量 SensorManager 来获得，可以通过如下所示的代码来确定我们要获得的感应器类型。

```
SensorManager.getDefaultSensor(Sensor.TYPE_LIGHT);
```

3）在获得相应的传感器的引用后，可以来感应光线强度的变化，此时需要通过监听传感器的方式来获得变化，监听功能通过前面介绍的监听方法实现。Android 提供了两种监听方式，一种是 SensorEventListener，另一种 SensorListener，后者已经在 Android API 上显示过时了。

4）在 Android 中注册传感器后，此时就说明启用了传感器。使用感应器是相当耗电的，这也是传感器的应用没有那么广泛使用的主要原因，所以必须在不需要的时候将其及时关掉。在 Android 中通过如下所示的注销方法来关闭传感器。

- unregisterListener（SensorEventListener listener）;
- unregisterListener（SensorEventListener listener，Sensor sensor）;

5）使用 SensorEventListener 来具体实现，在 Android 系统中有如下两种实现这个监听器的方法。

- onAccuracyChanged（Sensor sensor，int accuracy）：是反应速度变化的方法，也就是 rate 变化时的方法；
- onSensorChanged（SensorEvent event）：是传感器的值变化的相应方法。

读者需要注意的是，上述两种方法会同时响应。也就是说，当感应器发生变化时，这两种方法会一起被调用。上述方法中的 accuracy 值是 4 个常量，对应的整数如下所示。

- SENSOR_DELAY_NORMAL：3
- SENSOR_DELAY_UI：2
- SENSOR_DELAY_GAME：1
- SENSOR_DELAY_FASTEST：0

而 SensorEvent 类有 4 个成员变量，具体说明如下所示。

- Accuracy：精确值；
- Sensor：发生变化的感应器；
- Timestamp：发生的时间，单位是纳秒；
- Values：发生变化后的值，这个是一个长度为 3 的数组。

光线传感器只需要 values［0］的值，其他两个都为 0。而 values［0］就是开发光线传感器所需要的，单位是：lx（照度单位）。

实例 13-2：显示当前手机屏幕的亮度（双语 Java/Kotlin 实现）

本实例的功能是显示设备中光线传感器的强度值，具体实现流程如下所示。

1）如果使用的开发工具是 Eclipse，则需要在工程中引入两个开发包，如图 13-2 所示。

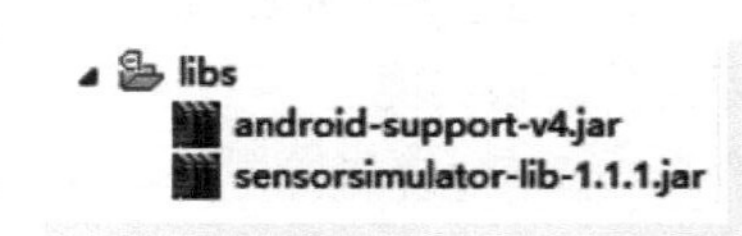

图 13-2　引入两个开发包

2）编写布局文件 main.xml，使用一个 TextView 组件显示光线传感器的强度值。

3）编写主程序文件 MainActivity.java，功能是获取光线传感器的值，主要实现代码如下所示。

```
public void onSensorChanged(android.hardware.SensorEvent event) {
    float[] values = event.values;
```

```
        int sensorType = event.sensor.TYPE_LIGHT;
        if (sensorType == Sensor.TYPE_LIGHT) {
            myTextView1.setText("当前光的强度为:"+values[0]);
        }
    }
```

在真机中的执行效果如图 13-3 所示。

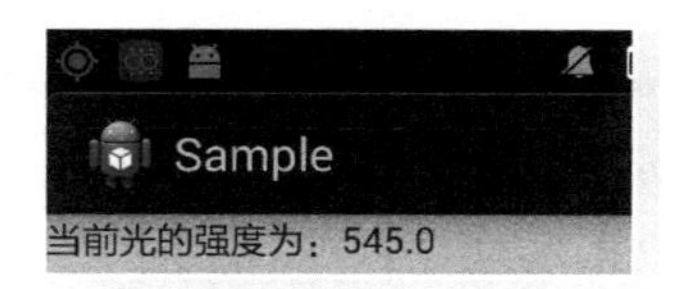

● 图 13-3　执行效果

13.2.2　接近警报和地理编码

在现实世界中，地图和定位服务通常使用经纬度来精确指出地理位置。在 Android 系统中，提供了地理编码类 Geocoder 来转换经纬度和现实世界的地址。地理编码是一个街道、地址或者其他位置（经度、纬度）转换为坐标的过程。反向地理编码是将坐标转换为地址（经度、纬度）的过程。一组反向地理编码结果间可能会有所差异。例如，在一个结果中可能包含最邻近建筑的完整街道地址，而另一个可能只包含城市名称和邮政编码。Geocoder 要求的后端服务并没有包含在基本的 Android 框架中。如果没有此后端服务，执行 Geocoder 的查询方法将返回一个空列表。使用 isPresent( )方法，以确定 Geocoder 是否能够正常执行。在 Android 系统中，类 Geocoder 的继承关系如下所示。

```
public final class Geocoder extends Object
java.lang.Object
android.location.Geocoder
```

1. 公共构造器

在 Android 系统中，Geocoder 类包含了如下所示的公共构造器。

1）public Geocoder(Context context, Local local)：功能是根据给定的语言环境构造一个 Geocoder 对象。各个参数的具体说明如下所示。

- context：当前的上下文对象。
- local：当前语言环境。

2）public Geocoder(Context context)：功能是根据给定的系统默认语言环境构造一个 Geocoder 对象。参数 context 表示当前的上下文对象。

2. 公共方法

在 Android 系统中，类 Geocoder 包含了如下所示的公共方法。

1）public List<Address> getFromLocation(double latitude, double longitude, int maxResults)：功能是根据给定的经纬度返回一个描述此区域的地址数组。返回值是一组地址对象，如果没找

到匹配项，或者后台服务无效的话，则返回 null 或者空序列。也可能通过网络获取，返回结果是一个最好的估计值，但不能保证其完全正确。

各个参数的具体说明如下所示。

- latitude：纬度。
- longitude：经度。
- maxResults：要返回的最大结果数，推荐 1~5。

2）public List<Address> getFromLocationName(String locationName, int maxResults, double lowerLeftLatitude, double lowerLeftLongitude, double upperRightLatitude, double upperRightLongitude)：功能是返回一个由给定的位置名称参数所描述的地址数组。返回值是一组地址对象，如果没找到匹配项，或者后台服务无效的话，则返回 null 或者空序列。也有可能是通过网络获取。返回结果是一个最好的估计值，但不能保证其完全正确。通过 UI 主线程的后台线程来调用这个方法可能更加有用。各个参数的具体说明如下所示。

- locationName：用户提供的位置描述。
- maxResults：要返回的最大结果数，推荐 1~5。
- lowerLeftLatitude：左下角纬度，用来设定矩形范围。
- lowerLeftLongitude：左下角经度，用来设定矩形范围。
- upperRightLatitude：右上角纬度，用来设定矩形范围。
- upperRightLongitude：右上角经度，用来设定矩形范围。

3）public List<Address> getFromLocationName(String locationName, int maxResults)：功能是返回一个由给定的位置名称参数所描述的地址数组。返回值是一组地址对象，如果没找到匹配项，或者后台服务无效的话，则返回 null 或者空序列。也有可能是通过网络获取。返回结果是一个最好的估计值，但不能保证其完全正确。各个参数的具体说明如下所示。

- locationName：用户提供的位置描述。
- maxResults：要返回的最大结果数，推荐 1~5。

4）public static boolean isPresent()：如果 Geocoder 的 getFromLocation 方法和 getFromLcationName 方法都能实现，则返回 true。当没有网络连接时，这些方法仍然可能返回空值或者空序列。

下面将通过一个具体实例，讲解在 Android 设备地图中快速查询某个位置的方法。在本实例中插入一个文本框控件，当在输入框中输入一个地址信息后，会自动在屏幕中显示这个位置的详细信息，其功能类似于谷歌的 Geocoder 接口。

实例 13-3：查询并显示输入位置的地址信息（双语 Java/Kotlin 实现）

1）编写布局文件 activity_demo.xml，添加文本框控件、进度条列表控件。

2）编写程序文件 DemoActivity.java，功能是调用“library”目录中的地址编码程序对用户输入的地址信息进行解析，并输出解析结果。文件 DemoActivity.java 的主要代码如下所示。

```
protected void onCreate(Bundle savedInstanceState) {
    super.onCreate(savedInstanceState);
    setContentView(R.layout.activity_demo);
```

```
    setSupportActionBar((Toolbar) findViewById(R.id.toolbar));
    mViewAnimator = (ViewAnimator) findViewById(R.id.animator);
    final SearchView searchView = (SearchView) findViewById(R.id.searchview);
    searchView.setOnQueryTextListener(this);
    final ListView list = (ListView) findViewById(R.id.list);
    list.setAdapter(mAdapter = new ResultsAdapter(this));
    list.setOnItemClickListener(this);
}
public void onItemClick(final AdapterView<? > parent, final View view, final int position,
        final long id) {
    final Address item = (Address) parent.getItemAtPosition(position);
    if (item ! = null) {
        new AlertDialog.Builder(this).setMessage(addressToPrettyString(item))
            .setNegativeButton(android.R.string.cancel, null)
            .show();
    }
}
private String addressToPrettyString(@NonNull final Address address) {
    return "mFormattedAddress='" + address.getFormattedAddress() + '\'' +
            "\nmStreetAddress='" + address.getStreetAddress() + '\'' +
            "\nmRoute='" + address.getRoute() + '\'' +
            "\nmIntersection='" + address.getIntersection() + '\'' +
    //省略部分代码
            '}';
}
```

3）具体的地址解析过程是笔者参考 Android 系统中的 Geocoder 接口源码改写实现的，笔者编写的具体解析源码保存在“library”目录中，其中核心文件是 Geocoder.java，具体代码请参考本书配套资源。

执行后的效果如图 13-4 所示，输入一个地址后，会自动在屏幕中显示此位置的详细信息，例如输入“济南环宇城”后的执行效果如图 13-5 所示。

● 图 13-4　执行效果

mFormattedAddress='中国山东省济南市市中区济南中海广场·环宇城 邮政编码: 250022'
mStreetAddress='null'
mRoute='null'
mIntersection='null'
mPolitical='中国'
mCountry='中国'
mAdministrativeAreaLevel1='山东省'
mAdministrativeAreaLevel2='null'
mAdministrativeAreaLevel3='null'
mAdministrativeAreaLevel4='null'
mAdministrativeAreaLevel5='null'
mColloquialArea='null'
mLocality='济南市'
mWard='null'
mSubLocality='市中区'
mSubLocalityLevel1='市中区'
mSubLocalityLevel2='null'
mSubLocalityLevel3='null'
mSubLocalityLevel4='null'
mSubLocalityLevel5='null'
mNeighborhood='null'
mPremise='济南中海广场·环宇城'
mSubPremise='null'
mPostalCode='250022'
mNaturalFeature='null'

● 图 13-5　显示此位置的详细信息

13.2.3　磁场传感器

在自然界和人类社会的生活中，许多地方都存在磁场或与磁场相关的信息。磁场传感器是利用人工设置的永久磁体产生的磁场，可以作为许多种信息的载体，被广泛用于探测、采集、存储、转换、复现和监控各种磁场及磁场中承载的各种信息的任务。在当今的信息社会中，磁场传感器已成为信息技术和信息产业中不可缺少的基础元件。目前，人们已研制出利用各种物理、化学和生物效应的磁场传感器，并已在科研、生产和社会生活的各个方面得到广泛应用，承担起探究各种信息的任务。

在 Android 系统中，磁场传感器 TYPE_MAGNETIC_FIELD，单位是 μT（微特斯拉），能够测量设备周围三个物理轴（X,Y,Z）的磁场。在 Android 系统中，磁场传感器主要用于感应周围的磁感应强度，在注册监听器后，主要用于捕获如下 3 个参数：

- values[0]。
- values[1]。
- values[2]。

上述 3 个参数分别代表磁感应强度在空间坐标系中 3 个方向轴上的分量，单位为 μT。

在 Android 系统中，磁场传感器主要包含了如下所示的公共方法。

- int getFifoMaxEventCount()：返回该传感器可以处理事件的最大值。如果该值为 0，表示当前模式不支持此传感器。
- int getFifoReservedEventCount()：保留传感器在批处理模式中 FIFO 的事件数，给出了一个在保证可以分批事件的最小值。
- float getMaximumRange()：传感器单元的最大范围。
- int getMinDelay()：最小延迟。
- String getName()：获取传感器的名称。
- floa getPower()：获取传感器电量。
- float getResolution()：获得传感器的分辨率。
- int getType()：获取传感器的类型。
- String getVendor()：获取传感器的供应商字符串。
- int getVersion()：获取该传感器模块版本。
- String toString()：返回一个对当前传感器的字符串描述。

下面通过一个基于磁场传感器的指南针实例来讲解其使用方法。这个实例使用加速度传感器和磁场传感器获取了指南针数据。为了增强项目的美观性，可以使用相机预览作为背景来增强现实感。

实例 13-4：开发一个指南针程序（双语 Java/Kotlin 实现）

1）首先看布局文件 activity_main.xml，分别插入了 SurfaceView 相机预览控件，表示海拔标签的文本控件 TextView，表示海拔值的文本控件 TextView，更新海拔的按钮控件 Button。

2）编写文件 MainActivity.java，具体实现流程如下所示。

- 在载入 Activity 界面时获取文本控件的值，然后自定义相机预览界面视图。最后监听用户是否单击了“UPDATE ALTITUDE”按钮，如果单击了，则调用方法 updateAltitude( )。具体实现代码如下所示。

```
public void onCreate(Bundle icicle) {
    super.onCreate(icicle);
    setContentView(R.layout.activity_main);

    inPreview = false;
    cameraPreview = (SurfaceView) findViewById(R.id.cameraPreview);
    previewHolder = cameraPreview.getHolder();
    previewHolder.addCallback(surfaceCallback);
    previewHolder.setType(SurfaceHolder.SURFACE_TYPE_PUSH_BUFFERS);
    altitudeValue = (TextView) findViewById(R.id.altitudeValue);
    updateAltitudeButton = (Button) findViewById(R.id.altitudeUpdateButton);
    updateAltitudeButton.setOnClickListener(new View.OnClickListener() {
        public void onClick(View arg0) {
            updateAltitude();
        }
    });
```

- 通过 LocationManager 获取当前的位置；通过 getSystemService 获取 SensorManager 传感器对象的实例；通过 updateOrientation( )及时更新当前的方向。
- 定义方法 updateAltitude( )及时更新当前的海拔位置，计算方法是通过 Tan 角度值乘以移动距离获取的。
- 定义方法 getBestPreviewSize( )，功能是获取最佳显示效果的相机预览视图界面。
- 定义方法 calculateOrientation( )，功能是计算当前设备的具体方向值。

```
private float[] calculateOrientation() {
    float[] values = new float[3];
    float[] R = new float[9];
    float[] outR = new float[9];
    SensorManager.getRotationMatrix(R, null, aValues, mValues);
    SensorManager.remapCoordinateSystem(R,SensorManager.AXIS_X,SensorManager.AXIS_Z,outR);
    SensorManager.getOrientation(outR, values);
    values[0] = (float) Math.toDegrees(values[0]);
    values[1] = (float) Math.toDegrees(values[1]);
    values[2] = (float) Math.toDegrees(values[2]);
    pitch = values[1];
    return values;
}
```

- 通过 onSensorChanged( )监听传感器值的变化，分别获取加速度传感器和磁场传感器的值，根据获取的传感器值来计算设备的具体方向值。

3）文件 HorizonView.java 的核心功能是构建指南针仪表盘。在本实例中，用作航空地平仪的天空和地面的 Paint 和 Shader 对象是根据当前 View 的大小创建的，所以它们不能像创建的 Paint 对象那样是静态的。因此不再创建 Paint 对象，取而代之的是构造它们所使用的渐变数组和颜色。文件 HorizonView.java 的具体实现流程如下所示。

- 定义方法 initCompassView( )，使用文件 colors.xml 中的颜色样式来初始化文件 HorizonView.java 首部分创建的变量，对 textPaint、circlePaint 和 markerPaint 变量进行了些许改动。然后通过“borderGradient”部分代码创建了绘制外边界所使用的颜色和位置数组，通过“glass”部分代码创建了径向渐变的颜色和位置数组。这部分代码将用来创建半透明的“glass dome（玻璃圆顶）”效果，被放置在 View 的上面，从而使用户产生更好的视觉体验。通过本方法的最后 4 行代码获得创建线性颜色渐变所使用的颜色，这部分将用来表示航空地平仪中的天空和地面。
- 定义方法 onDraw（Canvas canvas）绘制指南针仪表盘视图，创建用来填充圆的每个部分（地面和天空）的路径，每一部分的比例应该与形式化之后的俯仰值有关。
- 通过如下代码将 canvas 围绕圆心，按照与当前翻转角相反的方向进行旋转，并且使用在方法 initCompassView( )中所创建的 Paint 来绘制天空和地面路径。

```
canvas.rotate(-rollDegree, px, py);
    canvas.drawOval(innerBoundingBox, groundPaint);
    canvas.drawPath(skyPath, skyPaint);
    canvas.drawPath(skyPath, markerPaint);
```

- 通过如下代码实现盘面标记，首先计算水平标记的起止点。

```
int markWidth = radius / 3; int startX = center.x - markWidth; int endX = center.x + mark-
Width;
```

- 为了更易于读取水平值，应该保证俯仰角刻度总是从当前值开始。通过下面的代码计算了天空和地面的接口在水平面上的位置。

```
double h = innerRadius * Math.cos(Math.toRadians(90-tiltDegree)); double justTiltY = cen-
ter.y - h;
```

- 然后通过如下代码找到表示每一个倾斜角的像素数目。

```
float pxPerDegree = (innerBoundingBox.height()/2)/45f;
```

- 通过如下代码遍历 180°，以当前的倾斜值为中心给出一个可能的俯仰角的滑动刻度。

```
    for (int i = 90; i >= -90; i -= 10) {
    double ypos = justTiltY + i * pxPerDegree;
    //只显示内表盘的刻度
    if ((ypos < (innerBoundingBox.top + textHeight)) || (ypos > innerBoundingBox.bottom -
textHeight)) continue;
    //为每一个刻度增加一个直线和一个倾斜角
    canvas.drawLine(startX, (float)ypos, endX, (float)ypos, markerPaint);
    t displayPos = (int)(tiltDegree - i);
    StringdisplayString = String.valueOf(displayPos);
    float stringSizeWidth = textPaint.measureText(displayString);
    canvas.drawText(displayString, (int)(center.x-stringSizeWidth/2), (int)(ypos)+1,
textPaint);
    }
```

- 接下来在大地/天空接口处绘制一条更粗的线。在画线之前，通过如下代码改变 **markerPaint** 对象的线条粗度（然后把它设置回以前的值）。

```
markerPaint.setStrokeWidth(2);
canvas.drawLine(center.x - radius / 2, (float)justTiltY, center.x + radius / 2, (float)
justTiltY, markerPaint);
markerPaint.setStrokeWidth(1);
```

- 为了让用户能够更容易地读取精确的翻转值，应该画一个箭头，并显示一个文本字符串来表示精确值。通过如下代码创建一个新的 **Path**，并使用 **moveTo** 或 **lineTo** 方法构建一个开放的箭头，它指向直线的前方。然后绘制路径和一个文本字符串来展示当前的翻转。

```
//绘制箭头
Path rollArrow = new Path();
rollArrow.moveTo(center.x - 3, (int)innerBoundingBox.top + 14);
rollArrow.lineTo(center.x, (int)innerBoundingBox.top + 10);
rollArrow.moveTo(center.x + 3, innerBoundingBox.top + 14);
rollArrow.lineTo(center.x, innerBoundingBox.top + 10);
canvas.drawPath(rollArrow, markerPaint);
//绘制字符串
String rollText = String.valueOf(rollDegree);
double rollTextWidth = textPaint.measureText(rollText);
canvas.drawText(rollText, (float)(center.x - rollTextWidth / 2), innerBoundingBox.top
+ textHeight + 2, textPaint);
```

- 通过如下代码将 **canvas** 旋转到正上方，这样就可以绘制其他的盘面标记了。

```
canvas.restore();
```

- 通过如下代码设置每次将 **canvas** 旋转 10°后就绘制一个标记或者一个值，直到画完翻转值表盘为止。当完成表盘之后，把 **canvas** 恢复为正上方的方向。

```
canvas.save();
canvas.rotate(180, center.x, center.y);
for (int i = -180; i < 180; i += 10) {
//每 30°显示一个数字值
if (i % 30 == 0) {
String rollString = String.valueOf(i * -1);
float rollStringWidth = textPaint.measureText(rollString);
PointF rollStringCenter = new PointF(center.x-rollStringWidth / 2, innerBoundingBox.
top+1+textHeight);
canvas.drawText(rollString, rollStringCenter.x, rollStringCenter.y, textPaint);
}
//否则,绘制一条标记直线
else { canvas.drawLine(center.x, (int)innerBoundingBox.top, center.x, (int)inner-
BoundingBox.top + 5, markerPaint);
}
canvas.rotate(10, center.x, center.y);
}
canvas.restore();
```

到此为止，整个实例介绍完毕，执行后的效果如图 13-6 所示。

● 图 13-6　执行效果

13.2.4　加速度传感器

传统意义上的加速度传感器是一种能够测量加速力的电子设备，加速力是指当物体在加速过程中作用在物体上的力，就好比地球引力，也就是重力。加速力既可以是常量，也可以是变量。加速度计有两种，其中一种是角加速度计，是由陀螺仪（角速度传感器）改进的，另一种就是线加速度计。

在计算机领域中，加速度传感器可以测量牵引力产生的加速度。例如在 IBM Thinkpad 笔记本电脑中就内置了加速度传感器，能够动态监测出笔记本电脑在使用中的振动。根据这些振动数据，系统会智能选择关闭硬盘还是让其继续运行，这样可以最大限度地避免由于振动产生的损害。所以加速度传感器主要应用在手柄振动/摇晃、仪器仪表、汽车制动起动、报警系统、玩具、结构物、环境监视、工程测振、地质勘探、铁路、桥梁、大坝的振动测试与分析，还有鼠标和高层建筑结构动态特性和安全保卫振动侦察上。

在 Android 系统中，加速度传感器是 TYPE_ACCELEROMETER，单位是 m/s^2，能够测量应用于设备 X、Y、Z 轴上的加速度，又叫作 G-sensor。在开发过程中，通过 Android 的加速度传感器可以取得 X、Y、Z 三个轴的加速度。在 Android 系统中，在 SensorManager 类中定义了很多星体的重力加速度值，如表 13-1 所示。

表 13-1　SensorManager 类被定义的各星体的重力加速度值　（单位：m/s^2）

常量名	说明	实际的值
GRAVITY_DEATH_STAR_1	死亡星	3.5303614E-7
GRAVITY_EARTH	地球	9.80665
GRAVITY_JUPITER	木星	23.12
GRAVITY_MARS	火星	3.71
GRAVITY_MERCURY	水星	3.7
GRAVITY_MOON	月球	1.6

（续）

常 量 名	说 明	实际的值
GRAVITY_NEPTUNE	海王星	11.0
GRAVITY_PLUTO	冥王星	0.6
GRAVITY_SATURN	土星	8.96
GRAVITY_SUN	太阳	275.0
GRAVITY_THE_ISLAND	岛屿星	4.815162
GRAVITY_URANUS	天王星	8.69
GRAVITY_VENUS	金星	8.87

通常来说，从加速度传感器获取的值，拿手机等智能设备的人的手震动或放在摇晃的场所的时候，受震动影响设备的值增幅变化是存在的。手的摇动、轻微震动的影响属于长波形式，去掉这种长波干扰的影响，可以取得高精度的值。去掉这种长波的过滤机制叫低通滤波器（Low-Pass Filter）。Low-Pass Filter 机制有如下所示的三种封装方法。

- 从抽样数据中取得中间值的方法。
- 最近取得的加速度的值每个很少变化的方法。
- 从抽样数据中取得递减加权值的方法。

在 Android 应用中，有时需要获取瞬间加速度值，例如在开发类似计步器、作用力测定的应用的时候，需要检测出加速度急剧的变化。此时的处理和 Low-Pass Filter 处理相反，需要去掉短周波的影响，这样才可以取得预期数据。像这种去掉短周波影响的过滤器叫作高通滤波器（High-Pass Filter）。请看下面的实例，功能是获取当前 Android 手机设备的加速度的值。

实例 13-5：获取三个方向上加速度的值（双语 Java/Kotlin 实现）

1）编写布局文件 mian.xml，在界面中设置了一个文本组件和文本框组件来显示加速度值。

2）编写程序文件 MainActivity.java，核心功能是获取系统传感器管理服务，定义并触发加速度传感器发生变化时的处理程序，显示加速度在三个方向上的值。文件 MainActivity.java 的主要实现代码如下所示。

```
    protected void onResume(){
        super.onResume();
        //为系统的加速度传感器注册监听器
        sensorManager.registerListener(this,sensorManager.getDefaultSensor(Sensor.TYPE
_ACCELEROMETER),
                SensorManager.SENSOR_DELAY_GAME);
    }
    protected void onStop(){
        sensorManager.unregisterListener(this);                    //取消注册
        super.onStop();
    }
    //以下是实现 SensorEventListener 接口必须实现的方法,当传感器的值发生改变时回调该方法
    @Override
    public void onSensorChanged(SensorEvent event){
```

```
        float[] values = event.values;
        StringBuilder sb = new StringBuilder();
        sb.append("X 方向上的加速度:");
        sb.append(values[0]);
        sb.append("\nY 方向上的加速度:");
        sb.append(values[1]);
        sb.append("\nZ 方向上的加速度:");
        sb.append(values[2]);
        etTxt1.setText(sb.toString());
    }
    //当传感器精度改变时回调该方法
    @Override
    public void onAccuracyChanged(Sensor sensor, int accuracy){
    }
```

执行后的效果如图 13-7 所示。

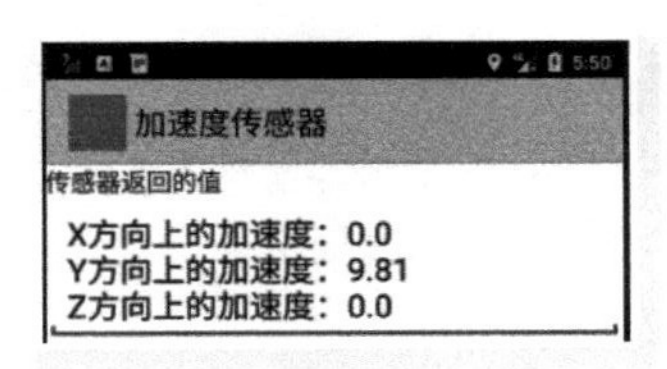

● 图 13-7　执行效果

13.2.5　线性加速度传感器

线性加速度传感器是加速度传感器的一种，单独分开讲的原因是为了和螺旋仪传感器区分开。陀螺仪是测角速度的，加速度是测线性加速度的。其中前者利用了惯性原理，而后者利用了力平衡原理。在 Android 系统中，线性加速度传感器的类型是 TYPE_LINEAR_ACCELERATION。通过线性加速度传感器可以获取加速度传感器去除重力的影响得到的数据，包括如下所示的 3 个事件值。

- SensorEvent.values[0]：沿 X 轴方向的加速度力（不包括重力）。
- SensorEvent.values[1]：沿 Y 轴方向的加速度力（不包括重力）。
- SensorEvent.values[2]：沿 Z 轴方向的加速度力（不包括重力）。

下面的代码说明了获取一个线性加速度传感器对象的方法。

```
private SensorManagermSensorManager;
private Sensor mSensor;
...
mSensorManager = (SensorManager) getSystemService(Context.SENSOR_SERVICE);
mSensor = mSensorManager.getDefaultSensor(Sensor.TYPE_LINEAR_ACCELERATION);
```

从理论上来说，线性加速度传感器通过下面的表达式为使用者提供了加速度数据。

```
linear acceleration= acceleration - acceleration due to gravity
//线性加速度=加速度-由重力引起的加速度
```

当想获取不受重力影响的加速度数据时，通常会选用线性加速度传感器，例如当用传感器来测量汽车速度的时候。线性加速度传感器通常有一个偏移量，需要把它去掉。简单地说，就是在应用中需要做一个校准数据的步骤。校准就是需要告知用户将设备放置在桌面上，然后获取三个轴向上的偏移量。接下来可以去除掉这些偏移量，最后就可以得到真正的线性加速度了。

下面通过一个测试小球的运动实例来讲解其使用方法。本实例的功能是在屏幕中设置一个小球，当设备运动时，小球也会随之运动，并在屏幕上方显示当前小球在 X 轴、Y 轴和 Z 轴的重力值。

实例 13-6：运动的小球游戏（双语 Java/Kotlin 实现）

1）编写布局文件 main.xml，在界面上方设置了一个背景图片，并使用文本框来显示当前小球在 X 轴、Y 轴和 Z 轴的重力值。

2）编写文件 BallView.java 实现小球视图，通过方法 moveTo(int x，int y) 增加一个 TextView，通过 super.setFrame 绘制视图，由左上角与右下角确定视图矩形位置。主要实现代码如下所示。

```
public class BallView extends ImageView {
    public BallView(Context context) {
        super(context);
    }
    public BallView(Context context, AttributeSet attrs) {
      super(context,attrs);
    }
    public BallView(Context context, AttributeSet attrs, int defStyle) {
      super(context,attrs, defStyle);
    }
    public voidmoveTo(int x, int y) {//加一个 TextView,球就不能移动了
      super.setFrame(x, y, x + getWidth(), y + getHeight());//绘制视图,由左上角与右下角确定
视图矩形位置
    }
}
```

3）编写文件 AccelerometerActivity.java，功能是监听传感器的运动轨迹，获取小球分别在 X 轴、Y 轴和 Z 轴的重力值。文件 AccelerometerActivity.java 的具体实现代码如下所示。

```
public void onCreate(Bundle savedInstanceState) {
  super.onCreate(savedInstanceState);
    setContentView(R.layout.main);
    //获取传感器管理器
    sensorManager = (SensorManager) getSystemService(SENSOR_SERVICE);
    prompt = (TextView) findViewById(R.id.ball_prompt);
    tv1 = (TextView)findViewById(R.id.tv1);
    tv2 = (TextView)findViewById(R.id.tv2);
    tv3 = (TextView)findViewById(R.id.tv3);
  }
  @Override
```

```
    public void onWindowFocusChanged(boolean hasFocus) {//ball_container 控件显示出来后才
能获取其宽和高,所以此方法得到其宽和高
        super.onWindowFocusChanged(hasFocus);
        if(hasFocus && !init){
            View container = findViewById(R.id.ball_container);
            container_width = container.getWidth();
            container_height = container.getHeight();
            ball = (BallView) findViewById(R.id.ball);
            ball_width = ball.getWidth();
            ball_height = ball.getHeight();
            moveTo(0f, 0f);
            init = true;
        }
    }
```

执行后会在屏幕上方显示当前滚动小球在 X 轴、Y 轴和 Z 轴的重力值，如图 13-8 所示。

● 图 13-8　执行效果

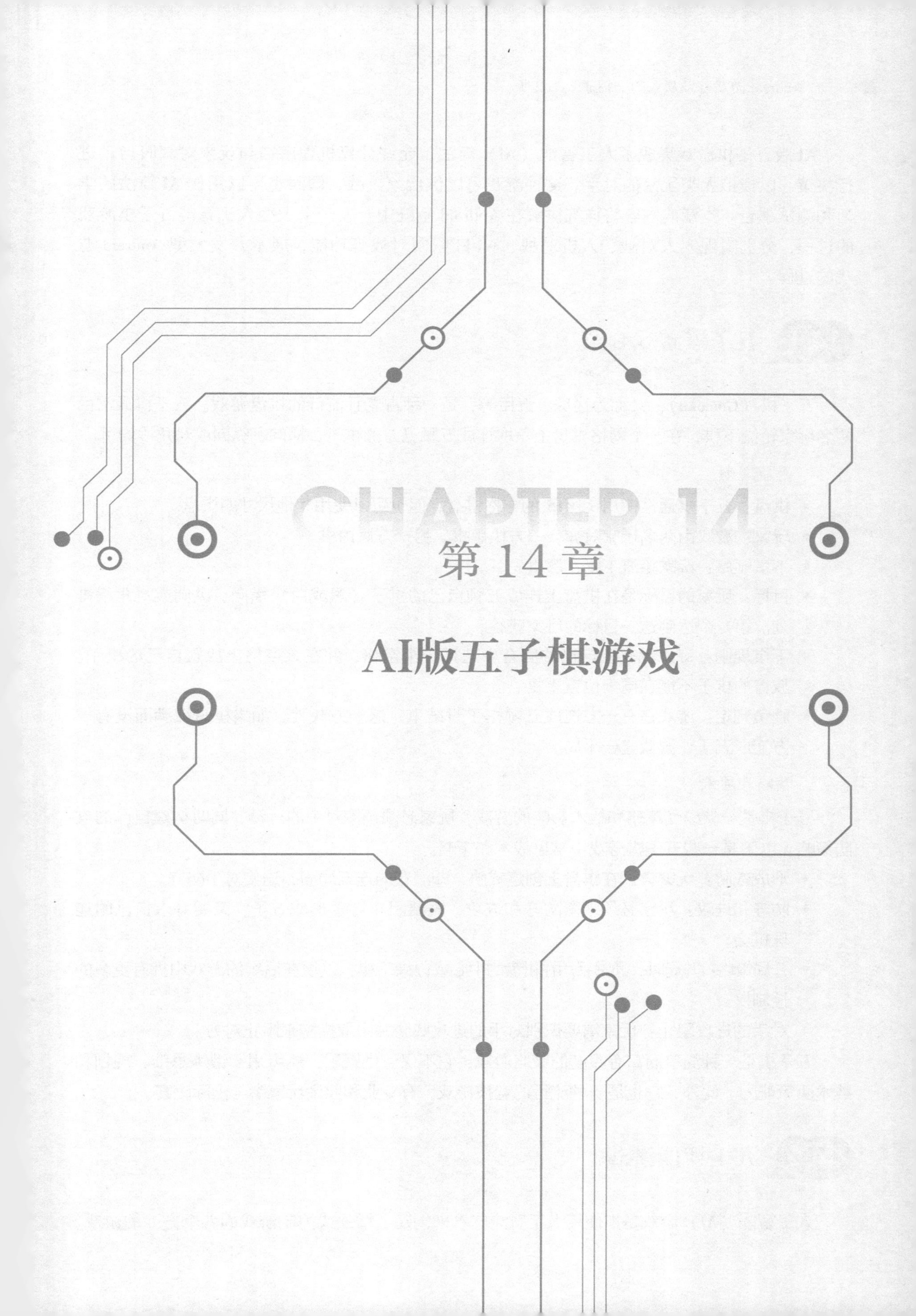

CHAPTER 14

第 14 章

AI版五子棋游戏

AI 版五子棋游戏集成了人工智能（AI）算法，允许计算机程序在与玩家对弈时自动进行决策，以模拟人类玩家的对手。这种游戏可以供玩家挑战，同时也可以用作 AI 算法的学习和测试平台。本章的内容将详细讲解在 Android 系统中开发一个大型人工智能五子棋游戏的过程，分别实现人人对战、人机对战、Wi-Fi 联网对战等功能，展示开发大型 Android 游戏的过程。

14.1 五子棋游戏介绍

五子棋（Gomoku），又称为连珠、五目等，是一种古老且流行的棋盘游戏。五子棋通常由两名玩家轮流下棋，在一个网格棋盘上争取连成五颗己方的棋子，横向、纵向或对角线均可。

1. 游戏规则

- 棋盘：五子棋通常使用 15×15 的方格棋盘，但也可以使用其他尺寸的棋盘。
- 玩家：游戏由两名玩家对弈，一方执黑棋，另一方执白棋。
- 下棋顺序：玩家轮流下棋，黑棋先下。
- 目标：玩家的目标是在棋盘上连成五颗自己的棋子（黑或白）横向、纵向或对角线排列。第一个达到这一目标的玩家获胜。
- 下棋规则：每位玩家在自己的回合中选择一个空格，并在该空格上放置自己的棋子。放置的棋子不能在同一位置重复。
- 胜负判定：游戏在有一方连成五颗棋子时结束，这一方获胜。如果棋盘填满而没有一方连成五子，游戏宣告平局。

2. 策略和战术

五子棋是一款深受策略和战术影响的游戏，玩家必须预测对手的行动，同时构建自己的攻防策略。以下是一些五子棋游戏中常见战术和策略。

- 形成威胁：玩家尝试在棋盘上创建威胁，即潜在的连五局面，迫使对手防守。
- 防守和进攻：玩家必须平衡防守和进攻，既要阻止对手形成五子，又要寻求自己的连珠机会。
- 开局策略：开局时，通常采用在棋盘的中心或边缘下棋，以便在后续的游戏中拥有更多的控制权。
- 对手的进攻阻止：玩家需要识别对手的进攻威胁并采取措施来阻止对方。

五子棋是一种简单而富有深度的策略游戏，它不仅可供娱乐，还可用于锻炼思维、规划和战术决策能力。此外，它也是一种流行的竞技游戏，有专业和业余玩家参与国际比赛。

14.2 人工智能游戏

人工智能（AI）游戏是指使用人工智能技术来创建、增强或控制游戏的各个方面的游戏。

这些游戏可以涵盖各种游戏类型，从视频游戏到棋类游戏，以及桌面游戏和虚拟现实游戏。

14.2.1 人工智能介绍

人工智能（Artificial Intelligence，简称 AI）是计算机科学的一个分支，也是研究和开发具备智能行为的机器和计算系统。AI 的目标是使计算机系统能够执行类似于人类智力的任务，如学习、推理、问题解决、感知、语言理解和决策制定。人工智能的研究和应用领域非常广泛，主要包括以下方面。

- 机器学习：机器学习是 AI 的一个关键分支，它涉及训练计算机程序，以从数据中学习模式、进行预测和做出决策。常见的机器学习算法包括监督学习、无监督学习和强化学习。
- 自然语言处理（NLP）：NLP 领域专注于使计算机能够理解、处理和生成人类自然语言的文本和语音。NLP 应用包括机器翻译、情感分析、语音识别和自然语言生成。
- 计算机视觉：计算机视觉研究如何让计算机能够理解和解释视觉信息。应用领域包括图像识别、物体检测、人脸识别和视频分析。
- 强化学习：强化学习是一种机器学习方法，用于让智能代理（如机器人或游戏玩家）通过与环境互动学习最佳策略。这在游戏、自动驾驶和机器人领域得到广泛应用。
- 专家系统：专家系统是一种基于规则和知识的 AI 应用，用于模拟领域专家的决策和解决问题能力。它们被广泛应用于医疗诊断、金融风险分析和技术支持等领域。
- 智能机器人：智能机器人结合了感知、决策和行动，用于自主执行任务。这包括工业机器人、服务机器人和无人机等。
- 自动化：AI 可以用于自动化各种任务和流程，包括数据分析、生产、客户服务和物流。
- 游戏开发：AI 被广泛应用于游戏中，用于创造智能敌人、自适应游戏难度和游戏世界中的虚拟角色。
- 医疗诊断：AI 在医学领域用于辅助医生进行疾病诊断、图像分析和药物研发。
- 金融和投资：AI 在金融领域用于预测市场趋势、风险管理和高频交易。
- 教育：AI 应用于个性化教育，帮助学生学习，并提供定制的教育内容。
- 环境保护：AI 可用于监测和控制环境污染、自然资源管理和气候模拟。

人工智能的发展和应用在科技、医疗、工业、金融、教育和娱乐等领域具有重要意义。AI 技术不断进化，对社会、经济和文化产生深远的影响。然而，AI 的伦理、隐私和安全问题也引发了广泛的讨论和关注。随着时间的推移，AI 仍将继续演变，为人类带来更多的机会和挑战。

14.2.2 人工智能对游戏开发的影响

人工智能（AI）对游戏开发产生了深远的影响，使游戏更具交互性、挑战性和娱乐性。以下是人工智能对游戏开发的一些主要影响。

- 智能敌人和 NPC：AI 被用于创建具有更智能行为和决策能力的敌人和非玩家角色

（NPC），这使游戏更富挑战性，因为敌人可以模拟更复杂的战术和策略。

- 动态游戏难度：AI 可用于实时调整游戏难度，以匹配玩家的技能水平。这使得新手和经验丰富的玩家都能享受游戏，而无须过于容易或过于困难。
- 情感和互动：NLP 和情感分析技术使得游戏角色能够理解和回应玩家的语音和文字输入。这增加了游戏的互动性和沉浸感。
- 游戏环境的逼真性：计算机视觉和物理模拟技术改善了游戏环境的逼真性。游戏中的景观、物理效应和人物动画更加逼真。
- 游戏内容的自动生成：AI 可用于自动生成游戏内容，如地图、关卡、任务和故事情节。这减轻了游戏开发者的工作负担，使游戏更具变化和深度。
- 强化学习和自适应 AI：强化学习允许 AI 角色从与玩家的互动中学习，并根据经验改进其策略。这使得游戏中的敌人和 NPC 可以适应玩家的行为。
- 虚拟现实和增强现实：AI 在虚拟现实和增强现实游戏中发挥关键作用，帮助模拟虚拟世界中的物体和角色的行为。
- 游戏测试和质量控制：AI 可用于自动化游戏测试，以发现潜在的问题和错误。这有助于提高游戏的质量和稳定性。
- 游戏行业分析：AI 分析工具可帮助游戏开发者了解玩家行为、市场趋势和游戏经济。这有助于制定游戏策略和改进游戏设计。
- 教育和培训：游戏中的 AI 可用于模拟培训和教育场景，帮助玩家学习新技能和概念。

总之，人工智能为游戏开发提供了更多的创新性和可能性，使游戏更具交互性和娱乐性。它使游戏更逼真、自适应和有趣，为玩家提供更丰富的游戏体验。AI 还有助于提高游戏开发的效率和质量。随着技术的不断发展，AI 在游戏领域的影响将继续增强。

14.3 项目介绍

本项目展示了一个完整的 Android 五子棋游戏实现过程，允许用户在手机上玩五子棋，包括人机对战、双人对战和网络对战。

14.3.1 功能介绍

五子棋游戏逻辑：实现了标准的五子棋游戏规则，包括在 15×15 的棋盘上下黑子和白子，判断胜负条件等。

- 人机对战：内置了一个简单的人机对战 AI，允许用户与 AI 玩家对战。
- 两人对战：支持两位玩家在同一设备上进行对战。
- 联网对战：支持两位玩家通过同一 Wi-Fi 进行对战。
- 玩家统计：记录和展示玩家的胜局和败局，包括黑子和白子两种类型。
- 图形用户界面：提供了一个绘制棋盘、棋子，以及交互的用户界面。

- 事件处理：通过触摸事件处理，用户可以在棋盘上选择合适的位置下棋。
- 棋盘状态管理：游戏维护了一个棋盘状态，记录每个格子上的棋子状态。

14.3.2 模块架构

1. Game 模块

- 管理五子棋游戏的核心逻辑，包括棋盘状态、玩家管理、下棋规则判定、游戏状态等。
- 定义棋子的状态，包括棋子的类型（黑子或白子）和坐标位置。
- 设置棋盘上的位置，例如棋子的坐标。
- 实现了 **AI** 玩家的逻辑，用于实现人机对战，包括 **AI** 下棋的算法和策略。

2. UI 模块

负责游戏界面的显示和用户交互，包括绘制棋盘和棋子、处理用户点击事件、绘制焦点等。

3. 玩家管理

设置游戏中的玩家，包括名字、棋子类型（黑子或白子）、胜局和败局的统计等信息。

上述模块共同工作，构成了一个完整的五子棋游戏应用。用户可以与 **AI** 对战或与其他玩家在同一设备上对战，通过触摸屏幕在棋盘上下棋，记录胜负，并享受五子棋的游戏乐趣。本项目功能模块的结构如图 **14-1** 所示。

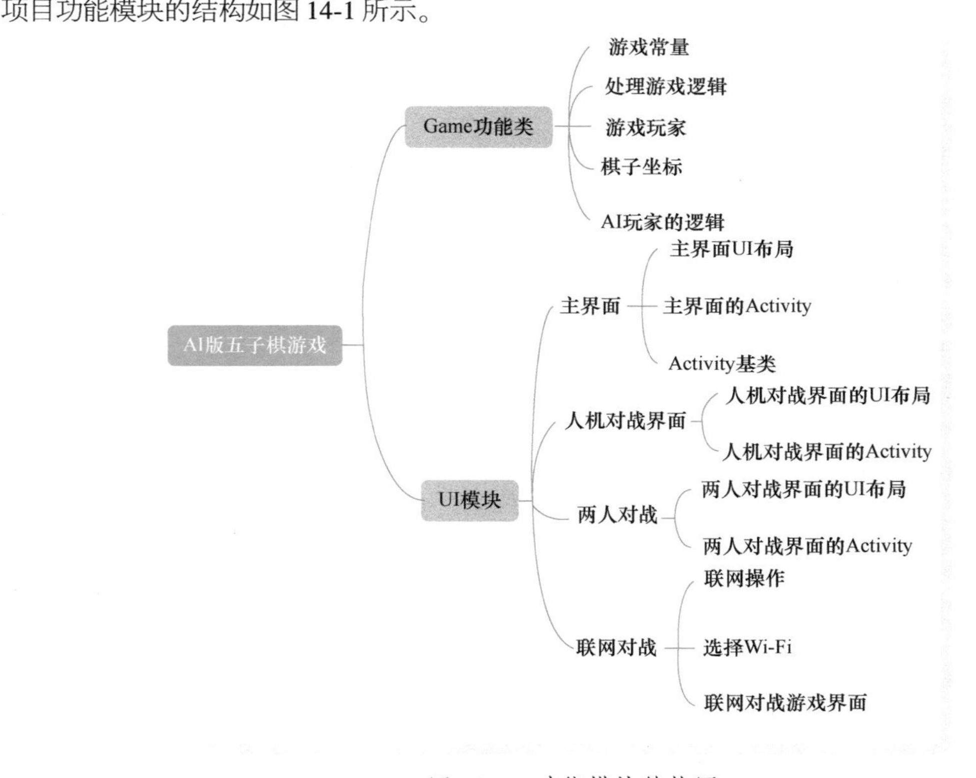

图 14-1　功能模块结构图

14.4 主界面

在 Android 项目中，通常每个界面的功能由 XML 布局文件和 Activity 后端文件实现。在本项目中，游戏主界面的功能由文件 app/src/main/res/layout/activity_main.xml 和 MainActivity.kt 实现。这两个文件一起工作，使应用的用户界面和逻辑分离，这有助于更好地组织和维护应用代码。

14.4.1 主界面 UI 布局

编写文件 app/src/main/res/layout/activity_main.xml，该文件用于定义 Android 应用程序的主活动界面。这个界面使用线性布局（LinearLayout）来排列多个按钮，每个按钮都有自己的属性和样式。布局文件 activity_main.xml 创建了一个垂直排列的按钮列表，每个按钮代表一个不同的操作，例如“New Game”、“Fight”、“Fight Connection”和“About”。可以在代码中使用这些按钮的唯一 ID 来添加点击事件处理程序和定义按钮的功能。

14.4.2 主界面的 Activity

编写文件 MainActivity.kt，定义主界面 MainActivity 类，在主界面中设置 4 个按钮，每个按钮关联不同的操作。当用户点击这些按钮时，将触发相应的活动启动或对话框显示。主要实现代码如下所示。

```
class MainActivity : BaseActivity() {
    override fun hasBackButton(): Boolean {
        return false
    }
    override fun getLayoutId(): Int {
        return R.layout.activity_main
    }
    override fun init(savedInstanceState: Bundle?) {
        new_game.setOnClickListener {
            startActivity(Intent(this@MainActivity, RobotGameActivity::class.java))
        }
        fight.setOnClickListener {
            startActivity(Intent(this@MainActivity, PersonGameActivity::class.java))
        }
        conn_fight.setOnClickListener {
            startActivity(Intent(this@MainActivity, ConnectionActivity::class.java))
        }
        conn_about.setOnClickListener {
            val b = AlertDialog.Builder(this@MainActivity)
            b.setTitle(R.string.about)
            b.setMessage("欢迎您")
            b.setPositiveButton(R.string.ok) { dialog, which -> }
```

```
            b.show()
        }
    }
}
```

对上述代码的具体说明如下

- class MainActivity : BaseActivity( ): 这是 MainActivity 类的定义，它继承自 BaseActivity 类，这意味着 MainActivity 是一个 Android 活动类。
- override fun hasBackButton( ): Boolean: 这个函数覆盖了父类 BaseActivity 中的函数，并返回布尔值，用于指示是否显示返回按钮。在这里，false 表示不显示返回按钮。
- override fun getLayoutId( ): Int: 这个函数覆盖了父类 BaseActivity 中的函数，用于返回当前活动的布局资源 ID。在这里，它返回 R.layout.activity_main，指定了 activity_main.xml 作为布局。
- override fun init (savedInstanceState: Bundle?): 这个函数是初始化函数，用于在活动启动时，执行一些初始化操作。在这里，它设置了按钮的点击事件监听器。在 init 函数中，4 个按钮分别是 new_game、fight、conn_fight 和 conn_about，它们通过 findViewById 方法找到对应的按钮视图。每个按钮设置了点击事件监听器，当用户点击按钮时，会执行相应的操作。例如当点击 new_game 按钮时，会启动名为 RobotGameActivity 的新活动，以进行新游戏。
- conn_about 按钮会显示一个包含欢迎文本的对话框，并在对话框中包含一个“确定”按钮。

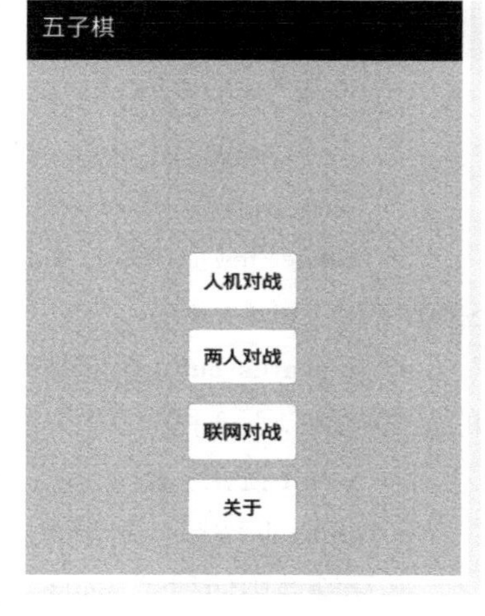

图 14-2 游戏主界面

本游戏项目主界面的执行效果如图 14-2 所示。

14.4.3 Activity 基类

本项目的 Activity 基类功能由文件 BaseActivity.kt 实现，项目中的所有 Activity 界面需要继承于 BaseActivity，例如前面介绍的主界面文件 MainActivity.kt 继承自 BaseActivity.kt。文件 BaseActivity.kt 定义了一个抽象基类（BaseActivity），用于 Android 应用中的活动，且定义了 Android 应用中的活动共享的行为和属性。子类可以继承这个基类，然后根据自己的需求实现具体的活动功能。文件 BaseActivity.kt 为应用中的所有活动提供了通用的功能和行为，而 MainActivity.kt 具体实现了 MainActivity 活动的功能。这种结构有助于提高代码的可重用性和可维护性。

14.5 人机对战

在本项目中，人机对战界面的功能由布局文件 game_single.xml 和 Activity 文件 RobotGameActivity.kt 实现。这两个文件一起工作，使应用的用户界面和逻辑分离，这有助于更好地组织和维护应用代码。

14.5.1　人机对战界面的 UI 布局

编写文件 game_single.xml，实现一个人机对战五子棋的游戏界面。该界面包括比赛得分、游戏区域和控制按钮。对文件 game_single.xml 代码的具体说明如下。

1）ScrollView：这是根元素，它允许用户在需要时滚动查看整个界面。它包含一个垂直排列的 LinearLayout。

2）LinearLayout（得分区域）：包含比赛得分信息的水平布局，分为黑方和白方。具体的元素包括以下几种。

- black_area 和 white_area：这两个线性布局分别表示黑方和白方的得分区域。它们包括玩家头像、玩家名称、活动状态指示（“finger”图标）和胜利次数。
- black_name 和 white_name：显示黑方和白方的名称。
- black_active 和 white_active：显示黑方和白方的活动状态指示。
- black_win 和 white_win：显示黑方和白方的胜利次数。

3）GameView：这是一个自定义的游戏视图（GameView），用于显示游戏区域。它有一个独特的 ID game_view。

4）LinearLayout（控制按钮）：包括游戏控制按钮，用于重新开始游戏和回退一步。具体的元素包括以下 2 种。

- restart 按钮：用于重新开始游戏。
- rollback 按钮：用于回退一步。

布局文件中使用了 match_parent 和 wrap_content 等布局属性，以确保布局元素适当地占据屏幕空间，并保持合适的排列。此布局文件为单人游戏提供了用户界面元素，包括比赛得分、游戏区域和控制按钮。它允许用户与游戏互动并进行游戏操作。

14.5.2　人机对战界面的 Activity

编写文件 RobotGameActivity.kt，用于实现人机对战五子棋游戏。其中玩家可以与计算机对战。游戏的核心逻辑包括棋盘管理、游戏状态处理以及计算机 AI 的操作。对文件 RobotGameActivity.kt 代码的具体说明如下。

1）定义类 RobotGameActivity：扩展了 BaseActivity 类，继承了 BaseActivity 中的功能。这个类代表了人机对战的游戏活动。

2）成员变量：在类中定义了一些成员变量，包括游戏视图、玩家对象、游戏对象、AI 对象，以及用于显示胜利和活动状态的视图元素等。

3）onCreate 方法：onCreate 方法用于初始化活动。在其中进行了以下操作。

- 初始化视图元素。
- 初始化游戏对象、玩家对象和 AI 对象。
- 设置游戏模式为单人模式。

- 配置游戏视图，将游戏对象关联到视图。
- 初始化计算机 AI 处理程序。

4）initViews 方法：这个方法用于初始化视图元素，包括玩家名称、胜利次数、活动状态指示，以及控制按钮。

5）initGame 方法：在此方法中，初始化了游戏对象，包括玩家信息和游戏模式，并将游戏对象与游戏视图关联。

6）initComputer 方法：初始化了计算机 AI 处理程序，它在后台线程中运行。

7）updateActive 和 updateScore 方法：这些方法用于更新游戏界面上的活动状态和分数信息。

8）mRefreshHandler 内部类：这个类是一个处理程序，用于处理游戏回调信息，并相应地更新界面元素。

9）onClick 方法：处理用户单击按钮的点击事件，包括重新开始游戏和回退操作。

10）ComputerHandler 内部类：这个类是一个处理程序，用于在后台计算机 AI 线程中计算计算机的下一步棋。

11）onDestroy 方法：在活动销毁时，释放计算机 AI 线程。

14.6 两人对战

在本项目中，两人对战界面的功能由布局文件 game_fight.xml 和 Activity 文件 PersonGame-Activity.kt 实现。这两个文件一起工作，使应用的用户界面和逻辑分离，这有助于更好地组织和维护应用代码。

14.6.1 两人对战界面的 UI 布局

编写文件 game_fight.xml，实现一个两人对战五子棋的游戏界面，该界面包括比赛得分、游戏区域和控制按钮，整个界面和前面介绍的人机对战界面高度相似。文件 game_fight.xml 绘制了两人对战的五子棋游戏界面，玩家可以在其中进行游戏，并查看双方的得分和当前活动状态。控制按钮允许玩家执行重新开始游戏和回退操作。

14.6.2 两人对战界面的 Activity

编写文件 PersonGameActivity.kt，用于实现两人对战五子棋游戏，具体说明如下所示。

1）PersonGameActivity 类：继承自 BaseActivity 类，并实现了 OnClickListener 接口。

2）成员变量的初始化和定义如下。

- mGameView：用于显示游戏界面的 GameView。
- mGame：用于管理游戏逻辑的 Game 对象。
- black：表示黑方玩家的 Player 对象。
- white：表示白方玩家的 Player 对象。

- mBlackWin 和 mWhiteWin：用于显示黑方和白方胜利次数的 TextView。
- mBlackActive 和 mWhiteActive：用于显示当前活动玩家状态的 ImageView。
- restart 和 rollback：重新开始游戏和回退操作的按钮。

3）mRefreshHandler：处理游戏回调信息，刷新游戏界面。根据不同的消息类型，它可以执行以下操作。

- 处理游戏结束，显示胜者信息。
- 更新当前活动玩家状态。
- 处理添加棋子操作。

4）getLayoutId( ) 方法指定了使用的布局文件 R.layout.game_fight，用于渲染界面。

5）init( ) 方法用于初始化游戏，包括初始化视图、初始化玩家和游戏对象。

6）initViews( ) 方法用于初始化界面元素，包括游戏视图、分数、活动状态和控制按钮。

7）initGame( ) 方法用于初始化游戏对象，包括玩家和游戏模式。

8）updateActive( ) 方法根据游戏状态更新当前活动玩家的显示。

9）updateScore( ) 方法用于更新黑方和白方的得分。

10）showWinDialog( ) 方法显示胜者信息的对话框，允许玩家选择继续游戏或退出。

11）onClick( ) 方法处理界面按钮的点击事件，包括重新开始游戏和回退操作。

总之，上述 PersonGameActivity 类主要用于管理双人对战的五子棋游戏，包括游戏的开始、重置、玩家切换、胜利判断和控制按钮的响应。

14.7 联网对战

本项目也是一款网络游戏，支持网络对战功能，玩家可以联网跟别的玩家进行对战。在联网时，需要先选择要加入的 Wi-Fi，在 Wi-Fi 中选择对战的玩家后，打开联网对战界面。

14.7.1 联网操作

在本项目的“net”包中包含了 5 个程序文件，这些文件的功能是实现设备之间的联机通信和管理。允许设备发现其他可连接的设备，请求建立连接，进行聊天和处理连接状态变化。这对于支持设备之间联机游戏、通信或共享功能的应用程序非常有用。

1）编写文件 ChatContent.kt，定义 ChatContent 类。这个类表示一个聊天内容的条目，其中包含连接项（ConnectionItem）、聊天内容（content）和时间（time）。在 Android 应用中，ChatContent 对象通常用于表示一条聊天消息，其中包含了发送者信息、消息内容和发送时间。这使得应用可以显示消息历史记录，并确定消息的发送者和时间。

2）编写文件 ConnectConstants.java，定义一些常量，这些常量用于本项目的网络通信和消息处理。定义这些常量的目的是在代码中提供可读性和易于维护的方式来标识不同的事件和消息类型。这些常量通常在应用程序中的消息处理、事件触发和网络通信中使用，以便根据常量的值来执行不同的操作或采取不同的行动。例如在消息处理中，可以使用这些常量来确定如何处理接收到的消息，以便进行适当的操作。

3）编写文件 ConnectedService.java，定义 ConnectedService 类，这个类主要用于处理联机对战时的网络通信和消息传递，以及在联机对战中传输棋盘信息。对文件 ConnectedService.java 代码的具体说明如下。

- 构造函数 ConnectedService（Handler handler, String ip, boolean isServer)：接收一个 Handler，一个 IP 地址字符串和一个布尔值 isServer。它用于初始化 ConnectedService 类的实例。
- addChess（int x, int y)：用于发送下子消息。该方法接收坐标（x, y)，并将这个消息发送给对方玩家。
- rollback()：用于请求悔棋。
- agreeRollback()：用于同意悔棋请求。
- rejectRollback()：用于拒绝悔棋请求。
- 内部类 GameReceiver：这是一个线程，用于接收对方玩家发送的网络数据。它监听网络连接，接收对方发送的数据，并根据数据类型来处理不同类型的消息。
- 内部类 GameSender：这是一个 Handler，用于发送数据给对方玩家。它通过套接字（Socket）发送数据，以实现消息的传递。
- processNetData（byte[] data)：这个方法用于处理从网络接收到的数据，根据数据的类型执行不同的操作，例如处理下子消息、悔棋消息等。
- notifyAddChess（int x, int y)：用于通知应用程序有新的下子消息。它通过发送消息给应用程序的 Handler 来触发相关操作。
- stop()：用于停止网络通信线程和数据传输。

总之，ConnectedService 类是用于处理联机对战中的网络通信和消息传递的关键组件，通过不同的方法和线程来实现消息的发送和接收，并根据消息的类型执行相应的操作，以保持联机对战的状态同步。

4）编写文件 ConnectionItem.java，定义一个名为 ConnectionItem 的类。这个类的主要功能是用于表示与其他设备建立连接的项目，通常包括设备的名称和 IP 地址。总之，ConnectionItem 是一个用于表示连接项目的简单数据类，它包含设备的名称和 IP 地址，并提供了一种简单的方法来比较两个连接项目是否表示相同的设备。通常，这个类在网络应用程序中用于跟踪设备之间的连接信息。

5）编写文件 ConnnectingService.java，实现 ConnnectingService 类。这是一个用于处理设备之间的连接和通信的联机管理服务，它的主要功能包括以下几种。

- 初始化 UDP 和广播相关的网络连接。
- 发送和接收 UDP 消息，包括加入广播、退出广播、请求连接，以及聊天内容等。
- 发送和接收广播消息，用于通知其他设备的加入和退出。
- 处理其他设备发送的请求连接消息。
- 处理其他设备发送的聊天内容消息。
- 处理其他设备的连接请求响应，包括同意和拒绝连接。

- 提供通知消息处理程序的功能，以便在收到消息后进行相应的处理，例如通知其他设备的加入和退出。
- 封装和解析消息体，以便进行网络通信。

总之，文件 ConnnectingService.java 旨在实现设备之间的联机通信，包括设备的发现、请求连接、聊天以及连接状态的管理。这些功能对于支持设备之间联机游戏或通信的应用程序非常有用。具体实现流程如下所示。

6）定义名为 ConnnectingService 的 Java 类，用于管理联机服务。声明类的成员变量，包括日志标签 TAG、IP 地址 mIp、UDP 数据套接字 mDataSocket、多播套接字 mMulticastSocket、多播地址 mCastAddress，以及一些线程和处理程序。类文件 ConnectedService.java 具体实现流程如下。

- 定义 ConnnectingService 构造函数，接受 IP 地址和消息处理程序作为参数。在构造函数中初始化成员变量，并创建 UDP 接收器和多播接收器。
- 定义 start 方法启动连接程序的方法。在该方法中，启动 UDP 接收器、多播接收器以及消息发送处理程序的线程。
- 定义 stop 方法停止连接程序的方法。在该方法中，停止 UDP 接收器、多播接收器以及消息发送处理程序的线程。
- 定义 sendScanMsg 方法发送一个查询广播消息，用于搜索可连接的设备。
- 定义 sendExitMsg 方法发送一个查询广播消息，通知其他设备退出可联机状态。
- 定义 sendAskConnect 方法发送请求连接消息，尝试与其他设备建立连接。
- 定义 sendChat 方法发送聊天内容，用于在设备之间进行通信。
- 定义 accept 方法同意建立连接的请求。
- 定义 reject 方法拒绝建立连接的请求。
- 定义 UDPReceiver 内部类用于接收 UDP 消息的线程，接收到的消息将会根据消息类型进行处理，例如处理建立连接请求、处理聊天消息等。
- 定义 UdpSendHandler 内部类，用于发送 UDP 消息的处理程序。该处理程序接收包含目标 IP 地址和数据的消息，并尝试通过 UDP 套接字发送数据包到指定的 IP 地址。
- 定义 handleMessage 方法接收消息，提取 IP 地址和数据，然后发送 UDP 数据包。
- 定义内部类 MulticastReceiver，用于接收多播消息的线程。该线程监听其他设备的扫描或加入广播消息，处理并提取其中的 IP 地址信息。
- 定义 run 方法，在循环中接收多播消息，并根据消息内容提取 IP 地址。定义 quit 方法，用于退出多播接收线程。
- 定义 MulticastSendHandler 内部类，用于发送多播消息的处理程序。该处理程序接收要发送的消息数据，并通过多播套接字发送数据包。
- 定义 handleMessage 方法接收消息，提取数据，然后发送多播数据包。
- 定义 onError 方法，用于处理错误信息的方法，将错误信息以消息的形式发送给消息处理程序。
- 定义 onJoin 方法，用于通知有新的可联机对象加入的方法。将新加入设备的机器名和

IP 地址以消息的形式发送给消息处理程序。

- 定义 onExit 方法，用于通知某个可联机对象已退出。将退出设备的机器名和 IP 地址以消息的形式发送给消息处理程序。
- 定义 processUdpJoin 方法，用于处理 UDP 加入可连接对象消息。该方法解析接收到的消息体，提取出机器名和 IP 地址，并将其传递给 onJoin 方法。
- 定义 packageUdpJoin 方法，用于将本机名称和 IP 地址封装成一个字节数组，以便发送 UDP 加入消息。
- 定义方法 processBroadcast，用于处理广播消息。该方法解析接收到的消息体，提取机器名、IP 地址和广播类型，并根据广播类型通知 onJoin 或 onExit 方法。
- 定义 packageBroadcast 方法，用于将本机名称、IP 地址和广播类型封装成一个字节数组，以便发送广播消息。
- 定义 createAskConnect 方法，用于创建请求连接消息体，将本机名称和 IP 地址封装成一个字节数组，并标记为连接请求。
- 定义 processAsk 方法，用于解析请求连接消息体，提取机器名和 IP 地址，并将其传递给消息处理程序。
- 定义 createChat 方法，用于创建聊天内容消息体，将发送者的机器名、IP 地址和聊天内容封装成一个字节数组，以便发送。
- 定义 processChat 方法，用于处理聊天内容消息体，提取发送者的机器名、IP 地址和聊天内容，并将其传递给消息处理程序。
- 定义 createConnectResponse 方法，用于创建连接响应消息体，将本机名称和 IP 地址封装成一个字节数组，并标记为连接同意或拒绝。
- 定义 processConnectResponse 方法，用于解析连接请求响应消息体，提取机器名、IP 地址和响应类型，并将其传递给消息处理程序。

14.7.2 选择 Wi-Fi

选择 Wi-Fi 界面的功能由布局文件 activity_connect.xml 和 Activity 文件 ConnectionActivity.kt 实现。这两个文件一起工作，使应用的用户界面和逻辑分离，这有助于更好地组织和维护应用代码。

1. UI 布局文件

编写文件 activity_connect.xml，实现 Wi-Fi 连接与 Wi-Fi 搜索功能相关的用户界面。这个布局文件主要用于创建一个用户界面，包括一个文本视图、一个扫描按钮和一个列表视图，以实现连接与搜索的功能。用户可以点击按钮来启动扫描操作，扫描结果会以列表的形式显示在列表视图中。

2. Activity 实现

编写文件 ConnectionActivity.kt，实现了 Android Activity 类，用于处理网络连接和通信相关的操作，主要包括网络连接、通信和用户界面交互，包括扫描、接受连接请求、拒绝请求、显示聊天内容等功能。具体实现流程如下所示。

1）定义 ConnectionActivity 类，这是一个 Android Activity，用于处理网络连接和通信相关操作。其中包含如下所示的成员变量。

- mConnections：一个 ArrayList，用于存储连接信息。
- mListView：ListView 控件，用于显示连接列表。
- mAdapter：ConnectionAdapter 对象，用于管理连接列表的适配器。
- mIP：存储本机的 IP 地址。
- mCM：ConnnectingService 对象，用于处理网络连接和通信。
- mConnectDialog：AlertDialog 对象，用于显示连接请求的对话框。
- waitDialog：ProgressDialog 对象，用于显示等待对话框。
- mChatDialog：Dialog 对象，用于显示聊天对话框。
- mChatAdapter：ChatAdapter 对象，用于管理聊天对话框内的聊天内容。
- mChats：一个 ArrayList，用于存储聊天内容。

2）创建函数 init（savedInstanceState：Bundle?），这是一个用于初始化 Activity 的函数。它在 Android 的生命周期中的 onCreate 方法内被调用，负责执行一些初始化操作。init 方法接受一个可选的 Bundle 参数 savedInstanceState，通常用于恢复之前保存的状态信息。

```
override fun init(savedInstanceState: Bundle?) {
    mScanDialog = ProgressDialog(this)
    mScanDialog!!.setMessage(getString(R.string.scan_loading))
    initView()
    initNet()
}
```

3）创建一个匿名内部类实例化的属性 mHandler，它创建了一个 Handler 对象并分配给 mHandler 属性。Handler 是 Android 中用于处理消息和更新 UI 的类。mHandler 用于接收和处理网络回调信息，包括连接请求、对战请求等。这个属性的初始化在类的创建时执行。

4）创建函数 initView()，初始化网络连接，获取本机的 IP 地址。

5）创建函数 initNet()，功能是初始化网络连接，获取本机的 IP 地址。

6）创建函数 onStart()，功能是在 Activity 启动时启动网络连接。

7）创建函数 onStop()，功能是在 Activity 停止时关闭网络连接。

8）创建函数 getConnectItem（msg：Message），功能是从消息对象 Message 中提取数据并创建一个 ConnectionItem 对象。这个函数的主要目的是将从网络回调消息中获取的数据提取出来，以便在列表中显示其他设备的连接信息。它接受一个 Message 参数 msg，然后从 msg 中提取出对方设备的名称和 IP 地址，然后使用这些信息创建一个 ConnectionItem 对象。

9）创建函数 ip()，功能是获取本机的 IP 地址。

10）创建函数 intToIp()，功能是将整型 IP 地址转换为字符串形式。

11）创建函数 onClick(v，类型是 View)，功能是处理用户界面上的点击事件，如扫描按钮的点击事件。

12）创建函数 showConnectDialog(name，类型是 String，ip，类型是 String)，功能是显示连接请求对话框，包括接受和拒绝操作。

13）创建函数 showChatDialog()，功能是显示聊天内容对话框，用于实现聊天功能。

14）创建函数 showProgressDialog（title，类型是 String，message，类型是 String)，功能是显示进度对话框，用于等待对方响应请求。

14.7.3 联网对战游戏界面

联网对战游戏界面的功能由布局文件 game_net.xml 和 Activity 文件 WifiGameActivity.kt 实现。这两个文件一起工作，使应用的用户界面和逻辑分离，这有助于更好地组织和维护应用代码。

1. UI 布局文件

编写文件 game_net.xml，实现联网对战游戏界面的 UI 布局功能。在文件 game_net.xml 的代码中，Game Area 这部分包括游戏界面的 GameView，用于显示游戏棋盘。Control Button 部分包括一组控制按钮，用于重新开始游戏、悔棋、请求平局和认输，这组按钮的具体说明如下：

- 重新开始按钮（Restart）。
- 悔棋按钮（Rollback）。
- 请求平局按钮（RequestEqual）。
- 认输按钮（Fail）。

2. Activity 实现

编写文件 WifiGameActivity.kt，创建类 WifiGameActivity，用于处理网络对战五子棋游戏的游戏界面和逻辑。这个类的主要目的是创建并管理五子棋游戏的界面，同时处理游戏逻辑和网络通信，以实现与对手的联机对战。文件 WifiGameActivity.kt 包括了与界面交互和游戏逻辑相关的方法以及事件处理程序，对其代码的具体说明如下。

- 属性初始化：该类包含了许多属性，包括 mGameView、mGame、me、challenger、mBlackWin、mWhiteWin、mBlackActive、mWhiteActive、mBlackName、mWhiteName、restart、rollback、requestEqual、fail、mService、isServer、ip、waitDialog 等。这些属性用于保存游戏界面的视图元素、游戏逻辑的实例、玩家信息、按钮等。
- getLayoutId 方法：用于返回与该 Activity 关联的布局资源 ID（R.layout.game_net）。
- init 方法：在 onCreate 方法中调用，用于初始化游戏。它获取从 Intent 传递的额外信息，例如是作为服务器还是客户端，以及对方的 IP 地址。然后初始化界面视图和游戏逻辑。
- mRefreshHandler 和 mRequestHandler：这两个内部类继承自 Handler，分别用于处理游戏回调信息和网络信息。它们负责更新游戏界面，处理游戏结束、棋子落下、悔棋请求等事件。
- initViews 方法：用于初始化界面中的视图元素，例如棋盘 GameView、玩家名称、按钮等。

- initGame 方法：初始化游戏逻辑，包括创建游戏实例、设置玩家信息、设置游戏模式等。
- updateActive 方法：根据当前落子方（active），更新界面上的活动指示图标。
- updateScore 方法：更新黑棋和白棋玩家的胜局次数。
- dispatchTouchEvent 方法：用于处理触摸事件，确保只有当前落子方可以操作游戏。
- showWinDialog 方法：显示游戏结束的对话框，提示赢家，并提供继续或退出选项。
- onClick 方法：处理按钮的点击事件，包括重新开始、悔棋、请求平局、认输等操作。
- rollback 方法：处理悔棋操作，如果满足条件，允许悔棋。
- showProgressDialog 和 showRollbackDialog 方法：分别用于显示等待框和悔棋请求对话框。
- companion object 内的 start 方法：用于启动 WifiGameActivity，传递服务器或客户端信息和 IP 地址参数。

14.8 游戏功能类

在前面介绍的游戏 Activity 中，无论是人机对战、两人对战还是联网对战，都需要调用接下来将要介绍的游戏功能类。本项目的游戏功能类保存在“game”目录下，用于实现一个五子棋游戏的逻辑和界面。在本项目中，“game”目录包含了实现五子棋游戏的关键逻辑、玩家管理、游戏界面绘制，以及棋盘状态管理等核心功能。这些文件协同工作，实现了一个完整的五子棋游戏，包括绘制游戏棋盘、管理棋子状态、判定胜负等功能。

具体来说，“game”目录包含如下所示的程序文件。

- Game.java：该文件定义了 Game 类，用于管理五子棋游戏的核心逻辑。Game 类包括棋盘状态、玩家管理、下棋规则判定、游戏状态等关键功能。
- GameView.java：GameView 类继承自 Android 的 SurfaceView，负责游戏界面的显示和用户交互。该类包括绘制棋盘和棋子、处理用户点击事件、绘制焦点等功能。
- Player.kt：Player 类用于表示游戏中的玩家，每个玩家有一个名字、棋子类型（黑子或白子）、胜局和败局的统计等信息。
- Point.kt：Point 类表示二维坐标点，用于表示棋盘上的位置，例如棋子的坐标。
- RobotAI.java：RobotAI 类包含了 AI 玩家的逻辑，用于实现游戏中的人机对战，它包括 AI 下棋的算法和策略，以及评估棋局局势的功能。

14.8.1 游戏常量

编写文件 Constants.java，定义各种常量，这些常量在整个应用程序中用于标识和表示不同的状态和模式。通过使用这些常量，可以更容易地管理和维护应用程序的代码，确保在不同部分之间的一致性，以及更容易地进行调试和错误修复。具体实现代码如下所示。

```
public class Constants {
    public static final int GAME_OVER = 0;
```

```
    public static final int ADD_CHESS = 1;
    public static final int ACTIVE_CHANGE = 2;
    public static final int MODE_SINGLE = 0;
    public static final int MODE_FIGHT = 1;
    public static final int MODE_NET = 2;
}
```

对上述代码的具体说明如下：

- GAME_OVER：整数常量，值为 0，用于表示游戏结束的状态。
- ADD_CHESS：整数常量，值为 1，用于表示落子的操作。
- ACTIVE_CHANGE：整数常量，值为 2，用于表示当前活动玩家的切换。
- MODE_SINGLE：整数常量，值为 0，用于表示单人游戏模式。
- MODE_FIGHT：整数常量，值为 1，用于表示对战模式。
- MODE_NET：整数常量，值为 2，用于表示联机对战模式。

14.8.2 处理游戏逻辑

编写文件 Game.java，实现一个处理游戏逻辑的类，包含了用于管理游戏状态和处理玩家行动的方法，主要用于管理游戏的核心逻辑，包括落子、悔棋、判断游戏结束等功能。具体实现代码如下所示。

```
/**
 * 处理游戏逻辑
 */
public class Game {
    public static final int SCALE_SMALL = 11;
    public static final int SCALE_MEDIUM = 15;
    public static final int SCALE_LARGE = 19;
    //自己
    private Player me;
    //对手
    private Player challenger;

    private int mMode = 0;

    //默认黑子先出
    private int mActive = 1;
    private int mGameWidth = 0;
    private int mGameHeight = 0;
    private int[][] mGameMap = null;
    private Deque<Point> mActions;

    public static final int BLACK = 1;
    public static final int WHITE = 2;

    private Handler mNotify;
```

```
public Game(Handler h, Player me, Player challenger) {
    this(h, me, challenger, SCALE_MEDIUM, SCALE_MEDIUM);
}

public Game(Handler h, Player me, Player challenger, int width, int height) {
    mNotify = h;
    this.me = me;
    this.challenger = challenger;
    mGameWidth = width;
    mGameHeight = height;
    mGameMap = new int[mGameWidth][mGameHeight];
    mActions = new LinkedList<Point>();
}

public void setMode(int mode) {
    this.mMode = mode;
}

public int getMode() {
    return mMode;
}

/**
 * 悔棋一子
 *
 * @return 是否可以悔棋
 */
public boolean rollback() {
    Point c = mActions.pollLast();
    if (c != null) {
        mGameMap[c.getX()][c.getY()] = 0;
        changeActive();
        return true;
    }
    return false;
}

/**
 * 游戏宽度
 *
 * @return 棋盘的列数
 */
public int getWidth() {
    return mGameWidth;
}

/**
 * 游戏高度
 *
```

```
     * @return 棋盘横数
     */
    public int getHeight() {
        return mGameHeight;
    }

    /**
     * 落子
     *
     * @param x
     *            横向下标
     * @param y
     *            纵向下标
     * @return 当前位置是否可以下子
     */
    public boolean addChess(int x, int y) {
        if (mMode == Constants.MODE_FIGHT) {
            if (mGameMap[x][y] == 0) {
                if (mActive == BLACK) {
                    mGameMap[x][y] = BLACK;
                } else {
                    mGameMap[x][y] = WHITE;
                }
                if (!isGameEnd(x, y, me.getType())) {
                    changeActive();
                    sendAddChess(x, y);
                    mActions.add(new Point(x, y));
                }
                return true;
            }
        } else if (mMode == Constants.MODE_NET) {
            if (mActive == me.getType() && mGameMap[x][y] == 0) {
                mGameMap[x][y] = me.getType();
                mActive = challenger.getType();
                if (!isGameEnd(x, y, me.getType())) {
                    mActions.add(new Point(x, y));
                }
                sendAddChess(x, y);
                return true;
            }
        } else if (mMode == Constants.MODE_SINGLE) {
            if (mActive == me.getType() && mGameMap[x][y] == 0) {
                mGameMap[x][y] = me.getType();
                mActive = challenger.getType();
                if (!isGameEnd(x, y, me.getType())) {
                    sendAddChess(x, y);
                    mActions.add(new Point(x, y));
                }
```

```
                return true;
            }
        }
        return false;
    }

    /**
     * 落子
     *
     * @param x
     *          横向下标
     * @param y
     *          纵向下标
     * @param player
     *          游戏选手
     */
    public void addChess(int x, int y, Player player) {
        if (mGameMap[x][y] == 0) {
            mGameMap[x][y] = player.getType();
            mActions.add(new Point(x, y));
            boolean isEnd = isGameEnd(x, y, player.getType());
            mActive = me.getType();
            if (!isEnd) {
                mNotify.sendEmptyMessage(Constants.ACTIVE_CHANGE);
            }
        }
    }

    /**
     * 落子
     *
     * @param c
     *          下子位置
     * @param player
     *          游戏选手
     */
    public void addChess(Point c, Player player) {
        addChess(c.getX(), c.getY(), player);
    }

    public static int getFighter(int type) {
        if (type == BLACK) {
            return WHITE;
        } else {
            return BLACK;
        }
    }
```

```
/**
 *返回当前落子方
 *
 * @returnmActive
 */
public int getActive() {
    return mActive;
}

/**
 *获取棋盘
 *
 * @return 棋盘数据
 */
public int[][] getChessMap() {
    return mGameMap;
}

/**
 *获取棋盘历史
 *
 * @returnmActions
 */
public Deque<Point> getActions() {
    return mActions;
}

/**
 *重置游戏
 */
public void reset() {
    mGameMap = new int[mGameWidth][mGameHeight];
    mActive = BLACK;
    mActions.clear();
}

/**
 *不需要更新落子方,谁输谁先手
 */
public void resetNet() {
    mGameMap = new int[mGameWidth][mGameHeight];
    mActions.clear();
}

private void changeActive() {
    if (mActive == BLACK) {
        mActive = WHITE;
```

```
    } else {
        mActive = BLACK;
    }
}

private void sendAddChess(int x, int y) {
    Message msg = new Message();
    msg.what = Constants.ADD_CHESS;
    msg.arg1 = x;
    msg.arg2 = y;
    mNotify.sendMessage(msg);
}

//判断是否五子连珠
private boolean isGameEnd(int x, int y, int type) {
    int leftX = x - 4 > 0 ? x - 4 : 0;
    int rightX = x + 4 < mGameWidth - 1 ? x + 4 : mGameWidth - 1;
    int topY = y - 4 > 0 ? y - 4 : 0;
    int bottomY = y + 4 < mGameHeight - 1 ? y + 4 : mGameHeight - 1;

    int horizontal = 1;
    // 横向向左
    for (int i = x - 1; i >= leftX; --i) {
        if (mGameMap[i][y] ! = type) {
            break;
        }
        ++horizontal;
    }
    // 横向向右
    for (int i = x + 1; i <= rightX; ++i) {
        if (mGameMap[i][y] ! = type) {
            break;
        }
        ++horizontal;
    }
    if (horizontal >= 5) {
        sendGameResult(type);
        return true;
    }

    int vertical = 1;
    // 纵向向上
    for (int j = y - 1; j >= topY; --j) {
        if (mGameMap[x][j] ! = type) {
            break;
        }
        ++vertical;
    }
```

```
// 纵向向下
for (int j = y + 1; j <= bottomY; ++j) {
    if (mGameMap[x][j] ! = type) {
        break;
    }
    ++vertical;
}
if (vertical >= 5) {
    sendGameResult(type);
    return true;
}

int leftOblique = 1;
// 左斜向上
for (int i = x + 1, j = y - 1; i <= rightX && j >= topY; ++i, --j) {
    if (mGameMap[i][j] ! = type) {
        break;
    }
    ++leftOblique;
}
// 左斜向下
for (int i = x - 1, j = y + 1; i >= leftX && j <= bottomY; --i, ++j) {
    if (mGameMap[i][j] ! = type) {
        break;
    }
    ++leftOblique;
}
if (leftOblique >= 5) {
    sendGameResult(type);
    return true;
}

int rightOblique = 1;
// 右斜向上
for (int i = x - 1, j = y - 1; i >= leftX && j >= topY; --i, --j) {
    if (mGameMap[i][j] ! = type) {
        break;
    }
    ++rightOblique;
}
// 右斜向下
for (int i = x + 1, j = y + 1; i <= rightX && j <= bottomY; ++i, ++j) {
    if (mGameMap[i][j] ! = type) {
        break;
    }
    ++rightOblique;
}
if (rightOblique >= 5) {
```

```
            sendGameResult(type);
            return true;
        }

        return false;
    }

    private void sendGameResult(int player) {
        Message msg = Message.obtain();
        msg.what = Constants.GAME_OVER;
        msg.arg1 = player;
        mNotify.sendMessage(msg);
    }
}
```

对上述代码的具体说明如下。

1）定义如下所示的常量：

- SCALE_SMALL、SCALE_MEDIUM 和 SCALE_LARGE：分别表示小、中、大三种不同的游戏棋盘大小。
- BLACK 和 WHITE：表示黑子和白子的常量。
- mMode：表示游戏模式，可以是单人模式、对战模式或联机对战模式。

2）构造函数：Game 类有两个构造函数，一个接受处理器 Handler 和两个玩家对象（Player），另一个还可以指定游戏棋盘的宽度和高度。

3）游戏模式设置和获取：setMode 和 getMode 方法用于设置和获取游戏的模式，比如单人、对战或联机对战。

4）rollback 方法用于悔棋，允许玩家撤回上一步棋的操作。

5）reset 方法用于重置游戏，清空棋盘并重新开始。

6）addChess 方法用于落子，接受横向和纵向坐标作为参数，根据当前游戏模式和活动玩家的不同，允许不同玩家在棋盘上落子。另外，addChess 方法还接受一个玩家对象作为参数，用于处理玩家落子的情况。

7）isGameEnd 方法用于判断是否出现五子连珠，即判断游戏是否结束。

8）changeActive 方法用于切换当前落子方，切换黑子和白子的轮次。

9）getActive 方法用于获取当前落子方。

10）getChessMap 方法用于获取当前游戏棋盘的状态。

11）getActions 方法用于获取玩家的历史行动。

12）sendGameResult 方法用于发送游戏结果，通知游戏结束。

13）sendAddChess 方法用于发送落子的消息给处理器。

注意：为节省本书的篇幅，不再在书中详细讲解“game”目录中的其他程序文件。本项目的主要内容全部介绍完毕，其中人机对战的游戏界面效果如图 14-3 所示。

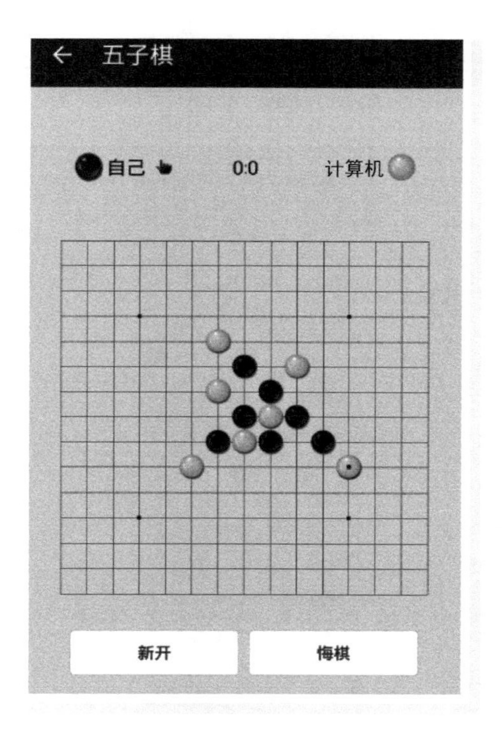

● 图 14-3　人机对战的游戏界面效果

CHAPTER 15

第15章

高仿抖音潜艇大挑战游戏

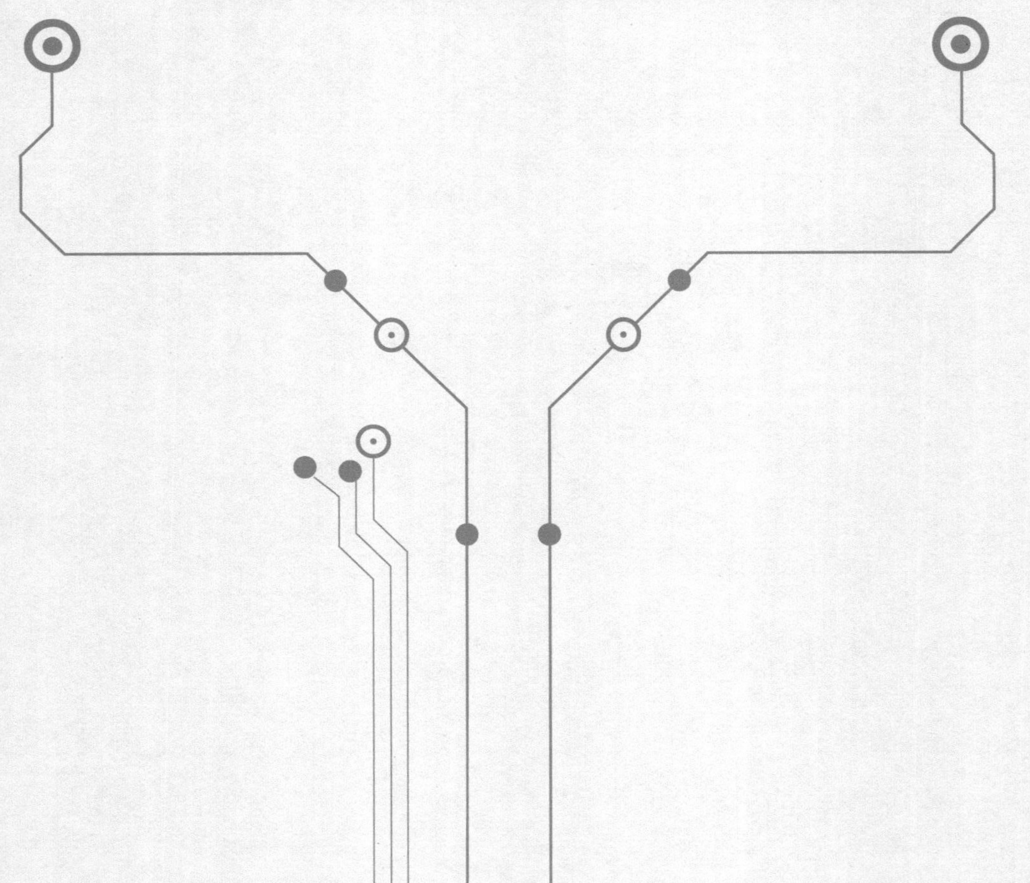

抖音潜艇游戏是一款在抖音平台上很受欢迎的小游戏，它的玩法类似于 Flappy Bird。玩家需要使用鼻子来控制潜艇的高低，以避免碰到障碍物。完成挑战可以获得潜艇王者称号。本章的内容将详细讲解在 Android 系统中高仿开发一个抖音潜艇游戏的过程，展示开发大型 Android 休闲类游戏的过程。

15.1 抖音潜艇游戏介绍

抖音潜艇游戏是一款休闲游戏，它的玩法描述更侧重于玩家使用鼻子来控制潜艇的高低，以避免碰到障碍物。这款游戏更注重反应速度和娱乐性，其基本信息如下所示。

- 游戏特点：与其他游戏不同，该游戏的玩法非常特别，不考验手的操作灵活性，注重娱乐性。玩家需要不断完成各种关卡挑战，但要注意移动范围不能太大，以避免碰到障碍物。
- 游戏玩法：类似于 Flappy Bird，玩家使用鼻子来控制潜艇的高低，以避免碰到障碍物。完成挑战可以获得潜艇王者称号。
- 游戏受欢迎度：抖音上的潜艇游戏受到不少用户喜爱，使用鼻子的上下移动来控制潜艇上下移动，类似于《像素鸟游戏》。玩家还可以获得不同的潜艇称号。
- 游戏推广：这款游戏可以用于赚钱，通过邀请其他人玩游戏，玩家可以成为游戏的推广员，获得奖励。

15.2 项目介绍

本项目展示了一个完整 Android 潜艇游戏的实现过程。这是一个基本的 2D 游戏，具有以下主要功能和组成部分。

- 游戏引擎：整个游戏是一个基于 Android 平台的 2D 游戏。它使用 Android 的绘图和动画功能来创建游戏界面和动画效果。
- 背景：游戏有一个背景层，通常由天空或海洋背景组成。这个背景会不断地滚动，制造出潜艇在水下航行的效果。
- 前景：前景层包含潜艇和人脸识别框。潜艇是玩家控制的角色，可以通过人脸识别框的位置来移动。前景还包括潜艇的动画效果，当游戏开始时，潜艇通过动画效果进入游戏。
- 人脸识别：游戏使用摄像头进行人脸识别。当检测到人脸时，潜艇会根据人脸的位置来移动。这为玩家提供了一种非常独特的游戏方式，可以使用自己的脸部运动来控制潜艇。
- 障碍物：尽管源码中没有明确提到，但从代码中可以看出，游戏似乎具有障碍物，例如障碍物的生成和移动。这些障碍物可能是游戏中的障碍，玩家需要躲避它们。
- 动画：游戏包含许多动画效果，包括潜艇的进入动画、潜艇的移动动画，以及人脸识别框的绘制动画。这些动画为游戏增加了视觉吸引力。

总体来说，这个源码是一个简单的潜艇游戏，玩家可以使用人脸识别来控制潜艇，规避障碍物，并尽量保持在游戏中生存。游戏包括了一些基本的游戏元素和动画效果，可以作为学习游戏开发的起点或灵感来源。

15.3 工程配置

在实现一个 Android 项目时，通常需要配置 Android 工程所独有的配置文件。本节的内容将详细讲解配置本项目工程的过程。

15.3.1 核心配置文件

在一个 Android 项目中，**AndroidManifest.xml** 是 Android 应用程序的核心配置文件，它不仅包含了应用程序的基本信息，还定义了应用程序的行为和与系统的交互方式。这个文件的正确编写对于应用程序的正常运行和与系统的交互至关重要。在本项目中，核心配置文件 **app/src/main/AndroidManifest.xml** 的具体实现代码如下所示。

```
<? xml version="1.0" encoding="utf-8"? >
<manifest xmlns:android="http://schemas.android.com/apk/res/android"
    package="com.my.ugame">
    <uses-permissionandroid:name="android.permission.CAMERA" />
    <uses-permissionandroid:name="android.permission.WRITE_EXTERNAL_STORAGE" />
    <uses-permissionandroid:name="android.permission.RECORD_AUDIO" />
    <uses-permissionandroid:name="android.permission.INTERNET" />
    <uses-permissionandroid:name="android.permission.READ_PHONE_STATE" />
    <uses-permission android:name="android.permission.CAMERA"/>
    <uses-feature android:name="android.permission.camera"/>
    <application
        android:allowBackup="true"
        android:icon="@mipmap/icon"
        android:label="@string/app_name"
        android:roundIcon="@mipmap/icon"
        android:supportsRtl="true"
        android:theme="@style/AppTheme">
        <activity
            android:name=".FullscreenActivity"
            android:configChanges="orientation |keyboardHidden |screenSize"
            android:label="@string/app_name"
            android:screenOrientation="portrait"
            android:theme="@style/Theme.AppCompat.NoActionBar">
            <intent-filter>
                <action android:name="android.intent.action.MAIN" />
                <category android:name="android.intent.category.LAUNCHER" />
            </intent-filter>
        </activity>
    </application>
</manifest>
```

在上述清单文件 AndroidManifest.xml 中包含了如下所示的内容。

- 应用程序包名：package 属性指定了应用程序的包名，这是应用程序的唯一标识符。在示例中，包名为 com.my.ugame。
- 权限声明：<uses-permission> 元素列出了应用程序需要的权限，包括相机、外部存储、录音、互联网和读取电话状态等权限。
- 应用程序配置：<application> 元素包含了应用程序的配置信息，包括是否允许备份、应用程序图标、应用程序标签、支持 RTL（右到左布局）等。
- 活动声明：<activity> 元素定义了一个活动（Activity）组件，指定了活动的类名（.FullscreenActivity）、配置更改、标签、屏幕方向等信息。
- 活动的入口点：通过 <intent-filter> 元素，该清单文件标明了应用程序的入口点活动（FullscreenActivity）是启动器（android. intent. action. MAIN 和 android. intent. category. LAUNCHER）。

需要注意的是，清单文件 AndroidManifest.xml 中的权限声明、活动配置和入口点定义非常重要，因为它们会影响应用程序的行为和用户体验。例如在示例中，应用程序请求了访问相机、存储、录音等权限，并且指定了一个入口点活动，它会在启动应用程序时打开。

此外，在上述清单文件 AndroidManifest.xml 中还包含了应用程序的图标和主题等视觉元素的配置信息，这些配置将影响应用程序的外观和用户界面。

15.3.2 构建配置

编写 Android 应用的构建配置文件 ugame/app/build.gradle，定义应用程序的基本设置、依赖关系以及构建选项，以确保应用程序能够正确构建和运行。具体实现代码如下所示。

```
android {
    compileSdkVersion 29
    buildToolsVersion "29.0.2"
    defaultConfig {
        applicationId "com.my.ugame"
        minSdkVersion 21
        targetSdkVersion 29
        versionCode 1
        versionName "1.0"
        testInstrumentationRunner "androidx.test.runner.AndroidJUnitRunner"
    }
    buildTypes {
        release {
            minifyEnabled false
            proguardFiles getDefaultProguardFile('proguard-android-optimize.txt'), 'proguard-
rules.pro'
        }
    }
    compileOptions {
        sourceCompatibility = 1.8
```

```
        targetCompatibility = 1.8
    }
    kotlinOptions {
        jvmTarget = "1.8"
    }
}
dependencies {
    implementation fileTree(dir: 'libs', include: ['*.jar'])
    implementation "org.jetbrains.kotlin:kotlin-stdlib-jdk7: $kotlin_version"
    implementation 'androidx.appcompat:appcompat:1.1.0'
    implementation 'androidx.core:core-ktx:1.2.0'
    implementation 'androidx.legacy:legacy-support-v4:1.0.0'
    testImplementation 'junit:junit:4.12'
    androidTestImplementation 'androidx.test.ext:junit:1.1.1'
    androidTestImplementation 'androidx.test.espresso:espresso-core:3.2.0'
}
```

15.3.3 权限处理

编写文件 PermissionUtils.kt，用于处理本项目所要用到的权限，主要包括如下所示的权限。

- 常量 PERMISSION_REQUEST_CODE、REQUEST_PERMISSION 和 PERMISSION_SETTING_CODE 用于标识权限请求和设置请求的常量值。
- checkPermission 函数用于检查应用是否已获得相机权限。如果已授予权限，将运行传入的回调函数，否则将启动权限请求。
- startRequestPermission 函数用于处理权限请求前的操作。如果用户之前拒绝了权限请求，但未勾选“不再询问”选项，将显示权限解释对话框，否则将直接请求权限。
- requestPermission 函数用于请求相机权限。
- showPermissionExplainDialog 函数用于显示权限解释对话框，解释为什么应用需要此权限。用户可以选择继续申请权限或退出应用。
- showPermissionSettingDialog 函数用于显示权限设置对话框，引导用户到应用设置页面，以更改应用的权限设置。

15.4 游戏场景

游戏场景是整个项目的核心，本项目的游戏场景由游戏视图控制类负责实现，并在场景容器中绘制了对应的障碍物和潜艇。

15.4.1 游戏视图控制类

编写文件 GameController.kt，实现游戏控制类 GameController，负责处理游戏的核心逻辑和控制游戏状态，包括开始和停止游戏、计分、碰撞检测以及相机的初始化和切换。游戏状态通过 GameState 枚举来表示。对文件 GameController.kt 代码的具体说明如下。

- GameController 接受 AppCompatActivity、AutoFitTextureView、BackgroundView 和 ForegroundView 作为参数，用于初始化游戏控制器。
- 通过 activity.lifecycle.addObserver 监听生命周期事件，当 Activity 销毁时，释放相机资源。
- handler 用于在主线程上执行延迟任务。
- cameraHelper 用于处理相机的相关操作。
- _score 用于跟踪玩家得分。
- start 方法用于开始游戏，初始化相机、启动前景和背景视图，设置游戏状态为开始，并在一定延迟后开始计分。
- startScoring 方法用于在游戏中不断增加得分，检测是否发生碰撞，并更新游戏状态。碰撞检测使用 isCollision 方法。
- isCollision 方法用于检测两个矩形是否发生碰撞。
- initCamera 方法用于初始化相机，包括设置人脸检测监听器。
- switchCamera 方法用于切换前后摄像头。
- 游戏状态由 _state 和 gameState 来管理，包括 Start、Over 和 Score 状态。

15.4.2 游戏障碍物

在本项目的“bg”目录中保存了两个程序文件，即“BackgroundView.kt”和“Bar.kt”，这两个文件共同构成了游戏中的背景和障碍物的处理部分。

1. 游戏容器类

编写文件 BackgroundView.kt，实现游戏容器类 BackgroundView，负责管理障碍物（obstacles）的创建、添加、移动以及游戏结束后的清理。这个类是游戏中负责障碍物的管理和显示的核心部分，通过定时任务不断刷新障碍物，创建新的障碍物，并处理障碍物的移动和移出屏幕。

对文件 BackgroundView.kt 代码的具体说明如下。

- 通过继承 FrameLayout，创建后景容器类 BackgroundView，其中包含了障碍物的创建和管理。
- 使用 Timer 定时任务，通过 _timer 定时刷新障碍物。在 start 方法中创建并初始化 _timer，通过 post 方法来执行 _createBars、_addBars 和 _moveBars 操作。
- _createBars 方法用于创建障碍物，包括上下两个障碍物为一组。上障碍物的高度 h 可以根据上一个障碍物 pre 来进行高度调整，同时随机地上下浮动。
- _addBars 方法将创建的障碍物添加到视图中，并设置其位置和大小。
- _moveBars 方法使用属性动画，让障碍物从屏幕右侧移动到左侧，同时通过监听动画的更新来更新障碍物的位置。当障碍物移出屏幕左侧时，通过 post 方法将其从视图中移除。
- barsList 用于存储当前屏幕上的所有障碍物。

- stop 方法用于游戏结束时停止所有障碍物的移动，取消所有属性动画。
- onLayout 方法用于设置障碍物的位置。
- start 方法用于开始游戏，包括清空之前的障碍物、创建新的障碍物并添加到视图、启动障碍物的移动。
- _clearBars 方法用于在游戏重启时清空障碍物。
- 障碍物的属性和常量参数包括障碍物的宽度、高度、空隙大小、高度调整步进单位、移动速度、障碍物出现间隔等。

2. 障碍物类

编写文件 Bar.kt 实现游戏中的障碍物类，主要包括三个类：Bar、UpBar 和 DnBar。这些类用于创建和管理障碍物的视图，定义了障碍物的外观、位置、大小以及如何绘制。

对文件 Bar.kt 代码的具体说明如下。

1）Bar 是障碍物基类，它是一个抽象类，包括以下属性和方法。

- bmp：障碍物的位图，通过 context.getDrawable（R.mipmap.bar）!!.toBitmap() 获取。
- srcRect：障碍物位图的源矩形，由具体的子类实现。
- dstRect：障碍物位图的目标矩形，根据障碍物的宽度 w 和高度 h 来设置。
- x：障碍物的 x 坐标。
- y：障碍物的 y 坐标（通过视图的 y 属性获取）。
- view：障碍物的视图，通过 BarView 创建，并设置绘制逻辑，如绘制位图。

2）UpBar 是屏幕上方的障碍物类，它继承自 Bar，包括以下属性和方法。

- _srcRect：上方障碍物位图的源矩形，根据高度和容器高度计算。
- srcRect：上方障碍物位图的源矩形，由_srcRect 实现。

3）DnBar 是屏幕下方的障碍物类，它也继承自 Bar。包括以下属性和方法。

- bmp：下方障碍物的位图，通过对上方障碍物位图进行旋转获得。
- _srcRect：下方障碍物位图的源矩形，根据高度和容器高度计算。
- srcRect：下方障碍物位图的源矩形，由_srcRect 实现。

BarView 用于绘制障碍物的自定义视图，它继承自 View，包括一个构造函数，接受一个用于绘制的回调函数。在 onDraw 方法中，通过回调函数绘制障碍物位图。

上述障碍物类协同工作，负责创建障碍物的视图，设置障碍物的大小、位置和绘制逻辑。Bar 类是基类，包含通用的属性和方法，而 UpBar 和 DnBar 类则继承自基类，根据不同的位置计算位图的源矩形。BarView 类则用于绘制障碍物的位图。

15.4.3 实现潜艇角色

在本项目的“fg”目录中保存了两个程序文件，即“Boat.kt”和“ForegroundView.kt ”，这两个文件共同实现了与游戏界面元素和潜艇（Boat）相关的代码。

1. 潜艇类

编写文件 Boat.kt，分别定义了潜艇类和潜艇的视图，具体实现代码如下所示。

```
/**
 *潜艇类
 */
class Boat(context: Context) {
    internal val view by lazy { BoatView(context) }
    val h
        get() = view.height.toFloat()
    val w
        get() = view.width.toFloat()
    val x
        get() = view.x
    val y
        get() = view.y
    /**
     *移动到指定坐标
     */
    fun moveTo(x: Int, y: Int) {
        view.smoothMoveTo(x, y)
    }
}
internal class BoatView(context: Context?) : AppCompatImageView(context) {
    private val _scroller by lazy { OverScroller(context) }
    private val _res = arrayOf(
        R.mipmap.boat_000,
        R.mipmap.boat_002
    )
    private var _rotationAnimator: ObjectAnimator? = null
    private var _cnt = 0
        set(value) {
            field = if (value > 1) 0 else value
        }
    init {
        scaleType = ScaleType.FIT_CENTER
        _startFlashing()
    }
    private fun _startFlashing() {
        postDelayed({
            setImageResource(_res[_cnt++])
            _startFlashing()
        }, 500)
    }

    override fun computeScroll() {
        super.computeScroll()

        if (_scroller.computeScrollOffset()) {

            x = _scroller.currX.toFloat()
```

```
            y = _scroller.currY.toFloat()

            // Keep on drawing until the animation has finished.
            postInvalidateOnAnimation()
        }
    }

    /**
     *移动更加顺换
     */
    internal fun smoothMoveTo(x: Int, y: Int) {
        if (!_scroller.isFinished) _scroller.abortAnimation()
        _rotationAnimator?.let { if (it.isRunning) it.cancel() }
        val curX = this.x.toInt()
        val curY = this.y.toInt()
        val dx = (x - curX)
        val dy = (y - curY)
        _scroller.startScroll(curX, curY, dx, dy, 250)
        _rotationAnimator = ObjectAnimator.ofFloat(
            this,
            "rotation",
            rotation,
            Math.toDegrees(atan((dy / 100.toDouble()))).toFloat()
        ).apply {
            duration = 100
            start()
        }
        postInvalidateOnAnimation()
    }
}
```

对上述代码的具体说明如下所示。

1）Boat 类：潜艇类，表示游戏中的潜艇，提供了以下属性和方法。

- view：潜艇的视图。
- h：潜艇的高度。
- w：潜艇的宽度。
- x：潜艇的当前 X 坐标。
- y：潜艇的当前 Y 坐标。
- moveTo（x：Int，y：Int）：将潜艇移动到指定的坐标。

2）BoatView 类：这是潜艇的视图，继承自 AppCompatImageView，包含了以下功能。

- 负责潜艇图片的闪烁效果。
- 实现了潜艇的平滑移动，包括处理移动动画和旋转动画。

2. 前景容器

编写文件 ForegroundView.kt，定义前景容器类，用于在游戏中控制前景元素，包括处理人脸检测回调、潜艇的移动和游戏开始动画等功能。

15.5 相机操作处理

在“cam”目录中有两个程序文件 AutoFitTextureView.java 和 CameraHelper.kt，目的是使应用程序能够方便地实现相机预览和人脸检测功能，同时还支持切换摄像头。

15.5.1 自定义视图

编写文件 AutoFitTextureView.java，定义了一个名为“AutoFitTextureView”的自定义视图类，用于处理 TextureView 并调整其纵横比。对文件 AutoFitTextureView.java 代码的具体说明如下。

- “AutoFitTextureView”继承自 Android 中的 TextureView 类，具有用于存储宽高比的成员变量 mRatioWidth 和 mRatioHeight，默认值为 0，并且提供了多个构造函数，用于在不同情况下创建 AutoFitTextureView。
- “setAspectRatio”方法用于设置视图的宽高比。该方法接受相对水平大小和垂直大小作为参数，并将它们存储在 mRatioWidth 和 mRatioHeight 中。如果传递的参数为负数，会抛出 IllegalArgumentException 异常。
- 在“onMeasure”方法中，根据传入的宽度和高度测量规格（MeasureSpec），调整视图的实际测量尺寸，以确保满足指定的宽高比。根据不同情况，可以调整 TextureView 的大小，以保持所需的宽高比。

总的来说，类 AutoFitTextureView 用于确保 TextureView 的宽高比与指定的宽高比相匹配，以适应不同的预览尺寸和设备屏幕尺寸。这对于相机应用程序等需要自适应预览视图的场景非常有用。

15.5.2 相机操作类

编写文件 CameraHelper.kt 实现了相机操作类 CameraHelper，此类封装了与相机操作相关的功能，包括初始化相机、预览、人脸检测、切换摄像头等。这使得在应用程序中能够更容易地进行相机操作，并且支持了一些高级功能，如人脸检测。具体实现流程如下所示。

1）在类的构造函数中，初始化了与相机操作相关的变量和数据。它还设置了一个 TextureView 的 SurfaceTextureListener，以监听 TextureView 的状态变化。

2）在 initCameraInfo( ) 方法中，首先获取了设备的 CameraManager，然后遍历可用的摄像头设备，选择了指定的摄像头（默认使用后置摄像头）。还获取了相机的硬件特性，如支持的硬件级别、摄像头方向、可用的输出尺寸等。

3）在 initFaceDetect( ) 方法中，初始化了人脸检测相关的设置，包括检测模式、坐标变换矩阵等。

4）通过 openCamera( )方法打开指定的摄像头，并设置了预览的参数。

5）在方法 createCaptureSession( ) 中，创建了与相机预览相关的 CameraCaptureSession，并设置了预览请求参数。

6）创建方法 handleFaces( )，用于处理检测到的人脸信息，将人脸坐标映射到预览视图中，然后通过回调通知外部的人脸检测监听器。

7）定义方法 exchangeCamera( )，允许在前后摄像头之间切换。

8）编写释放相机资源方法 releaseCamera( )，用于关闭相机设备和预览会话，释放相关资源。

9）编写释放线程资源方法 releaseThread( )，用于停止相机线程。

15.6 Activity 实现

本项目中只由一个游戏界面 Activity 构成，其功能由 XML 布局文件和 Activity 后端文件实现。在本项目中，游戏主界面的功能由文件 app/src/main/res/layout/activity_fullscreen.xml 和 com/my/ugame/FullscreenActivity.kt 实现。这两个文件一起工作，使应用的用户界面和逻辑分离，这有助于更好地组织和维护应用代码。

15.6.1 游戏界面 UI 布局

编写文件 app/src/main/res/layout/activity_fullscreen.xml，该文件定义了应用程序的用户界面，包括显示分数的文本、自定义的背景和前景视图，以及一个用于控制游戏的按钮。对 activity_fullscreen.xml 代码的具体说明如下。

1）FrameLayout 元素是布局的根元素，它定义了整个布局的容器。此布局容器可以用于堆叠和排列其他视图组件。

2）android:id="@+id/root"属性为根 FrameLayout 指定了一个唯一的标识符，以便在代码中引用它。

3）xmlns:tools="http://schemas.android.com/tools"定义了一个 XML 命名空间，用于与 Android 开发工具进行交互。

4）android:layout_width="match_parent"和 android:layout_height="match_parent"属性指定了根 FrameLayout 的宽度和高度，使其填充整个屏幕。

5）android:background="#000"属性设置了根 FrameLayout 的背景颜色为黑色。

6）tools:context=".FullscreenActivity"指定了与此布局文件相关联的 Activity 的类名。

7）在根 FrameLayout 中包含了以下子视图组件：

- 一个 TextView 组件，用于显示分数。它具有唯一的标识符 @+id/score，并设置了文本颜色、文本大小、文本样式等属性。
- 一个自定义的 BackgroundView 组件，使用了 com.my.ugame.bg.BackgroundView，用于显示背景。
- 一个自定义的 ForegroundView 组件，使用了 com.my.ugame.fg.ForegroundView，用于显示前景。

- 另一个 FrameLayout 用于包裹其子视图组件，设置了 android：fitsSystemWindows = "true" 属性，以便适应系统窗口。

8）在内部的 FrameLayout 包含了一个 LinearLayout 组件，用于显示控制按钮，包含的成员如下所示：

- android:id = "@+id/fullscreen_content_controls" 为该 LinearLayout 指定了唯一标识符。
- android:background = "@color/black_overlay" 设置了 LinearLayout 的背景颜色。
- 包含了一个按钮 Button，其唯一标识符是 @+id/switch_button，按钮上显示文本“切换摄像头”。

15.6.2 主界面的 Activity

编写文件 FullscreenActivity.kt，定义了主界面 FullscreenActivity 类，此类主要实现了用户界面的控制，包括隐藏和显示系统 UI、启动游戏，以及处理权限请求和权限设置。另外，还包括了一些回调方法，用于处理权限响应和游戏状态更新。对文件 FullscreenActivity.kt 代码的具体说明如下。

- onCreate 方法：在活动创建时被调用，它进行了一些初始化工作，包括设置状态栏颜色为透明，关联布局文件（R.layout.activity_fullscreen），以及设置点击根视图时的切换行为。
- onRequestPermissionsResult 方法：在请求应用程序运行时权限后，当用户做出响应时被调用。根据用户的响应，它决定是否启动游戏或显示权限设置对话框。
- onActivityResult 方法：当用户从权限设置界面返回时，会调用此方法。在此方法中，应用程序可以再次尝试启动游戏。
- onPostCreate 方法：在活动创建后的一小段时间内调用，用于触发初始的 UI 隐藏，以提示用户 UI 控件的可用性，并启动游戏。
- startGame 方法：用于启动游戏并进行一些初始化工作。它检查应用程序的权限，然后启动游戏控制器，并观察游戏状态，以更新分数或结束游戏。
- toggle 方法：用于切换 UI 的可见性。如果 UI 可见，则调用 hide 隐藏 UI；如果 UI 隐藏，则调用 show 显示 UI。
- hide 方法：用于隐藏 UI 控件。它将 UI 控件设置为不可见，并调度一个延时任务，在延时后隐藏状态栏和导航栏。
- show 方法：用于显示 UI 控件。它显示状态栏和导航栏，并设置一个延时任务，在延时后显示 UI 元素。
- delayedHide 方法：用于在一定延时后执行隐藏 UI 的操作。它取消之前已调度的隐藏任务，然后设置一个新的延时任务。
- companion object 包含了一些常量，例如自动隐藏系统 UI 的延迟时间。

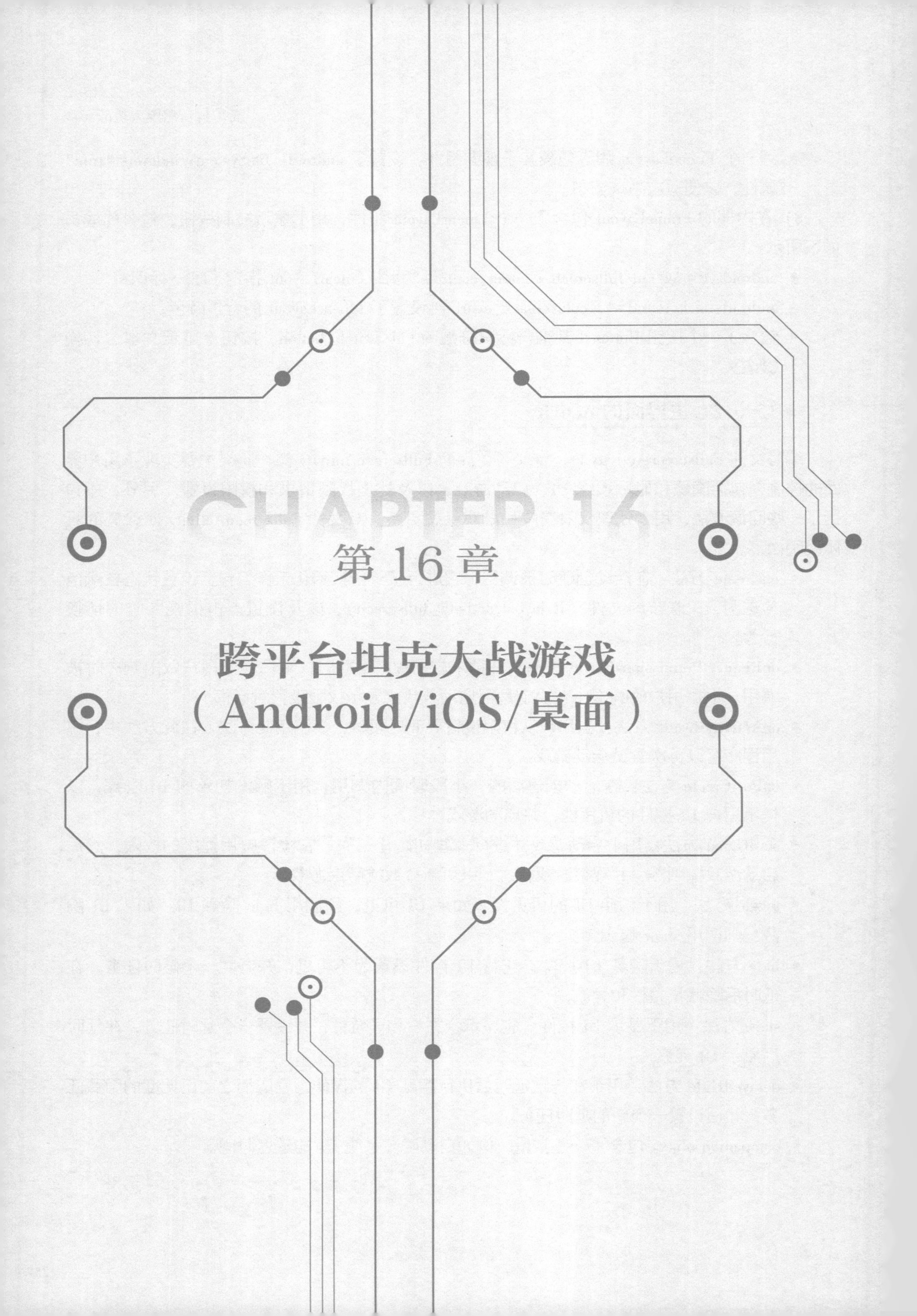

CHAPTER 16

第16章

跨平台坦克大战游戏（Android/iOS/桌面）

“坦克大战”是一种经典的电子游戏类型，玩家控制一辆坦克，以摧毁敌对坦克和完成各种任务为主要目标。这个游戏类型具有悠久的历史，吸引了众多玩家，不仅在街机和家用游戏机上非常流行，而且在现代移动设备和计算机上也有很多变种和续作。本章的内容将详细讲解在 Android 系统中开发一个坦克大战游戏的过程，并展示开发大型射击类游戏的过程。

16.1 坦克大战介绍

“坦克大战”游戏在不同平台上拥有悠久的历史，从早期的街机游戏到家用游戏机，再到现代的移动设备和计算机。许多“坦克大战”游戏已成为经典，吸引了数百万玩家。总的来说，“坦克大战”游戏是一种经典的射击游戏类型，以其简单而引人入胜的玩法、策略性挑战和多样化的武器系统而闻名。玩家可以通过控制坦克来参与激烈的战斗，摧毁敌人，完成任务，并在各种环境中展示军事技能。

坦克大战游戏玩法的具体说明如下。

- 坦克控制：玩家通常控制一辆坦克，可以使用键盘、控制器或触摸屏幕来操纵坦克的移动。坦克可以前进、后退、左转和右转。
- 射击：玩家可以使用坦克上的主炮来射击敌人，通常是其他坦克。玩家需要瞄准目标，计算射击的角度和力度，然后射击以摧毁敌人。
- 目标和任务：游戏通常包括各种任务和目标，如消灭所有敌人、占领基地、保护盟友或摧毁敌方设施。每个关卡或任务都有不同的挑战，需要玩家运用策略和技能。
- 多人游戏：一些“坦克大战”支持多人游戏，玩家可以与其他玩家对战，合作或竞技，以展示坦克技能。

16.2 项目介绍

本项目基于 Java 和 LibGDX 库实现，设计灵感来自于流行的 Flash 游戏“Awesome Tanks”。本项目旨在创建一个跨平台的游戏，高仿“Awesome Tanks”游戏，实现一个可以在 Android 和桌面设备上运行的“坦克大战”游戏。

16.2.1 Awesome Tanks 游戏介绍

“Awesome Tanks”是一款流行的 Flash 游戏，也是一款 2D 坦克射击游戏，让玩家控制一辆坦克来击败敌人和完成各种任务。

1. 游戏玩法

“Awesome Tanks”的玩法相对简单，但充满挑战。玩家控制一辆坦克，使用键盘或鼠标来移动坦克，瞄准并射击敌人坦克和障碍物。游戏通常包括多个关卡，每个关卡都有不同的目标，如击败所有敌人、摧毁特定目标或生存一段时间。

2. 关卡和挑战

“Awesome Tanks”包括多个关卡，每个关卡具有不同的地图、障碍物和敌人配置。随着玩家逐渐完成关卡，游戏的难度会逐渐增加，敌人的数量和类型也会增加，使游戏更加具有挑战性。

3. 升级和武器

在游戏中，玩家可以收集和升级不同类型的武器，以改进他们的坦克。这些升级可以包括增加坦克的生命值、提高射速、增加弹药容量等。不同的武器可以具有不同的射程、伤害和特殊效果，使玩家可以根据情况选择合适的武器。

4. 目标和成就

“Awesome Tanks”经常为玩家设定不同的目标和成就，玩家需要完成这些目标，以获得奖励或解锁新的内容。这可以包括完成特定数量的关卡、摧毁特定数量的敌人或获得高分。

5. 流行度和续作

“Awesome Tanks”在 Flash 游戏社区中非常受欢迎，因其简单而引人入胜的游戏玩法而获得了广泛的认可。这个成功还催生了续作和模仿者，为喜欢坦克射击游戏的玩家提供了更多的选择。

总之，“Awesome Tanks”是一款具有吸引力的 2D 坦克射击游戏，充满了动作和挑战。玩家需要在游戏中精通坦克操作、策略性思考以及目标的完成，以获得胜利并获得高分。这款游戏已经成为坦克射击游戏类型的经典之一，备受玩家欢迎。

16.2.2　功能介绍

本项目将高仿“Awesome Tanks”游戏，开发出一个功能强大的跨平台坦克大战游戏。主要功能如下。

- 主屏幕：“AwesomeTanks”的启动屏幕，提供了游戏开始的入口。
- 升级屏幕：在这个屏幕上，玩家可以购买新的武器或升级坦克，共有 8 种不同的武器可供选择，使游戏更加多样化和具有挑战性。
- 关卡屏幕：游戏包含 30 个独特的关卡，每个关卡拥有不断增加的难度、敌人和地图，为玩家提供了丰富的游戏体验。
- 游戏屏幕：在游戏屏幕上，玩家可以使用 W、A、S、D 键控制坦克的移动，同时使用鼠标进行瞄准。玩家可以通过点击底部菜单上的可用武器或使用数字 1～8 键来选择不同的武器。在游戏中，玩家需要管理武器的弹药量，同时争取获得更多武器。

在移动版本（Android/iOS）中，玩家使用两个虚拟摇杆进行控制。左侧摇杆用于移动坦克，右侧摇杆用于瞄准敌人，并且允许玩家在瞄准和移动之间切换。游戏还提供了方便的"枪支菜单"按钮，以便更轻松地选择可用的武器。

本项目的目标是为玩家提供一种有趣和令人满足的游戏体验，同时充分利用 LibGDX 库的跨平台能力，使玩家可以在多个设备上畅玩这款游戏。通过整合丰富的关卡、武器升级和直观的控制方式，希望吸引广大游戏爱好者，让他们享受到精彩的战斗与冒险。

16.3 工具类

在本游戏项目中，“utils”目录用于存储各种实用工具类、辅助函数和常用功能的实现。这些工具类和函数在项目中的多个部分被频繁使用，因此将它们集中在一个“utils”目录下可以方便管理和重复使用，从而提高了代码的可维护性和可重用性。

16.3.1 系统常量

编写文件 Constants.java，定义一些常量和参数，用于在项目中的不同部分中进行引用和使用。这些常量的目的是提供一个集中管理的地方，以便更容易地修改项目的设置和配置，同时在整个项目中保持一致性。具体实现代码如下所示。

```
public class Constants {
    public static final float SCREEN_WIDTH = 1280, SCREEN_HEIGHT = 720, TILE_SIZE =80;
    public static final float SQRT2_2 = 0.70710678118f; // sqrt(2)/2
    public static final int LEVEL_COUNT = 30;
    public static final float TRANSITION_DURATION = .3f;
    public static final short CAT_PLAYER_BULLET = 1;
    public static final short CAT_ITEM = 2;
    public static final short CAT_PLAYER = 4;
    public static final short CAT_BLOCK = 8;
    public static final short CAT_ENEMY = 16;
    public static final short CAT_ENEMY_BULLET = 32;
    public static final short ENEMY_BULLET_MASK = CAT_PLAYER | CAT_BLOCK;
    public static final short PLAYER_BULLET_MASK = CAT_ENEMY | CAT_BLOCK;
}
```

上述各个常量的具体说明如下。

（1）屏幕尺寸相关

- SCREEN_WIDTH 和 SCREEN_HEIGHT 定义了游戏屏幕的宽度和高度，分别为 1280 和 720 像素。
- TILE_SIZE 定义了地图中瓷砖（tile）的大小，它是一个正方形，并且大小为 80 像素。这通常用于计算游戏中的元素位置和大小。

（2）数学相关　SQRT2_2 存储了 sqrt（2）的一半（0.70710678118f）。用于在代码中执行数学计算，例如向量归一化或旋转等。

（3）游戏级别相关　LEVEL_COUNT 定义了游戏的总级别数，这个值为 30。可以用于控制游戏的级别进度和关卡管理。

（4）过渡效果时间　TRANSITION_DURATION 定义了游戏过渡效果的持续时间，这个值为 0.3 秒。用于实现在不同游戏画面之间的平滑过渡效果。

(5) 物理引擎相关

- 一系列 CAT_常量定义了不同物理对象的分类，如玩家、玩家子弹、道具、敌人、敌人子弹等。这些常量用于设置物理引擎的碰撞过滤，以便物理对象之间的交互被正确处理。
- ENEMY_BULLET_MASK 和 PLAYER_BULLET_MASK 定义了敌人子弹和玩家子弹与其他物理对象的碰撞掩码，以指定它们可以与哪些类型的物体发生碰撞。

上述常量的使用有助于提高代码的可读性和可维护性，因为它们将重要的数值和配置信息集中在一个位置，从而简化了对这些值的修改和更新。在整个项目中，可以通过引用 Constants 类中的这些常量来保持数值的一致性，并确保不同部分使用相同的设置和配置。

16.3.2 实用任务

编写文件 Utils.java，用于在游戏开发中处理随机性、数学计算和其他常见的实用任务。通过这些方法，开发人员可以更轻松地生成随机数、执行数学运算，并进行一些快速的数学计算，例如计算两点之间的距离。这些方法有助于简化代码，并在需要时提供可靠的工具函数。对文件 Utils.java 代码的具体说明如下。

- getRandomInt (int min, int max)：生成一个介于 min 和 max 之间的随机整数。
- getRandomBoolean()：生成一个随机的布尔值，即返回 true 或 false。
- getRandomInt (int max)：生成一个介于 0 和 max 之间的随机整数。
- getRandomFloat (float min, float max)：生成一个介于 min 和 max 之间的随机浮点数。
- getRandomFloat (float max)：生成一个介于 0 和 max 之间的随机浮点数。
- getRandomFloat (double max)：生成一个介于 0 和 max 之间的随机浮点数，其中 max 为双精度 (double) 参数。
- fastHypot (double x, double y)：计算两个给定的双精度 (double) 值 x 和 y 之间的快速欧几里得距离 (hypotenuse)。

16.3.3 游戏地图

编写文件 GameMap.kt，定义 GameMap 类，该类用于表示游戏地图，包括地图的格子、玩家位置、可见区域和与地图相关的操作。对文件 GameMap.kt 代码的具体说明如下。

1) 构造函数：在构造函数中，根据传入的关卡级别加载地图数据。地图数据存储在外部文件中，通过读取文件内容创建地图。

2) 地图数据结构：地图由二维数组 map 表示，每个元素为一个 Cell 对象，代表地图中的一个格子。Cell 对象包含格子的行列坐标、值（表示格子的内容），以及是否可见。

3) 可见区域：visualRange 表示玩家的可视范围，以格子数量为单位。该值用于计算并更新地图上的可见区域。

4) 地图的内容：地图中的内容用字符表示，例如墙壁、空气、起始位置、门、砖块等。这些字符常量定义在 GameMap 类中，如 WALL、AIR、START、GATE 等。

5）地图操作方法如下。

- setPlayerCell（row：Int，col：Int）：设置玩家的位置（行列坐标）。
- forCell（predicate：（Cell）-> Unit）：遍历地图上的每个格子，并对每个格子应用给定的操作。
- getRandomEmptyAdjacentCell（cell：Cell，radius：Int）：返回距离给定格子一定半径内的随机空格子。
- clear（cell：Cell）：清空指定格子的内容，同时更新格子之间的连接信息。
- toWorldPos（cell：Cell）：将格子的行列坐标转换为世界坐标（以 Vector2 表示）。
- toCell（pos：Vector2）：将世界坐标转换为格子的行列坐标。

6）更新可见区域：updateVisibleArea()方法用于更新玩家的可见区域，根据玩家的位置和 visualRange 属性来计算可见格子，使其显示在游戏屏幕上。

7）连接信息：每个 Cell 对象都包含一个连接信息的列表，表示与其他可行走格子之间的连接关系。这些连接关系将在寻路等算法中使用。

8）常量定义：类中定义了一些常用的常量，如固体块、空块、各种地图元素的字符表示等。

总的来说，GameMap 类负责加载、管理游戏地图，处理与地图内容相关的操作，并为其他游戏系统提供了访问地图信息的方法。

16.3.4 屏幕震动

编写文件 Rumble.kt，定义了一个单例对象“Rumble”，用于在游戏中实现屏幕震动效果。对文件 Rumble.kt 代码的具体说明如下。

- rumbleTimeLeft：震动剩余时间（以秒为单位），初始为 0。
- currentTime：用于跟踪震动的当前时间。
- power：震动的强度。
- currentPower：当前帧的震动强度。
- pos：震动的位置，以 Vector2 对象表示。
- rumble（rumblePower：Float，rumbleLength：Float）：开始一次震动，传入震动强度（rumblePower）和震动时长（rumbleLength）。
- tick（delta：Float）：Vector2：在每一帧中调用，用于计算震动的效果。返回一个 Vector2 对象，表示屏幕上的震动位置。
- private set：将 rumbleTimeLeft 属性的 setter 方法设置为私有，只能在对象内部修改，外部不可修改。

16.3.5 设置 LibGDX 控件样式

编写文件 Styles.java，定义了 Styles 类，包含了一系列静态方法，用于获取不同类型的 LibGDX 控件样式，例如标签、文本按钮、触摸控制器等，这些样式在游戏开发中可以用于设置界面元素的外观。对文件 Styles.java 代码的具体说明如下。

- getGameTitleStyle1（AssetManager assetManager）：获取游戏标题样式 1，包括标题字体的样式。
- getGameTitleStyle2（AssetManager assetManager）：获取游戏标题样式 2，包括不同的标题字体样式。
- getLabelStyleBackground（AssetManager assetManager）：获取带背景的标签样式，用于标签文本显示。
- getLabelStyleSmall（AssetManager assetManager）：获取小型标签样式，用于小型文本标签。
- getLabelStyle（AssetManager assetManager，int fontSize）：获取自定义字体大小的标签样式，允许设置字体的大小。
- getTextButtonStyleSmall（AssetManager assetManager）：获取小型文本按钮样式，包括按钮背景和按钮字体。
- getTextButtonStyle1（AssetManager assetManager）：获取文本按钮样式 1，包括不同类型的按钮背景和字体。
- getTouchPadStyle（AssetManager assetManager）：获取触摸控制器（Touchpad）的样式，包括控制器背景和控制器旋钮。

上述样式设置方法通常使用游戏的资源管理器（AssetManager）和其他资源来创建控件样式。游戏开发者可以通过调用这些方法来设置游戏界面中各种控件的样式，以满足游戏设计的需要。这有助于保持界面的一致性和美观性。

16.4 游戏实体（Entities）

在游戏开发应用中，游戏实体（Entities）通常指的是在游戏中出现的各种角色、对象、敌人、玩家或其他互动元素。这些实体通常具有属性、行为和状态，它们是游戏世界中的重要组成部分。在本项目的“entities”目录中，保存了实现游戏实体（Entities）的程序文件。

16.4.1 游戏角色 Actors 实体

在本项目的“entities/actors”目录下存储了游戏中的角色（Actors）实体的定义和相关资源，能够帮助我们管理和处理游戏中的实体，以增强游戏的可视化效果和互动性。

1）编写文件 DamageableActor.kt，定义了一个名为 DamageableActor 的抽象类，它继承自 Actor 类，通常在游戏中用于表示可受伤害的实体，如角色、敌人或其他对象。对文件 DamageableActor.kt 代码的具体说明如下：

- 类 DamageableActor 继承了 Actor，这意味着它可以作为场景中的可视化实体，并且可以被添加到舞台（Stage）中。其构造函数接受一系列参数，包括最大生命值 maxHealth、是否易燃 isFlammable、是否易冻结 isFreezable、是否震动 rumble，以及是否无敌 isImmortal。这些参数用于初始化实体的属性和状态。

- 实体的 health 属性表示当前生命值，初始化为最大生命值。
- 实体具有 isBurning 和 isFrozen 属性，用于表示实体是否处于燃烧状态和冻结状态。
- 函数 takeDamage 用于处理实体受到伤害，计算生命值的减少。如果实体的生命值降至零或以下，它将被标记为死亡。
- 函数 freeze 用于将实体标记为冻结状态。
- 函数 act 用于更新实体的状态。如果实体死亡，它将被销毁，否则将根据是否燃烧和是否冻结来更新实体的属性。
- 函数 draw 用于绘制实体的外观。根据实体是否处于燃烧状态和冻结状态，它可以绘制火焰效果和冻结效果。
- 函数 burn 用于将实体标记为燃烧状态，并在指定的持续时间后取消燃烧。
- 函数 destroy 用于销毁实体，通常会触发爆炸效果和震动。
- 函数 onDestroy 是一个可重写的函数，用于在实体销毁时执行额外的逻辑。
- 属性 isAlive 用于检查实体是否仍然存活（生命值大于零）。
- 函数 heal 用于为实体恢复生命值。

上述抽象类提供了处理游戏中可受伤害的实体的通用逻辑，例如生命值管理、燃烧、冻结和销毁效果。具体的游戏实体可以继承自这个类，并根据自己的需求实现特定的行为和属性。

2）编写文件 Floor.kt，定义了一个名为 Floor 的类，它继承自 Image 类，用于表示游戏中的地板或地图上的瓷砖。总之，Floor 类用于创建地板或地图上的瓷砖，它加载纹理并设置位置和大小，以便在游戏中显示地板瓷砖。这种类型的类通常用于构建游戏世界中的地图和背景元素。

3）编写文件 HealthBar.kt，定义 HealthBar 类，用于表示游戏中的生命值。HealthBar 类用于在游戏中显示可受伤害实体的生命值条。这有助于玩家了解实体的当前生命状态，以及生命值是否正在减少。

4）编写文件 Shade.kt，定义 Shade 类，用于表示游戏中的一种遮罩效果。对文件 Shade.kt 代码的具体说明如下：

- Shade 类继承自 Image 类，这意味着它可以作为可视化元素添加到游戏舞台中。
- 构造函数接受一个名为 cell 的参数，其中 cell 是一个 Cell 对象，表示游戏中的一个单元格。
- 在类的初始化块（init）中，设置了 Shade 实例的外观。它的外观是一张纹理图片，通常用于创建遮罩效果。纹理图片由游戏资源管理器加载。
- 使用 setBounds 方法设置了 Shade 实例的位置和大小。位置是根据 Cell 对象和游戏地图的尺寸计算得出的。
- Shade 实例的 act 函数用于处理其行为。如果 isFading 属性为假且 cell 可见，则开始执行淡出（fade out）动画，使遮罩逐渐变透明。一旦遮罩淡出完成（不再可见），则将其从舞台中移除。
- 伴随对象（companion object）定义了一个常量 SIZE，用于确定遮罩的大小，通常是游戏地图单元格大小的倍数。

总之，Shade 类用于创建游戏中的遮罩效果，通常用于隐藏或改变特定区域的可见性，用于增强游戏的视觉效果和交互性。

5）编写文件 ParticleActor.java，定义了 ParticleActor 类，用于在游戏中处理粒子效果，包括加载粒子效果文件、显示效果、更新位置和控制循环播放。

16.4.2　箱子实体

在本项目的“entities/blocks”目录下存储了定义游戏中的各种障碍物和特殊元素，例如障碍物、箱子、门、墙、炮塔和敌人生成点障碍物等实体。

1）编写文件 Block.kt，定义一个名为 Block 的抽象类，该类用于表示游戏中的块或障碍物。总之，类 Block 用于创建和管理游戏中的不同类型的块或障碍物。这些块可以是可摧毁的，也可以是不可摧毁的，并且与物理引擎交互，以实现游戏中的碰撞和互动。不同类型的块可以根据构造函数参数的不同而创建，以满足游戏中的需求。

2）编写文件 Box.kt，定义一个名为 Box 的类，它是 Block 类的子类，表示游戏中的一个可摧毁的箱子。总之，Box 类表示游戏中的可摧毁箱子，当箱子被销毁时，会掉落不同类型的物品，包括金块、冰冻弹、生命包和敌方坦克。这增加了游戏的互动性和可玩性，玩家可以通过摧毁箱子来获取奖励或面对新的敌人。

3）编写文件 Bricks.kt，定义一个名为 Bricks 的类，它是 Block 类的子类，表示游戏中可摧毁的砖块。具体实现代码如下所示。

```
class Bricks(pos: Vector2) : Block("sprites/bricks.png", Shape.Type.Polygon, 200f, pos,
1f, true, false)
```

4）编写文件 Gate.kt，定义一个名为 Gate 的类，它是 Block 类的子类，表示游戏中可销毁的关卡或大门。当关卡或大门被销毁时，它会触发销毁周围的大门，从而改变游戏环境并影响玩家和敌人的通行。这种类型的大门通常用于游戏中的关卡或场景之间的过渡，并增加了游戏的策略性和难度。

5）编写文件 Wall.kt，定义 Wall 类，它是 Block 类的子类，表示游戏中不可摧毁的墙壁。这种类型的墙壁通常不受伤害，无法被销毁，用于增加游戏的挑战性和战术性。

6）编写文件 Turret.kt，定义 Turret 类，它表示游戏中的炮塔，可以自动追踪和攻击敌人，并在被销毁时掉落金块。这种类型的敌人增加了游戏的战斗和策略元素，玩家需要注意避开它们的攻击。

7）编写文件 Spawner.kt，定义 Spawner 类，表示游戏中的敌人生成点（生成器）。对文件 Spawner.kt 代码的具体说明如下：

- Spawner 类继承自 Block 类，因此它继承了 Block 类的属性和方法，包括块的外观、生命值、碰撞特性等。生成点是可摧毁的。
- 构造函数接受一个名为 pos 的参数，表示生成点的初始位置。
- 在构造函数中，指定了生成点的纹理路径、形状类型为多边形、生命值（根据游戏关卡等级确定）、大小为 1，将生成点标记为可摧毁（true）和可燃烧（true）。

- Spawner 类包含了生成敌人的逻辑。在 onAlive 方法中，它会根据一定的时间间隔生成敌人，并将生成的敌人添加到游戏中。
- 生成点的生成逻辑受到时间间隔和最大生成时间间隔的控制。每次生成敌人后，时间间隔会逐渐增加，以防止生成过多的敌人。
- 伴随对象（companion object）包含了几个私有辅助方法，用于计算生成点的生命值、金块价值、最大和最小的敌人类型等。
- onDestroy 方法在生成点被销毁时执行。它首先调用了 dropLoot 方法，然后调用父类的 onDestroy 方法以执行销毁操作。
- dropLoot 方法用于在生成点被销毁时掉落金块。掉落的金块数量和价值是根据一定规则随机确定的。

总之，Spawner 类表示游戏中的敌人生成点，它负责在一定时间间隔内生成敌人，并在被销毁时掉落金块。这种类型的生成点增加了游戏的挑战性，玩家需要对抗生成的敌人。

16.4.3 坦克实体

本游戏项目的主要角色是坦克，在本项目的“entities/tanks”目录下存储了定义坦克的实体类。

1）编写文件 Tank.kt，定义一个抽象坦克 Tank 类，它提供了基本的坦克行为和属性，其他具体类型的坦克可以通过继承该类来获得这些特性。对文件 Tank.kt 代码的具体说明如下：

- Tank 类是一个抽象类，包含了坦克的基本属性和方法，例如坦克的物理车体（Body）、贴图（Sprite）、生命值、移动速度、旋转速度、是否可冻结等。坦克具有两个贴图：车身（bodySprite）和车轮（wheelsSprite）。
- 在 Tank 类中定义了坦克的基本行为，包括移动、旋转、射击等。坦克可以通过设置方向来移动，也可以旋转炮塔来瞄准目标。
- 坦克可以拥有多种不同类型的武器，通过 currentWeapon 属性来获取当前装备的武器。
- Tank 类中的 onAlive 方法在坦克处于活动状态时会被调用，用于更新坦克的状态，包括移动、射击等。
- Tank 类允许销毁坦克，释放资源，并从游戏世界中移除坦克。
- 坦克具有方向（currentAngleRotation）和期望的旋转角度（desiredAngleRotation），用于控制坦克的旋转。
- 坦克可以根据期望的旋转角度来更新当前的旋转角度，从而实现平滑的旋转。
- 坦克的物理车体（Body）和碰撞框（Fixture）通过 Box2D 创建，用于处理坦克的碰撞和物理交互。
- 坦克可以设置自己的位置和旋转角度。
- Tank 类的初始化部分会根据参数创建坦克的物理车体和贴图，并设置坦克的大小、位置和颜色。

Tank 类为具体的坦克类型提供了一个通用的基类，包括了坦克的基本行为和属性，其他具体类型的坦克可以通过继承并扩展这个基类来创建不同类型的坦克。

2）编写文件 EnemyTank.kt，定义敌方坦克类 EnemyTank，这些敌方坦克在游戏中作为敌人出现。这些敌方坦克是游戏中的主要对手，具有不同的属性和行为，丰富了游戏的挑战性和多样性。对文件 EnemyTank.kt 代码的具体说明如下：

- EnemyTank 类继承自 Tank 类，因此具有坦克的基本属性和行为，包括生命值、移动速度、武器等。
- 敌方坦克拥有一个有限状态机（stateMachine），它定义了不同状态之间的切换，如巡逻状态、冷冻状态等。
- 当敌方坦克受到伤害时，它会发送伤害接收消息，并执行相应的响应。
- 敌方坦克可以被冷冻，进入冷冻状态。
- 敌方坦克在销毁时会掉落金块等物品。
- 敌方坦克可以进行攻击、移动和待机操作，具体操作根据当前状态决定。
- 另外，在文件中还包含了一些静态方法和属性，用于计算敌方坦克的属性，如生命值、颜色、大小等。

3）编写文件 PlayerTank.kt，定义玩家控制的坦克 PlayerTank 类，这是玩家在游戏中操控的主要角色。PlayerTank 类是游戏中的主要玩家角色，可以根据玩家的操作来移动、射击和切换武器。该类还允许玩家升级和管理坦克的属性，为游戏增加了策略性和可玩性。

16.5 游戏屏幕

本游戏项目有多个场景，在每个场景中实现不同的功能。在本项目的“screens”目录中保存了 5 个程序文件（BaseScreen.java、MainScreen.kt、GameScreen.kt、LevelScreen.kt、UpgradesScreen.kt）。通过这 5 个文件构建了项目所需要的屏幕，共同构成了游戏的用户界面，玩家可以在这些屏幕之间导航并与游戏世界互动，包括游戏的主要玩法、关卡选择和性能升级。

16.5.1 Screen 屏幕接口抽象类

编写文件 BaseScreen.java，实现抽象类 BaseScreen，它实现了 LibGDX 中的 Screen 接口，并提供了一些基本的生命周期方法的空实现。这个类作为其他屏幕类的基类，包含一些共享的功能，例如游戏引用和生命周期方法。

在文件 BaseScreen.java 的代码中，BaseScreen 实现了 Screen 接口，该接口包含了 LibGDX 游戏屏幕的生命周期方法。这些方法用于处理屏幕的初始化、渲染、暂停、恢复、调整大小、显示和隐藏等操作。在 BaseScreen 中，这些方法都提供了空实现，子类可以根据需要覆盖这些方法。BaseScreen 类的主要目的是为了提供一个基本的屏幕类，以便其他屏幕类可以继承并专注于实际的屏幕逻辑，而不必关心生命周期方法的实现。这样，开发者可以更容易地创建新的屏幕类，而无须重复实现相同的生命周期方法。

16.5.2 游戏的主菜单界面

编写文件 MainScreen.kt，实现游戏的主菜单屏幕界面，用于显示游戏的标题、开始游戏按钮以及声音控制按钮。对文件 MainScreen.kt 代码的具体说明如下：

- MainScreen 类继承自 BaseScreen，因此它继承了 Screen 接口的生命周期方法，包括 show()、render()、resize() 和 hide() 等方法。
- 在方法 show()中，游戏菜单的界面元素被初始化，包括标题、开始按钮和声音按钮。
- 游戏菜单的背景图片是通过 background 变量加载的，并在 render() 方法中绘制到屏幕上。
- soundButton 是一个按钮，用于控制游戏声音的开关。当玩家点击该按钮时，会切换游戏声音的状态，并相应地更新按钮的图标。
- playButton 是一个开始游戏的按钮，点击后将切换到游戏的升级屏幕。
- 游戏标题“Awesome Tanks”被分为两个部分，分别由 title1 和 title2 标签表示，采用了不同的字体样式。
- 游戏菜单元素被放置在一个 Table 中，通过 table.add() 和 table.row() 方法排列。
- 游戏菜单的界面元素被添加到 stage 中，stage 用于管理 UI 元素的渲染和交互。
- 方法 show()还包括了渐入动画，使菜单从不透明到可见。
- 在方法 render()中，首先清除屏幕并设置背景颜色，然后绘制背景图像和 UI 元素。
- 方法 resize()用于处理屏幕尺寸变化，确保 UI 元素的正确布局。
- 方法 hide()用于在切换到其他屏幕时清理资源和输入处理器。

总之，MainScreen.kt 是游戏的主菜单屏幕，用于展示游戏的标题、开始游戏按钮和声音控制按钮，并允许玩家开始游戏或切换声音状态。

16.5.3 游戏场景界面

编写文件 GameScreen.kt，实现本游戏的核心屏幕之一和游戏的主要逻辑。和前面的文件 MainScreen.kt 相比，GameScreen 屏幕表示实际的游戏玩法场景，包括游戏的关卡、角色、武器、敌人、HUD（头部显示）等元素。玩家在这个游戏屏幕上操控游戏角色，与敌人战斗，并达成游戏目标。总的来说，文件 MainScreen.kt 主要用于游戏的启动和主菜单，而文件 GameScreen.kt 用于实际的游戏玩法场景。这两个屏幕在游戏中担任不同的角色，并提供了不同的功能和交互。

对文件 GameScreen.kt 代码的具体说明如下：

- GameScreen 类继承自 BaseScreen，它继承了 Screen 接口的生命周期方法，并可以处理用户输入。它是主要游戏屏幕之一。
- GameScreen 的构造函数接受一个 MainGame 参数和一个 level 参数。MainGame 是游戏的主要类，level 表示当前游戏关卡的级别。
- 方法 show()用于初始化游戏屏幕，包括创建游戏渲染器、UI 元素和输入处理。

- 游戏屏幕包括一个 UI 舞台 uiStage，用于管理 UI 元素的渲染和交互。它包括了玩家的弹药条、暂停按钮、武器菜单和其他 UI 元素。
- 游戏的主要渲染工作由 gameRenderer 处理，它接受一个 GameListener 用于处理游戏事件。例如当游戏失败或完成时，它会显示相应的按钮。
- 游戏屏幕包括虚拟摇杆，通过 movementTouchpad 和 aimTouchpad 处理玩家的移动和射击输入。这些虚拟摇杆将玩家的输入转换为游戏中的动作。
- 武器菜单包含了不同武器的图标按钮，玩家可以切换不同的武器。这些按钮的状态和点击事件都得到了处理。
- 游戏屏幕还处理了用户输入，包括键盘输入和触摸屏输入。它根据输入调用游戏渲染器的相应方法，例如移动和射击。
- 在游戏屏幕中还包括一些特殊情况的处理，例如游戏失败和游戏完成后，会显示相应的按钮，并保存游戏进度。
- 游戏屏幕还处理了暂停菜单的显示和恢复游戏的逻辑。
- 游戏屏幕还实现了键盘、鼠标和触摸屏的输入处理方法，以处理玩家的不同输入方式。

16.5.4 选择关卡界面

编写文件 LevelScreen.kt，实现游戏中的一个关卡屏幕界面，供玩家选择游戏关卡。对文件 LevelScreen.kt 代码的具体说明如下：

- 该屏幕继承自 BaseScreen 类，是游戏的一个子屏幕。
- 在该屏幕上，玩家可以选择不同的游戏关卡，解锁并玩已解锁的关卡。
- 屏幕上有一个背景图像，显示了所有可用关卡的按钮，以及一个返回按钮，允许玩家返回主菜单或上一个屏幕。
- 如果某个关卡没有解锁，将显示“Locked Level”的标签，点击它将显示“Locked Level”的标签，并在一秒后淡出。
- 玩家可以点击已解锁的关卡按钮，然后屏幕将淡出，并切换到“GameScreen”以玩选定的关卡。

总的来说，LevelScreen.kt 主要用于实现选择关卡功能，允许玩家浏览可选择的关卡，并通过点击相应的按钮来开始玩已解锁的关卡。如果玩家点击未解锁的关卡按钮，将显示“Locked Level”提示。

16.5.5 升级武器界面

编写文件 UpgradesScreen.kt，定义升级屏幕类 UpgradesScreen.kt，用于玩家在游戏中升级坦克和武器。对文件 UpgradesScreen.kt 代码的具体说明如下：

- 该屏幕继承自 BaseScreen 类，是游戏的一个子屏幕。
- 在该屏幕上，玩家可以查看当前金币数量，升级坦克的性能（包括装甲、旋转速度、移动速度和可见度），以及升级武器的性能。

- 屏幕上有一个背景图像，用于美化界面。
- 玩家可以点击不同的升级选项，以使用游戏内的金币来升级各项性能。
- 玩家还可以升级不同类型的武器，包括武器的威力和弹药量。
- 屏幕底部显示了不同类型武器的按钮，玩家可以切换当前操作的武器类型。
- 屏幕上有返回按钮，允许玩家返回主菜单或上一个屏幕。
- 屏幕上的金币数量会实时更新，以反映升级的花费和金币的变化。
- 玩家可以购买新的武器，这将在当前的武器类型按钮上解锁。

总的来说，UpgradesScreen.kt 主要用于管理游戏中坦克和武器的升级，以及为玩家提供改善游戏性能的机会。玩家可以根据自己的金币数量来选择升级项目，以增加游戏中的成功机会。

16.6 武器库

在本项目的“weapons”目录中包含了游戏中不同类型武器的实现，每个武器都是一个独立的 Kotlin 类文件，它们继承自通用的 Weapon 抽象基类，这个基类定义了武器的通用行为和属性。

16.6.1 武器基类

编写文件 Weapon.kt，这是一个抽象基类，定义了游戏中所有武器的通用属性和方法。它包括弹药管理、射击行为、旋转等通用功能。还包含一个伴生对象，用于创建不同类型的武器。总之，文件 Weapon.kt 定义了游戏中武器的通用行为和属性，作为不同类型武器的基类。不同类型的武器可以通过继承和扩展这个基类来实现其特定行为。这个类包括了武器的射击、弹药管理、旋转等通用功能。

16.6.2 机枪

编写文件 MiniGun.kt，实现游戏中的一种武器类型：机枪。它定义了游戏中的迷你机枪武器类型，包括其属性、构造函数和创建发射物的方法。这个类可以作为游戏中不同武器类型的一个示例，用于创建和管理不同武器的行为。具体实现代码如下所示。

```
class MiniGun(ammo: Float, power: Int, isPlayer: Boolean) : Weapon(
    "weapons/minigun.png",
    "sounds/minigun.ogg",
    ammo,
    power,
    isPlayer,
    .06f
) {
    override fun createProjectile(group: Group, position: Vector2) {
        group.addActor(Bullet(position, currentRotationAngle, 30f, .1f, 3.5f + power, isPlayer))
```

```
    }

    init {
        unlimitedAmmo = true
    }
}
```

16.6.3 电磁炮

编写文件 RailGun.kt，定义游戏中的电磁炮武器类型，包括其属性、构造函数、射击操作、激光射线绘制等。这个类允许玩家在游戏中使用电磁炮进行射击，并管理电磁炮的行为和效果。具体实现代码如下所示。

```
class RailGun(ammo: Float, power: Int, filter: Boolean) :
    Weapon(
        "weapons/railgun.png",
        "sounds/railgun.ogg",
        ammo,
        power,
        filter,
        1f
    ) {

    private val world: World = GameModule.getWorld()
    private val laserRay = Image(GameModule.getAssetManager().get<Texture>("sprites/
railgun_laser.png"))
    private var drawLaser = false
    private var minFraction = 1f

    init {
        laserRay.originY = laserRay.height/2
    }

    override fun shoot(group: Group, position: Vector2) {
        if (canShoot()) {
            minFraction = 1f
            laserRay.rotation = currentRotationAngle * MathUtils.radiansToDegrees
             laserRay.setPosition(position.x * Constants.TILE_SIZE, position.y * Con-
stants.TILE_SIZE - laserRay.height/2)

            val dX = MathUtils.cos(currentRotationAngle) * MAXIMUM_REACH
            val dY = MathUtils.sin(currentRotationAngle) * MAXIMUM_REACH
            val point2 = Vector2(position.x + dX, position.y + dY)
            world.rayCast({ fixture, point, _, fraction ->
                if(fixture.userData is DamageableActor){
                    if(fraction < minFraction){
                        minFraction = fraction
```

```
                        val distance = Utils.fastHypot((point.x - position.x).toDouble(),
(point.y - position.y).toDouble()) * Constants.TILE_SIZE
                        laserRay.width = distance.toFloat()
                    }
                    fraction
                }
                1f
            }, position, point2)

            createProjectile(group, position)
            if (soundsOn) shotSound.play()
            if (!unlimitedAmmo) decreaseAmmo()
            isCoolingDown = true
            drawLaser = true
            Timer.schedule(object : Timer.Task() {
                override fun run() {
                    drawLaser = false
                }
            }, .1f)
            Timer.schedule(object : Timer.Task() {
                override fun run() {
                    if (isCoolingDown) isCoolingDown = false
                }
            },coolingDownTime)
        }
    }

    override fun draw(
        batch: Batch,
        color: Color,
        x: Float,
        parentAlpha: Float,
        originX: Float,
        originY: Float,
        width: Float,
        height: Float,
        scaleX: Float,
        scaleY: Float,
        y: Float
    ) {
        batch.color = Color(1f,1f,1f,parentAlpha)
        if(drawLaser) laserRay.draw(batch,parentAlpha)
        batch.color = color
        super.draw(batch,color, x, parentAlpha, originX, originY, width, height, scaleX,
scaleY, y)
    }

    override fun await() {}
```

```
    override fun createProjectile(group: Group, position: Vector2) {
        group.addActor(Rail( position, currentRotationAngle, power.toFloat(), isPlayer))
    }

    companion object {
        private const val MAXIMUM_REACH = 10f
    }
}
```

注意：在本项目中用到的武器还有多种，各种武器的具体实现请参考“weapons”目录中的源码。为了节省本书的篇幅，在书中不再讲解这些武器类的实现过程。

16.7 游戏主入口

本项目的主入口文件是 MainGame.java，这是本游戏项目的主类，继承自 LibGDX 的 Game 类，负责游戏的初始化和资源管理功能，以及设置不同游戏界面之间的切换。文件 MainGame.java 包含了游戏的一些核心逻辑和配置，具体说明如下所示。

- AssetManager 初始化：在 create()方法中，首先创建了一个 AssetManager 对象，用于管理游戏中的资源文件加载。这个管理器用于异步加载游戏所需的纹理、声音、字体等资源。
- 加载资源文件：在 create()方法中，使用 AssetManager 对象加载了游戏中需要的资源文件，包括皮肤文件、声音文件、纹理文件、字体文件等。这些资源文件包括游戏界面的外观和音效。
- 设置游戏配置：在 create()方法中，通过 Preferences 对象读取和设置游戏配置参数，如声音开关状态。这些配置参数用于控制游戏的行为。
- 加载自定义字体：通过 loadFonts() 方法，使用 FreeTypeFontGenerator 和 FreetypeFontLoader 来加载自定义字体，包括游戏标题字体和按钮字体。
- 初始化游戏屏幕：在 create()方法中，初始化了游戏的三个主要屏幕：mainScreen、levelScreen 和 upgradesScreen，分别对应游戏的主界面、关卡界面和升级界面。
- 切换到主屏幕：在 create() 方法的最后，通过 setScreen()方法将当前屏幕设置为 mainScreen，即游戏启动后会显示的主界面。
- 释放资源：在 dispose()方法中，清理和释放 AssetManager 中的资源，以确保在游戏退出时资源得到释放，防止内存泄漏。
- 获取游戏配置和数值：提供了获取游戏配置和数值的方法，如 getGameSettings() 和 getGameValues()。

16.8 运行游戏

运行文件 DesktopLauncher.java 将启动本项目的桌面版本，运行文件 IOSLauncher.java 将启动本项目的 iOS 版本，运行文件 AndroidLauncher.java 将启动本项目的 Android 版本。执行效果如图 16-1 所示。

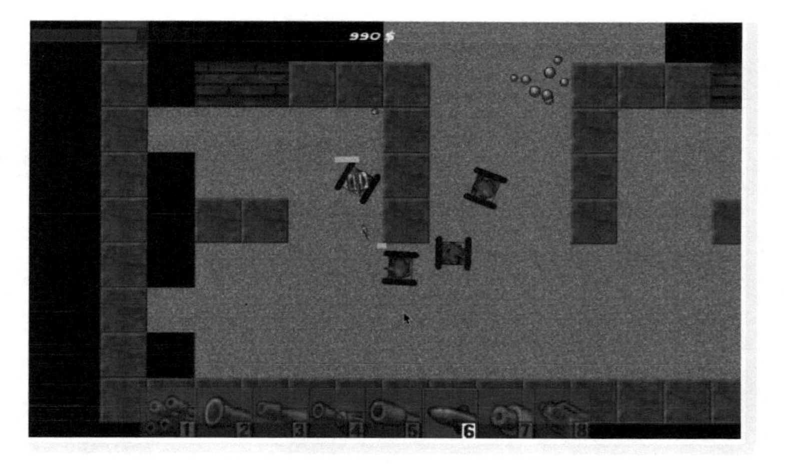

● 图 16-1　执行效果

CHAPTER 17

第 17 章

国际象棋游戏

国际象棋（Chess）是一种古老、广泛流行的战略棋盘游戏，通常由两名玩家对局，每名玩家控制一组棋子，一组为白棋，另一组为黑棋。国际象棋拥有丰富的历史和深刻的战略性，被认为是世界上最受欢迎和复杂的棋类游戏之一。本章将详细讲解在 Android 系统中开发一个国际象棋游戏的过程，并展示开发大型 Android 游戏的流程。

17.1 国际象棋游戏介绍

现在国际象棋是一项全球性的竞技运动，拥有庞大的粉丝和专业选手群体。它不仅是一种具有深厚战略性的游戏，还是一种极具教育和思考价值的智力活动。国际象棋的规则和竞技标准得到国际象棋联合会（FIDE）的监管和维护，这确保了全球国际象棋社区的统一性。

17.1.1 发展历程

国际象棋是一种历史悠久的棋类游戏，经历了漫长的发展过程，下面是国际象棋游戏的主要发展历程。

1）起源：国际象棋的起源可以追溯到印度，约公元 6 世纪左右。最初，它被称为“恰图兰加”，并在印度广泛流传。这个游戏随后传入了波斯，变为“尚克尔”，然后传入了阿拉伯世界。

2）传入欧洲：在中世纪，国际象棋传入了欧洲，最早出现在西班牙和意大利。游戏的规则开始在欧洲各国逐渐发展并标准化。

3）现代规则：在 15 世纪末和 16 世纪初，国际象棋的现代规则逐渐确立。包括象和后来的王后的走法扩展，以及“王车易位”规则的引入。

4）国际象棋组织：19 世纪末和 20 世纪初，国际象棋的竞技性迅速增长，国际象棋联合会（FIDE）成立于 1924 年，为国际象棋提供了一个统一的规则和比赛标准。

5）世界锦标赛：第一届国际象棋世界锦标赛于 1886 年在美国纽约举行，后来成为国际象棋界最重要的锦标赛之一。世界冠军的头衔一直备受追捧。

6）计算机国际象棋：20 世纪下半叶，计算机国际象棋取得了重大突破。IBM 的“深蓝”（Deep Blue）在 1997 年击败世界冠军加里・卡斯帕罗夫，标志着计算机国际象棋的胜利。

7）国际象棋在奥运会：国际象棋曾是奥林匹克运动会的正式竞技项目，但在 2008 年被取消，成为非奥运项目。然而，国际象棋继续以国际竞技体育的身份存在。

8）互联网时代：互联网的出现使国际象棋在线游戏和教育资源迅速增长，为全球爱好者提供了更多的机会来学习和竞技。

17.1.2 游戏规则

国际象棋是一种高度竞技性和智力挑战的游戏，吸引了数百万的爱好者和专业选手。它要求深思熟虑的策略、计算能力、判断力和专注力。国际象棋也是国际象棋联合会（FIDE）的标准竞技体育项目，每年举行许多国际象棋比赛和锦标赛，包括世界国际象棋锦标赛。FIDE

制定了玩法规则，具体说明如下。

- 棋盘：国际象棋棋盘是一个 8×8 方格的方形棋盘，黑白相间。每个玩家的左下角方格是黑色的。
- 棋子：每位玩家开始时拥有 16 个棋子，包括 1 个国王、1 个皇后、2 个车、2 个马、2 个象、2 个炮和 8 个兵。每个棋子都有特定的移动规则和能力。
- 目标：目标是将对手的国王困住，这一状态被称为“将军”，并最终将对手的国王逼入无路可逃的位置，这一状态被称为“将死”。
- 移动规则：每种棋子都有不同的移动规则。例如兵只能向前一步，但吃子时可以斜移。车可以横向或纵向移动任意格数，而马以“日”字形跳跃。国王和炮的移动相对较为受限。
- 特殊规则：国际象棋包括一些特殊规则，如“王车易位”和“吃过路兵”。
- 弈法：在国际象棋中，玩家通过策略、战术和计算来制定他们的走法。开局、中局和残局阶段都有不同的策略和战术要求。
- 计时：许多国际象棋比赛在规定的时间内进行，每名玩家有一定的时间限制来思考和走棋。这称为“棋钟制”。

17.2 项目介绍

本项目展示了一个完整 Android 国际象棋游戏的实现过程，这个项目是一个本地 C++国际象棋引擎和 Android 应用的组合，结合了计算机博弈与人工智能的元素，允许用户与计算机或其他玩家进行国际象棋游戏。

17.2.1 项目组成

1. 国际象棋引擎

引擎部分是一个基于 C++ 实现的国际象棋引擎。它包括了国际象棋的规则和逻辑，允许进行合法走棋、模拟棋局、计算最佳走法等功能。该引擎采用了国际象棋引擎常见的技术和算法，如博弈树搜索、α-β 剪枝、置换表等，以实现高水平的棋局分析。

2. Android 应用

Android 应用部分是一个用户界面，允许玩家与国际象棋引擎互动。用户可以在应用上研究棋局，与计算机对战，或者与其他玩家通过网络对战。应用提供了友好的图形用户界面，支持移动设备上的触摸操作，以及与引擎的通信和协调。

17.2.2 主要功能

- 人机对弈：用户可以与国际象棋引擎对战。引擎提供了不同难度级别，允许用户选择适合自己水平的对手。玩家可以挑战引擎，提高棋艺。
- 双人游戏：用户可以在同一设备上或通过网络与其他玩家进行双人国际象棋游戏。应用提供了多种棋盘样式和主题，以及游戏设置选项。
- 观战模式：用户可以观看国际象棋引擎与其他玩家的对战，学习高水平国际象棋策略。
- 学习资源：应用提供了国际象棋规则、棋谱、历史赛事和战术技巧等学习资源，有助于用户提高国际象棋水平。
- 保存和回放：用户可以保存自己的棋局，并随时回放以进行分析和学习。
- AI 棋谱分析：应用可以分析玩家棋局，提供有关最佳走法和策略的建议。
- 界面自定义：用户可以自定义应用的界面主题、棋子样式等外观设置。

17.2.3 技术栈

- 游戏引擎部分采用 C++ 编程语言，利用博弈树搜索算法、α-β 剪枝、置换表等技术实现国际象棋引擎核心逻辑。
- Android 应用采用 Java 和 JNI 技术与引擎交互，使用 Android Studio 进行开发，包括用户界面设计和交互逻辑。

17.3 工程配置

在实现一个 Android 项目时，通常需要配置 Android 工程所独有的配置文件。本节将详细讲解配置本项目工程的过程。

17.3.1 目录结构

打开 Android Studio，导入本项目的源码，导入并编译成功后的工程的目录结构如图 17-1 所示。

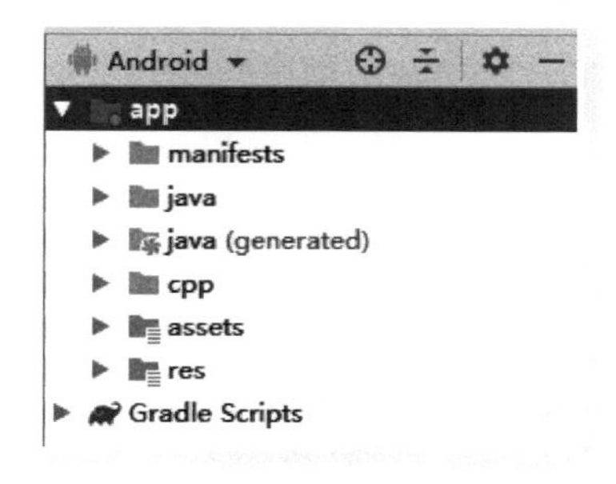

图 17-1 工程的目录结构

17.3.2 核心配置文件

在一个 Android 项目中，文件 AndroidManifest.xml 是 Android 应用程序的核心配置文件，用于定义应用的各种属性、权限和组件。在文件 AndroidManifest.xml 的如下代码中，设置了应用程序的入口 Activity 是 start，当启动本项目时，系统会启动 start，作为应用程序的第一个界面显示。

```
<activity
    android:name=".start"
    android:label="@string/app_name"
    android:theme="@style/ChessStart"
    android:configChanges="orientation"
    android:exported="true">
    <intent-filter>
        <action android:name="android.intent.action.MAIN" />
        <category android:name="android.intent.category.LAUNCHER" />
    </intent-filter>
</activity>
```

另外，在文件 AndroidManifest.xml 的如下代码中，设置了本项目所使用的权限。

```
    <uses-permission android:name="android.permission.WAKE_LOCK" />
    <uses-permission android:name="android.permission.FULLSCREEN" />
    <uses-permission android:name="android.permission.INTERNET" />
    <uses-permission android:name="android.permission.ACCESS_NETWORK_STATE" />
    <uses-permission android:name="android.permission.VIBRATE" />
```

对上述权限的具体说明如下。

- **android.permission.WAKE_LOCK**：允许应用程序在设备处于休眠状态时唤醒设备，以确保应用的后台任务正常执行。
- **android.permission.FULLSCREEN**：授予应用程序在全屏模式下运行的权限。
- **android.permission.INTERNET**：允许应用程序访问互联网，以进行网络通信和数据传输。
- **android.permission.ACCESS_NETWORK_STATE**：允许应用程序访问设备的网络状态信息，以根据网络连接状态调整应用行为。
- **android.permission.VIBRATE**：允许应用程序控制设备的振动功能，以进行振动提示或反馈。

17.4 引擎交互和管理

在本项目的“engine”目录中包含了与国际象棋引擎交互和管理相关的功能文件，这个目录中的代码用于处理国际象棋引擎的操作和通信，以便在 Android 应用程序中实现国际象棋游戏。

17.4.1 引擎通信操作

编写文件 LocalEngine.java，用于处理与国际象棋引擎相关的通信操作，它允许应用程序与国际象棋引擎进行交互，包括启动游戏、执行搜索和获取搜索结果。对文件 LocalEngine.java 代码的具体说明如下。

- 方法 setOpeningDb：用于设置国际象棋开局库，该方法加载了一个数据库文件，该文件包含了国际象棋的开局信息。
- 方法 installDb：用于安装开局库，它从输入流中读取数据，并将其写入指定的输出文件，然后调用 setOpeningDb 方法来设置开局库。
- 方法 play：用于开始游戏，该方法启动了两个线程 engineSearchThread 和 enginePeekThread，用于执行搜索和获取搜索结果。
- 方法 abort：用于中止游戏，包括中止搜索线程和清理资源。
- 方法 destroy：用于销毁资源，将 enginePeekThread 和 engineSearchThread 设置为 null。
- RunnableSearch 和 RunnablePeeker 内部类：这些类实现了 Runnable 接口，用于在独立的线程中执行搜索和获取搜索结果的操作。

注意：请看文件 LocalEngine.java 中的如下代码，调用了 JNI 对象的 loadDB 方法，这是通过 JNI 与底层 C/C++ 实现的国际象棋引擎进行交互的一个方法。

```
public void setOpeningDb(String sFileName) {
    Log.d(TAG, "setOpeningDb " + sFileName);
    JNIjni = JNI.getInstance();
    jni.loadDB(sFileName, 17); // todo - number of plies
}
```

具体来说，这里调用了 JNI 对象的 loadDB 方法，并传递了以下两个参数。

- sFileName：表示国际象棋开局库的文件名。
- 17：这个参数注释中标为“todo - number of plies”，可能是用于指定搜索深度（层数）的值。

方法 loadDB 的实际功能是加载并初始化国际象棋开局库，以便在游戏中使用。这是与底层 C/C++ 实现的国际象棋引擎进行交互的一部分。

17.4.2 监听引擎

编写文件 EngineListener.java，定义一个名为 EngineListener 的接口，这个接口定义了一组方法，用于监听与国际象棋引擎相关的事件和信息。对文件 EngineListener.java 代码的具体说明如下所示。

- OnEngineMove（int move, int duckMove）：当国际象棋引擎执行一步棋时，将调用此方法。它接收两个参数，move 表示棋局中的移动，duckMove 可能是某种特定类型的移动。
- OnEngineInfo（String message）：当国际象棋引擎提供一些信息时，将调用此方法。它接收一个字符串参数 message，其中包含引擎提供的信息。
- OnEngineStarted()：当国际象棋引擎开始执行操作时，将调用此方法，用于通知引擎已启动。
- OnEngineAborted()：当国际象棋引擎的操作被中止时，将调用此方法，用于通知引擎操作已被中止。

- OnEngineError()：当国际象棋引擎发生错误时，将调用此方法，用于通知引擎出现了错误情况。

这个接口允许其他部分的代码注册监听器，以便在与国际象棋引擎相关的事件发生时获得通知。通过这些监听器，应用程序可以响应引擎的动作并显示相关信息，以便用户了解游戏的进展和引擎的状态。这对于一个国际象棋应用程序来说是非常重要的，因为它需要实时更新游戏状态和提供用户反馈。

17.4.3 引擎接口

编写文件 EngineApi.java，定义一个用于管理与国际象棋引擎的通信和操作的抽象类，这个抽象类提供了一种通用的方式来管理与国际象棋引擎的交互，包括设置游戏参数、执行游戏操作，以及通知事件监听器。子类可以根据具体的引擎实现来扩展这个抽象类以实现与特定引擎的通信。对文件 EngineApi.java 代码的具体说明如下。

- LEVEL_TIME 和 LEVEL_PLY：定义了两个级别的时间和层数，用于控制游戏。
- MSG_MOVE、MSG_INFO 和 MSG_ERROR：定义了消息类型常量，用于处理不同类型的消息。
- msecs 和 ply：表示时间和层数的属性，用于控制游戏的时间和层数限制。
- quiescentSearchOn：表示是否启用静态搜索的属性。
- listeners：一个 ArrayList，用于存储引擎事件监听器。
- updateHandler：一个 Handler 对象，用于处理不同类型的消息，并通知事件监听器。
- sendMessageFromThread、sendMoveMessageFromThread 和 sendErrorMessageFromThread：用于向 updateHandler 发送不同类型的消息。
- 方法 play、isReady、abort 和 destroy：这些都是抽象方法，需要在子类中实现，用于执行游戏操作、检查引擎是否准备好、中止游戏和销毁资源。
- 方法 setMsecs 和 setPly：用于设置时间限制和层数限制。
- 方法 setQuiescentSearchOn：用于设置是否启用静态搜索。
- 监听器方法 addListener 和 removeListener：用于添加和移除引擎事件监听器。

17.5 Activity 活动

在本项目的“activities”目录中包含了应用程序中各种活动（Activities）的源代码文件，这些活动是 Android 应用程序的核心组成部分，用于实现不同的用户界面和交互。

17.5.1 基础 Activity

编写文件 BaseActivity.java，创建一个名为 BaseActivity 的类，作为本项目的基础活动（Activity），用于扩展其他活动。对文件 BaseActivity.java 代码的具体说明如下所示：

- BaseActivity 扩展了 AppCompatActivity，这使得它成为一个具有应用栏和其他 Android Material Design 特性的活动。BaseActivity 类包含了一些通用的功能，例如弹出消息（doToast）、分享文本（shareString）、振动（vibration）和显示帮助信息（showHelp）等。这些功能可以在其他活动中重复使用，以提高代码的可重用性。
- 在 onResume 方法中，该活动检查用户首选项，如是否保持屏幕常亮（wakeLock）和是否启用全屏模式（fullScreen），然后相应地配置窗口标志。
- 方法 shareString 用于创建并启动一个分享操作，允许用户分享文本数据，数据类型为“application/x-chess-pgn”。
- 方法 vibration 用于触发设备的振动，具体的振动模式（seq 参数）会触发不同的振动序列。
- 方法 showHelp 用于启动帮助信息活动（HtmlActivity），并向该活动传递要显示的帮助信息资源。

BaseActivity 作为一个基础类，可以被其他活动继承，并用于提供通用的功能和行为。这种做法有助于避免在每个活动中重复编写相同的代码，提高了代码的可维护性和可重用性。

17.5.2 棋盘偏好设置

编写文件 BoardPreferencesActivity.java，定义了一个名为 BoardPreferencesActivity 的 Android 活动（Activity），用于处理棋盘（Chess Board）偏好设置功能。允许用户自定义棋盘的外观和显示方式，包括棋子图像、颜色方案和坐标显示。这些偏好设置可以增强用户体验，使用户能够按照他们的喜好来定制应用程序的外观。对文件 BoardPreferencesActivity.java 代码的具体说明如下。

- BoardPreferencesActivity 继承自 ChessBoardActivity，这表明它可能与应用程序中的棋盘界面相关联。
- 在方法 onCreate 中，设置了与棋盘偏好设置相关的界面元素，包括下拉框（Spinner）和复选框（CheckBox）。这些界面元素用于选择棋盘上的棋子图像、颜色方案，以及是否显示坐标。
- 在 回调 onItemSelected 中，根据用户的选择更新了棋盘的外观和显示方式，包括棋子图像、颜色方案和是否显示坐标。
- 回调 onCheckedChanged 用于监听复选框的状态变化，以确定是否显示坐标。
- 方法 onResume 在活动恢复时调用，用于加载之前保存的用户偏好设置，并应用这些设置重新构建棋盘的外观。
- 方法 onPause 在活动暂停时调用，用于保存用户的偏好设置，以便在下次打开应用程序时恢复这些设置。

17.5.3 棋盘管理和操作

编写文件 ChessBoardActivity.java，定义一个名为 ChessBoardActivity 的抽象类，继承自

BaseActivity，该类实现了棋盘游戏的核心逻辑。包含了许多与棋盘游戏相关的功能，包括用户交互、游戏逻辑、声音效果、语音提示，以及界面设置。文件 ChessBoardActivity.java 的具体实现流程如下所示。

1）方法 requestMove 用于处理玩家的移动请求，包括普通移动、兵的升变。

2）回调方法 OnMove（int move）在棋盘上发生了一步棋的事件时被调用，具体功能包括：

- 监听并处理一步棋的事件，其中 move 参数表示当前的棋盘移动。
- 根据移动事件的特征，如是否将对方的国王置于将军状态、是否进行了吃子操作等，可能播放声音效果，例如表示将军或吃子的声音。
- 如果启用了文本转语音功能（TextToSpeech），还可以将移动事件转换为语音提示，从而提供可访问性功能。
- 此方法在棋盘游戏中用于更新界面状态和提供反馈，以确保用户可以清晰地了解每一步棋的变化和状态。

3）方法 OnDuckMove（int duckMove）用于通知棋盘上发生了“Duck”（鸭子）的移动事件。

4）方法 OnState()用于通知当前棋盘状态的变化，处理并更新界面显示。

5）方法 afterCreate()用于初始化棋盘游戏的各种组件，如 JNI、棋盘视图等。

6）onResume()和 onPause()是 Android Activity 生命周期中的两个重要方法，用于管理活动的前台和后台状态。在本项目中，方法 onResume()用于执行以下操作：

- 恢复棋盘界面状态。
- 初始化各种设置项，如全屏显示、声音、文本转语音等。
- 创建音效播放器和文本转语音引擎（如果启用）。

7）当活动不再处于前台，即被其他活动覆盖或用户回到主屏幕时，Android 系统会调用 onPause()方法。在 onPause()中，可以执行释放资源、保存数据、取消注册广播接收器等与活动进入后台相关的操作。在上述的 ChessBoardActivity.java 中，onPause()方法用于执行以下操作：

- 保存当前设置项，例如声音开关状态。
- 释放音效播放器和文本转语音引擎资源。

8）方法 rebuildBoard()用于重建整个棋盘，包括棋子的位置和状态，用于刷新整个棋盘的显示。

9）方法 updateSelectedSquares()用于更新被选择的方块，用于高亮显示最后一步移动的起点和终点。

10）方法 resetSelectedSquares()用于重置所有被选择的方块，用于取消高亮显示。

11）方法 onKeyDown（int keyCode, KeyEvent event）用于处理按键事件，例如处理用户输入的棋盘位置。

12）方法 onInit()用于初始化 TextToSpeech，实现语音提示功能。

13）方法 setPremove（int from, int to）用于设置预走棋状态，高亮显示预走棋的起点和终点。

14）方法 resetPremove( ) 用于取消预走棋状态，取消高亮显示效果。

15）方法 hasPremoved( ) 用于检查是否有预走棋状态。

16）方法 getPieceViewOnPosition（int pos）用于根据棋盘位置获取对应的棋子视图。

17）方法 getSquareAt（int pos）用于根据棋盘位置获取对应的方块视图。

18）内部类 MyClickListener 用于处理点击事件的监听器。

19）内部类 MyDragListener 用于处理拖动事件的监听器。

20）内部类 MyTouchListener 用于处理触摸事件的监听器。

21）方法 chessStateToR（int s）用于将棋盘状态转换为对应的资源标识符。

22）方法 dpadFocus（boolean hasFocus）用于处理 D-Pad（方向键）焦点的改变。

23）方法 dpadUp( ) 用于处理 D-Pad 上键的操作。

24）方法 dpadDown( ) 用于处理 D-Pad 下键的操作。

25）方法 dpadLeft( ) 用于处理 D-Pad 左键的操作。

26）方法 dpadRight( ) 用于处理 D-Pad 右键的操作。

27）方法 dpadSelect( ) 用于处理 D-Pad 选择键的操作，用于选中棋盘上的方块。

28）方法 handleClick（int index）用于处理点击方块的操作，包括棋子的选择和移动。

17.5.4 应用程序入口点基类

编写文件 StartBaseActivity.java，实现一个应用程序入口点的基类 StartBaseActivity，它提供了一些通用的设置和导航功能，用于在应用程序启动时选择不同的功能模块，例如开始游戏、练习、解谜等。StartBaseActivity 是应用程序的入口，提供了应用程序的导航和设置功能。对文件 StartBaseActivity.java 代码的具体说明如下。

1）onCreate（Bundle savedInstanceState）方法：在 Activity 创建时被调用，用于初始化和配置 Activity。在这个方法中，以下操作被执行。

- 获取用户首选的语言设置，并根据该设置更改应用程序的语言。
- 针对 Android 版本大于 N 的情况，通过 createConfigurationContext( ) 方法创建新的 Configuration 对象。
- 根据用户的夜间模式首选项，设置应用程序的主题为夜间模式或跟随系统。
- 设置 Activity 的布局资源。
- 设置 ListView 的单击监听器，以便处理列表项的单击操作。

2）onItemClick(AdapterView<? > parent, View view, int position, long id) 方法：处理 ListView 中列表项的单击事件，根据用户选择的操作启动不同的 Activity。根据用户单击的列表项执行以下操作。

- 打开 PlayActivity，允许用户玩国际象棋。
- 打开 PracticeActivity，提供练习国际象棋的功能。
- 打开 PuzzleActivity，提供解决棋局谜题的功能。
- 打开 HtmlActivity，显示关于应用程序的信息。

- 打开 ICSClient，启动在线国际象棋服务器。
- 打开 AdvancedActivity，用于高级设置。
- 打开 ChessPreferences，用于全局偏好设置。
- 打开 BoardPreferencesActivity，用于设置棋盘偏好。

3）onActivityResult（int requestCode，int resultCode，Intent data）方法：处理通过 ChessPreferences 或其他 Activity 返回的结果。如果结果表明设置已更改，则重新创建 Activity 以应用新的设置。

基类 StartBaseActivity 主要功能是管理应用程序的入口点，根据用户的选择启动不同的功能模块，同时提供了设置语言和主题的功能。其他具体的活动可以继承自这个基类，以获得这些通用的功能。

17.6 游戏界面

本项目提供了多个 Activity 界面供用户选择，例如 PlayActivity（允许用户玩国际象棋），PracticeActivity（提供练习国际象棋的功能），PuzzleActivity（提供解决棋局谜题的功能），HtmlActivity，显示关于应用程序的信息，ICSClient（启动在线国际象棋服务器），AdvancedActivity（用于高级设置），ChessPreferences（全局偏好设置），BoardPreferencesActivity（设置棋盘偏好）。整个项目的核心功能是用户玩国际象棋游戏界面，这一功能被保存在“play”目录中。本节将详细讲解游戏界面的实现过程。

17.6.1 时钟设置

编写文件 ClockDialog.java，定义一个名为 ClockDialog 的类，它继承自 ResultDialog 类。该类表示一个时钟设置对话框，用于在国际象棋游戏中设置时钟参数。总之，ClockDialog 类用于创建一个自定义对话框，允许用户设置国际象棋游戏中的时钟参数。用户可以输入总时间和增量时间，然后通过点击“确定”按钮，将设置保存到应用程序的偏好设置中，这有助于管理国际象棋对局中的时间限制。

17.6.2 游戏设置

编写文件 GameSettingsDialog.java，定义一个名为 GameSettingsDialog 的类，用于创建游戏设置对话框。该对话框允许用户在国际象棋游戏中配置不同的游戏选项，包括对手类型、执白或执黑、级别模式、级别时间/步数，以及深度搜索选项。

17.6.3 查看棋谱

编写文件 PGNDialog.java，定义一个名为 PGNDialog 的类，用于创建 PGN（Portable Game Notation）棋谱对话框。该对话框允许用户查看和导出国际象棋游戏的棋谱，并跳转到特定的棋谱步骤。

17.6.4 游戏界面和操作

编写文件 PlayActivity.java，实现一个完整的国际象棋游戏界面和操作的核心功能，它管理着游戏状态、用户交互、时间管理、设置管理、保存和加载游戏状态、与引擎互动，以及声音效果等多个关键方面。文件 PlayActivity.java 具体实现流程如下所示。

1）方法 onCreate 在 PlayActivity 创建时被调用，用于初始化、配置界面和相关的事件处理。功能包括设置各种按钮的点击事件处理，配置棋盘界面、棋子视图、时钟和其他 UI 元素，以及初始化游戏引擎、PGN（Portable Game Notation）解析和棋谱加载等。

2）方法 onResume 在 PlayActivity 从后台切换到前台时被调用，用于恢复应用程序状态和重新初始化一些配置。在这个方法中，它处理从外部应用程序传入的数据（例如通过共享功能传入的 PGN 棋谱或 FEN），配置游戏引擎和相关设置，以及设置应用程序的状态，包括加载或新建游戏、设置棋盘颜色、更新时钟、加载 ECO（Encyclopedia of Chess Openings）数据等。同时，还处理了通过 intent 传递的数据，如 PGN 棋谱或 FEN 棋局。

3）方法 onPause 在 PlayActivity 被暂停或退出前被调用，用于保存游戏状态和设置等信息，以便在应用程序重新打开时能够继续游戏。在这个方法中，它停止了引擎运行、更新时钟、保存游戏的关键信息（如日期、玩家、PGN 棋谱等）到数据库中，以及保存应用程序的配置（如游戏 ID、PGN、FEN、时钟信息等）到 SharedPreferences 这些功能。

4）方法 onActivityResult 在从其他活动返回时被调用，用于处理来自其他活动的结果。根据请求代码（requestCode）和结果代码（resultCode）的不同，执行不同的操作。如果用户选择了从文件中打开棋局或从 QR 码扫描器中获取 FEN 字符串，则会相应地更新游戏状态。

5）方法 OnMove 在发生一次正常棋盘上的棋子移动时被调用，用于更新 UI 元素，清除高亮的位置，然后尝试让引擎走棋。

6）方法 OnDuckMove 在发生一次特殊的“鸭子”移动时被调用，用于更新 UI 元素，然后尝试让引擎走棋。

7）方法 OnEngineMove 在引擎计算出一个新的移动时被调用，用于移动棋子并更新 UI 元素。

8）方法 OnEngineInfo 在引擎产生一些信息时被调用，用于在 UI 上显示引擎的信息。

9）方法 OnEngineStarted 在引擎开始计算时被调用，用于在 UI 上显示进度条。

10）方法 OnEngineAborted 在引擎被中止时被调用，用于停止进度条的显示。

11）方法 OnEngineError 在引擎出现错误时被调用，用于在 UI 上显示错误信息。

12）方法 OnState 在游戏状态发生变化时被调用，用于更新 UI 元素。

13）方法 onProgressChanged 在用户拖动进度条时被调用，用于跳转到指定的棋局位置。

14）方法 updateGUI 用于更新用户界面（GUI）以反映游戏状态，目的是确保游戏界面正确显示当前的游戏状态。

15）方法 updateSeekBar( )用于更新界面上的进度条，通常用于显示游戏的进程。设置进度条的最大值（seekBar.setMax( )）和当前进度（seekBar.setProgress( )），以便玩家能够追踪游戏中的棋盘状态。

16）方法 updatePlayers( )用于更新界面上显示的玩家信息，通常是白方和黑方的名称。根据当前游戏状态更新界面上的玩家信息，确保显示的是当前执棋玩家的名称。

17）方法 updateEco( )用于更新界面上显示的 ECO（Encyclopaedia of Chess Openings）开局编码信息，通常在棋局中使用 ECO 编号。

18）方法 updateCapturedPieces( )用于更新界面上显示已捕获棋子的区域，显示每个玩家捕获的对方棋子数量。

19）方法 updateTurnSwitchers( )用于更新界面上的“切换执棋权”按钮或控件，允许玩家手动切换执棋权。能够根据当前游戏状态和执棋玩家，显示或隐藏“切换执棋权”按钮或更新其状态。

20）方法 toggleEngineProgress 用于切换引擎进度的显示，通常与计算机引擎相关。在引擎思考时显示进度条或其他相关的进度信息，以向玩家显示引擎计算的进度；在引擎不在思考时隐藏进度信息，以恢复正常的界面状态。

21）方法 showChess960Dialog 会显示一个对话框，允许用户手动输入或随机生成 Chess960 的起始位置。

22）方法 OnDialogResult 用于处理来自对话框的结果，根据请求代码和数据执行不同的操作，例如在“menu”对话框中选择游戏设置、新游戏等选项，处理时钟设置对话框返回的结果，或保存游戏对话框返回的结果。

23）方法 OnClockTime 在每当时钟时间更新时被调用，用于在 UI 上显示对手和玩家的剩余时间，以及根据一定的时间警告条件（被注释掉的部分）设置 UI 元素的背景颜色。

24）方法 updateClockByPrefs 用于从 SharedPreferences 中获取时钟设置的参数，然后初始化本地时钟。

25）方法 updateForNewGame 在开始新游戏时被调用，从 SharedPreferences 中获取时钟设置的参数，然后初始化本地时钟。如果有声音（spSound 不为空），则播放新游戏的声音。

26）方法 updateGameSettingsByPrefs 用于从 SharedPreferences 中获取游戏设置，如对手类型、玩家的轮次、引擎难度等，并更新引擎和 UI 元素。

27）方法 saveGame 用于打开一个对话框，允许用户输入保存游戏的相关信息，如事件、白方、黑方、日期等，并保存游戏到数据库中。

28）方法 saveGameFromDialog 的功能是根据对话框返回的数据，构建包含游戏信息的 ContentValues，并根据是否选择复制保存游戏，执行相应的保存操作。

29）方法 loadGame 的功能是，如果游戏 ID 大于 0，尝试从数据库中加载游戏信息并还原游戏状态。

30）方法 saveGame 的功能是根据 ContentValues 中的数据，保存游戏信息到数据库中。如果游戏 ID 大于 0，表示更新已有游戏，否则插入新的游戏。

31）方法 playIfEngineMove 用于检查是否轮到引擎走棋（myTurn 和 jni.getTurn( )不一致），

并且当前游戏是与引擎对战（vsCPU 为真），如果满足条件，尝试让引擎走棋。

32）方法 playIfEngineCanMove 用于检查引擎是否准备好（myEngine.isReady()），游戏是否未结束（jni.isEnded() == 0），并且没有未解决的鸭子移动（jni.getDuckPos() == -1 或 jni.getMyDuckPos() != -1），如果满足条件，尝试让引擎走棋。

17.6.5 保存游戏

编写文件 SaveGameDialog.java，定义一个名为 SaveGameDialog 的类，用于创建保存游戏数据的对话框。这个对话框允许用户为特定的国际象棋游戏设置元数据（如日期、玩家姓名、事件名称、评级等），并保存游戏数据到数据库。另外，用户还可以选择复制游戏数据，以备份或分享。文件 SaveGameDialog.java 的具体实现代码如下所示。

```
public class SaveGameDialog extends ResultDialog {

    private EditText _editWhite, _editBlack, _editEvent;
    private RatingBar _rateRating;
    private DatePickerDialog _dlgDate;
    private String _sPGN;
    private int _year, _month, _day;

    public SaveGameDialog(@NonNull Context context, ResultDialogListener listener, int
requestCode, String sEvent, String sWhite, String sBlack, Calendar cal, String sPGN, boole-
an bCopy) {
        super(context, listener, requestCode);

        setContentView(R.layout.savegame);

        setTitle(R.string.title_save_game);

        _rateRating = findViewById(R.id.RatingBarSave);

        _editEvent = findViewById(R.id.EditTextSaveEvent);
        _editWhite = findViewById(R.id.EditTextSaveWhite);
        _editBlack = findViewById(R.id.EditTextSaveBlack);

        final Button _butDate = findViewById(R.id.ButtonSaveDate);
        _butDate.setOnClickListener(new View.OnClickListener() {
            public void onClick(View arg0) {
                _dlgDate.show();
            }
        });

        Button _butSave = findViewById(R.id.ButtonSaveSave);
        _butSave.setOnClickListener(new View.OnClickListener() {
            public void onClick(View arg0) {
```

```
            dismiss();
            save(false);
        }
    });

    Button _butSaveCopy = findViewById(R.id.ButtonSaveCopy);
    _butSaveCopy.setOnClickListener(new View.OnClickListener() {
        public void onClick(View arg0) {
            dismiss();
            save(true);
        }
    });

    Button _butCancel = findViewById(R.id.ButtonSaveCancel);
    _butCancel.setOnClickListener(new View.OnClickListener() {
        public void onClick(View arg0) {
            dismiss();
        }
    });

    _rateRating.setRating(3.0F);
    _editEvent.setText(sEvent);
    _editWhite.setText(sWhite);
    _editBlack.setText(sBlack);

    _year =cal.get(Calendar.YEAR);
    _month =cal.get(Calendar.MONTH) + 1;
    _day =cal.get(Calendar.DAY_OF_MONTH);

    _butDate.setText(_year + "." + _month + "." + _day);

    _dlgDate = new DatePickerDialog(context, new DatePickerDialog.OnDateSetListener() {

        public void onDateSet(DatePicker view, int year, int monthOfYear, int dayOfMonth) {
            _year = year;
            _month =monthOfYear + 1;
            _day =dayOfMonth;
            _butDate.setText(_year + "." + _month + "." + _day);

        }
    }, _year, _month - 1, _day);

    _sPGN = sPGN;

    _butSaveCopy.setEnabled(bCopy);
```

```
    }

    protected void save(boolean bCopy) {
        Bundle data = newBundle();

        Calendar c =Calendar.getInstance();
        c.set(_year, _month - 1, _day, 0, 0);
        data.putLong(PGNColumns.DATE, c.getTimeInMillis());
        data.putCharSequence(PGNColumns.WHITE, _editWhite.getText().toString());
        data.putCharSequence(PGNColumns.BLACK, _editBlack.getText().toString());
        data.putCharSequence(PGNColumns.PGN, _sPGN);
        data.putFloat(PGNColumns.RATING, _rateRating.getRating());
        data.putCharSequence(PGNColumns.EVENT, _editEvent.getText().toString());
        data.putBoolean("copy", bCopy);

        setResult(data);
    }
}
```

注意：为了节省本书篇幅，PuzzleActivity、HtmlActivity、ICSClient、AdvancedActivity、ChessPreferences、BoardPreferencesActivity 等功能不在书中进行讲解，这些模块的实现过程请看本书的配套视频和源码。

17.7 游戏引擎

在前面讲解的内容是 Android 应用的 Java 代码，用于处理用户界面、用户输入等任务，还通过 JNI 调用本地 C++ 代码来执行国际象棋引擎的核心逻辑。本项目的游戏引擎是通过 C++ 实现的，Java 部分代码通过 JNI 接口调用了 C++实现的游戏引擎，它们之间的具体关系如下所示：

```
Android Application (Java)
      |
      JNI (Java Native Interface)
      |
      C++ Chess Engine (Game Logic)
```

Java 代码与本地代码之间需要进行函数映射和数据传递，在本项目中，Java 方法会通过 JNI 调用到本地方法，本地方法执行所需的任务，然后返回结果给 Java 代码。这种方法通常用于处理与游戏引擎等性能敏感的任务相关的操作，以提高执行效率。本项目的 JNI 功能保存在 “cpp” 目录中，接下来讲解几个重要功能的实现过程。

17.7.1 建立 JNI 连接

编写文件 chess-jni.cpp，这是一个 JNI（Java Native Interface）的实现，用于在 Java 和 C/C++

之间进行互操作。主要作用是为 Java 应用程序提供调用 C/C++函数的接口，从而实现性能优化、使用现有的 C/C++库、系统级编程等目的。在本项目中，这个 JNI 用于与国际象棋游戏引擎进行通信。在文件 chess-jni.cpp 中主要定义如下所示的成员：

- 数组 JNI_OnLoad 是 JNI 库的入口点，它在库加载时被调用。它用于注册本地方法，这些方法可以被 Java 代码调用。
- 数组 sMethods 包含了将被注册为本地方法的函数的信息。每个元素都描述了一个本地方法，包括方法名、方法签名和方法的本地实现。
- 方法 Java_jwtc_chess_JNI_destroy 用于销毁国际象棋游戏引擎的实例。
- 方法 Java_jwtc_chess_JNI_setVariant 用于设置国际象棋游戏的变体。
- 方法 Java_jwtc_chess_JNI_requestMove 用于请求移动棋子。
- 方法 Java_jwtc_chess_JNI_move 用于执行一个移动。
- 方法 Java_jwtc_chess_JNI_newGameFromFEN 用于根据 FEN 字符串创建一个新的国际象棋游戏。
- 方法 Java_jwtc_chess_JNI_searchMove 和 Java_jwtc_chess_JNI_searchDepth 用于搜索最佳移动。
- 方法 Java_jwtc_chess_JNI_peekSearchDone 用于查看搜索是否完成。
- 方法 Java_jwtc_chess_JNI_toFEN 将当前棋盘状态转换为 FEN 字符串。
- 其他方法用于执行各种操作，如设置回合、获取棋盘状态、判断游戏是否结束等。

这个 JNI 的主要目的是将 Java 应用程序与 C++编写的国际象棋引擎进行连接，使得 Java 应用程序能够操作引擎并获取游戏状态、移动等信息。这种方法通常用于实现复杂的计算或与现有的 C/C++库进行互操作。在本示例中，这是一个用于国际象棋游戏的 JNI。

17.7.2 棋盘的状态和相关操作

编写文件 ChessBoard.cpp，实现一个用于表示、操作和评估国际象棋棋盘的引擎类 ChessBoard，这个类用于表示国际象棋棋盘的状态和相关操作。另外还包括了一些初始化和输出函数，这对于国际象棋引擎的开发非常重要。此文件提供了棋盘状态的表示和转换函数，以及用于生成合法的着法和评估局面的基本功能。文件 ChessBoard.cpp 的具体实现流程如下所示。

1）定义了一系列的 BITBOARD 函数，这类成员函数用于计算国际象棋棋盘上的攻击情况，例如骑士（knight）、主教（bishop）、车（rook）、皇后（queen）和国王（king）的攻击范围。这些函数能够计算并返回位图，表示棋子可以移动到的位置。

2）函数 isSquareAttacked 用于确定指定位置是否受到攻击，会检查在特定位置上是否有可能的攻击，包括骑士、主教、车、皇后、国王和兵等，以确定是否有威胁。

3）函数 calcState 用于计算棋局的状态，生成所有可能的移动并过滤掉那些可能导致非法局面的移动（例如将自己的国王置于被攻击的位置）。它还用于检查棋局是否结束，例如是否出现将军（CHECKMATE）和平局（STALEMATE）等情况。

4）函数 isLegalPosition 用于检查当前棋盘是否处于合法位置，包括检查是否存在不正确的兵的位置、是否有超过规定数量的兵、双方国王是否都在棋盘上，以及是否正在被将军。

5）函数 isEnded 用于检查游戏是否已结束，包括检查是否出现将军、和局、50 步规则、三次重复局面等情况。

6）函数 checkEnded( )用于检查游戏是否已经结束，可能因为 50 步规则或三次重复局面。如果游戏已结束，它会相应地设置游戏状态。

7）函数 ambigiousMove( )用于处理可能引起歧义的移动（多个相同类型的棋子移动到同一目的地），它检查移动是否存在歧义，如果存在歧义，就返回移动的标识。

8）函数 requestMove( )用于请求一步棋的操作，并检查给定的着法是否有效，如果有效，则更新棋盘状态。

9）函数 requestDuckMove( )是特定于“鸭子国际象棋”这个变种规则的，用于处理与“鸭子”棋子相关的着法。

10）函数 isAmbiguousCastle( )用于检查车易位着法中是否存在歧义，比如有多个车可以移动到同一个目标位置。

11）函数 getCastleMove( )用于找到并返回从给定位置进行的车易位着法。

12）函数 makeMove( )用于根据给定的着法更新棋盘状态，它处理各种情况，包括车易位、吃过路兵、升变和正常棋子移动。也就是说，函数 makeMove( )实现了国际象棋游戏中的“走棋”操作，也就是在游戏中执行一步棋。具体实现流程如下。

第 1 步：const int from = Move_getFrom（move）, to = Move_getTo（move）表示从 move 中获取起始位置 from 和目标位置 to。

第 2 步：const int pieceFrom = pieceAt（m_turn, from）表示获取起始位置上的棋子类型。

第 3 步：duplicate（ret）表示创建一个新的 ChessBoard 实例 ret，用于在不改变当前棋盘状态的情况下进行模拟。

第 4 步：ret->m_bitbAttackMoveSquares = 0L 表示清空 ret 对象的攻击位板。

第 5 步：ret->m_duckPos = -1；表示将 ret 对象的 duckPos 设置为-1。

第 6 步：如果移动是“双步初始走”（“en passant”）：

- ret->m_ep 设置为新的 to 位置，如果当前是白方的回合，那么 to 加 8，否则减 8。
- 否则，ret->m_ep 设置为-1，表示没有“en passant”可用。

第 7 步：ret->m_numBoard = m_numBoard + 1;：增加 ret 的 m_numBoard，表示模拟的棋盘编号增加 1。

第 8 步：如果移动导致将军（“check”）：

- ret->m_state 设置为 CHECK。
- 否则，ret->m_state 设置为 PLAY，表示不是最终状态。

第 9 步：如果起始位置的棋子是车（ROOK），则根据起始位置 from 所在列的不同，更新

ret 中的王车易位状态位板（castling bitboard）。

第 10 步：如果起始位置的棋子是王（KING），则更新 ret 中的王车易位状态位板，更新 ret 中的王的位置。

第 11 步：如果移动是吃子（HIT），则将 ret->m_50RuleCount 设置为 0，表示重置了 50 步规则的计数。如果移动是“en passant”：

- 更新敌方棋子的位置位板（bitboard）和状态。
- 更新敌方棋子的质量。

否则：

- 更新目标位置上的敌方棋子的哈希键（hash key）。
- 更新敌方棋子的位置位板和状态。
- 如果被吃的是敌方的王，更新王的位置。

第 12 步：如果不是吃子（HIT），且移动的是当前回合的兵（PAWN），则 ret->m_50RuleCount 设置为 0，表示重置了 50 步规则的计数；否则将 ret->m_50RuleCount 增加 1。

第 13 步：更新 ret 中的哈希键，位置位板和状态信息，表示执行了这一步移动。

第 14 步：如果起始位置和目标位置不同，表示发生了移动，则更新 ret 中的哈希键、位置位板和状态信息，表示起始位置上的棋子离开。

第 15 步：如果这一步移动是兵升变（Promotion）那么将执行以下操作。

- 更新当前回合的质量信息。
- 更新位置位板，表示升变后的棋子。
- 更新哈希键，表示升变后的棋子。

第 16 步：如果这一步移动是王方的短易位（Kingside Castling）那么将执行以下操作。

- 更新 ret 中的王车易位状态位板。
- 如果是白方，更新王和车的位置信息和哈希键。
- 如果是黑方，同样更新信息。

第 17 步：如果这一步移动是王方的长易位（Queenside Castling）那么将执行以下操作。

- 更新 ret 中的王车易位状态位板。
- 如果是白方，更新王和车的位置信息和哈希键。
- 如果是黑方，同样更新信息。

第 18 步：设置 ret 的父棋盘指针，记录上一步操作的棋盘状态。

第 19 步：更新 ret 的回合信息，切换当前回合。

第 20 步：最后，根据游戏规则和这一步棋的结果，返回 ret 对象，表示执行了这一步棋后的棋盘状态。这个函数实际上模拟了走棋操作，包括吃子、易位、升变等情况，同时记录了新的棋盘状态。

13）函数 containsQuiescenceMove( ) 用于检查生成的着法中是否包含吃子、将军或升变的着法。如果有这些着法中的任何一个，函数返回 true，否则返回 false。

14）函数 addMoves( ) 用于将棋子从一个位置到一组目标位置的着法，计算了目标位置，并根据情况添加不同类型的着法。如果目标位置上有敌对棋子，那么添加吃子着法，否则添加普通的移动着法。

15）函数 addKingMove( ) 用于添加国王的着法，这通常是国王的合法移动。

16）函数 addPawnCaptureMove( ) 用于添加兵（即卒/兵）的吃子着法。

17）函数 addMove( ) 用于添加一般的着法，通常是移动到一个空格或吃子着法。如果目标位置是对手的国王，它将返回，以避免将对手国王置于被将军的状态。

18）函数 getMyMove( ) 用于返回导致当前局面的着法。这对于记录每一步的走法很有用。

19）函数 genMoves( ) 用于生成所有可能的着法。这包括各种不同类型的棋子，如骑士、象、兵、车、后、王的着法。

20）函数 genPawnMoves( ) 用于生成卒/兵的着法。这些着法包括普通移动、首次移动时的两步前进、吃子、升变等情况。

21）函数 knightMoves( ) 用于返回骑士（马）在指定位置的合法移动着法的位板（BITBOARD）。它计算了骑士可以走的位置，并将这些位置与已有的棋子位置进行比较，以排除掉已被占据的位置。

22）函数 genKnightMoves( ) 用于生成所有骑士的着法。它遍历所有的骑士，计算每个骑士可以移动的位置，并通过 addMoves( ) 函数将这些着法添加到着法列表中。

23）函数 rookMoves( ) 用于返回战车（车）在指定位置的合法移动着法的位板。它计算了车可以在横向和纵向移动的位置，并与已有的棋子位置进行比较，以排除掉已被占据的位置。

24）函数 genRookMoves( ) 用于生成所有战车的着法。它遍历所有的战车，计算每个战车可以移动的位置，并通过 addMoves( ) 函数将这些着法添加到着法列表中。

25）函数 bishopMoves( ) 用于函数返回象（主教）在指定位置的合法移动着法的位板。它计算了象可以在两个对角线方向上移动的位置，并与已有的棋子位置进行比较，以排除掉已被占据的位置。

26）函数 genBishopMoves( ) 用于生成所有象的着法。它遍历所有的象，计算每个象可以移动的位置，并通过 addMoves( ) 函数将这些着法添加到着法列表中。

27）函数 queenMoves( ) 用于返回皇后在指定位置的合法移动着法的位板。皇后的着法包括了战车和象的着法，因此它返回了这两种着法的并集。

28）函数 genQueenMoves( ) 用于生成所有皇后的着法。它遍历所有的皇后，计算每个皇后可以移动的位置，并通过 addMoves( ) 函数将这些着法添加到着法列表中。

29）函数 kingMoves( ) 用于返回国王在指定位置的合法移动着法的位板。国王的着法包括了常规的一步移动，以及国王-车的王车易位（王-王车易位）。

30）函数 genKingMoves( ) 用于生成国王的着法，它遍历所有国王，计算每个国王可以移动的位置，并通过 addMoves( ) 函数将这些着法添加到着法列表中。此外，它还处理了国王的王车易位（OO，短易位）和王后车易位（OOO，长易位）着法。

31）函数 genExtraKingMoves( ) 用于生成易位着法，包括短易位和长易位。它检查国王和车的位置，以确定是否可以进行易位操作。如果满足易位的条件，将相应的易位着法添加到着法列表中。

32）函数 getMoves( )用于重置着法列表的索引，以便可以从头开始获取着法。

33）函数 getScoredMoves( )用于对生成的着法进行评分，根据评分从高到低对着法进行排序。评分较高的着法将排在前面，以便在搜索中首先考虑这些着法。

34）scoreMoves( )和 scoreMovesPV( )这两个函数用于对着法进行评分，可以为不同的搜索阶段使用不同的评分函数。scoreMovesPV( )会给定一个特定的着法作为主要变例（Principal Variation）并赋予其高分，以鼓励搜索算法深入探索这个变例。

35）函数 setMyMoveCheck( )用于标记当前局面的着法是否导致对方被将军，如果着法导致对方被将军，将设置标志以指示这一情况。

36）函数 getNextScoredMove( )用于从已生成的着法中获取下一个最高分的着法。它遍历着法列表，找到分数最高的着法，然后将这个着法和分数移到着法列表的开头，以便下一次获取最高分着法时可以更快地找到。

37）函数 getScoredMovesTT( )用于对已生成的着法进行排序，同时考虑置换表着法和杀手着法。着法会按照分数从高到低进行排序，其中置换表着法和杀手着法分别会被赋予较高的分数，以鼓励搜索算法更快地找到这些着法。

38）函数 scoreMove( )是基本的着法评分函数，用于评估着法的质量。着法的分数是根据不同的情况计算的，包括是否是吃子着法、是否是兵变后（升变）着法、是否导致对方被将军等。分数越高表示着法越有利。

39）函数 loneKingValue( )用于评估局面中只有一方拥有国王的情况，如果一方的国王处于不利位置，会导致较低的估值。这个函数会返回局面的估值。

40）函数 kbnkValue( )用于评估局面中一方拥有国王、主教和骑士，而另一方只有国王的情况。这是一种特殊情况的估值函数，根据主教和骑士的位置和数量来计算估值。

41）函数 promotePawns( )用于评估局面中兵（卒）的晋升情况。如果兵已经晋升，估值会更高。这个函数还考虑了国王的位置和局面的特殊情况。

42）函数 boardValue( )是整个局面的评估函数，会综合考虑各种因素，包括材料价值、局面特点（如局面中兵的晋升情况）以及局面中的特殊情况。它返回整个局面的估值。

43）函数 queenValueExtension( )用于评估局面中女王（皇后）的位置。如果女王过早出动，会导致估值降低。这个函数还考虑了女王的行动力，包括战车和象的移动。

44）函数 kingValueExtension( )用于评估局面中国王的位置和状态。它会考虑国王是否已经王车易位，是否可能进行易位，以及周围的兵（卒）对国王的保护情况。

45）函数 knightValueExtension( )用于评估骑士的位置和动力，包括骑士在中央 4×4 区域的位置和骑士的移动性。函数返回一个估值。

46）函数 rookValueExtension( )用于评估战车的位置和动力，包括战车的移动性、同一行或同一列的战车的数量以及是否联通。函数返回一个估值。

47）函数 bishopValueExtension( )用于评估象的位置和动力，包括象的攻击范围、象的数量以及象占据的格子中是否有己方的兵。函数返回一个估值。

48）函数 pawnValueExtension()用于评估兵的位置和动力，包括兵的位置、是否为中心的兵、兵是否通过、兵的邻居、兵是否联通以及是否存在双兵。函数返回一个估值。

49）函数 getAvailableCol()在随机费舍尔棋盘设置中用于检查某一列是否可用。

50）函数 reset()用于重置棋盘状态，包括初始化棋盘的各种属性。

51）函数 commitBoard()用于在添加棋子后提交棋盘，计算相关的属性。

52）函数 duplicate()用于复制当前棋盘，创建一个新的棋盘状态。

53）函数 getFirstBoard()用于获取链表中的第一个棋盘状态，用于检索棋盘状态链表的头。

54）函数 parseFEN（char * sFEN）用于解析 FEN 表示法，并将其应用于当前棋盘。它能够设置棋盘上的棋子，包括国际象棋中的各种棋子，以及相关的信息，如将军、兵的双步移动等。如果解析成功，返回 true，否则返回 false。

55）函数 toFEN（char * s）用于生成当前棋盘状态的完整 FEN 表示法，包括棋子位置、可行的小兵过位移动、50 步规则等信息。

56）函数 setCastlingsEPAnd50()用于设置是否允许王车易位、王车后易位等信息，以及小兵过位和 50 步规则。

57）函数 setTurn（const int turn）用于更改当前轮到哪一方行动。

58）函数 getNumCaptured（int turn，int piece）用于获取某一方在某种棋子上被吃掉的数量。

59）函数 initHashKey()使用 Zobrist 算法初始化哈希键，以便标识棋盘状态。

60）函数 put()用于在指定位置放置一个棋子，更新相关的位板和状态信息。

61）函数 putHouse()用于放置一个棋子并创建一个新的棋盘状态，同时考虑攻击情况和允许攻击的情况。

62）BITS［64］：一个包含 64 个 BITBOARD 值的数组，每个值对应一个棋盘上的位置，用于在位板中表示棋子的位置。

63）NOT_BITS[64]：与 BITS 数组对应，用于表示与 BITS 中相应位置相反的位板。

64）ROW_BITS[8]：一个包含 8 个 BITBOARD 值的数组，每个值对应棋盘上的一行，用于表示一整行的位。

65）FILE_BITS[8]：与 ROW_BITS 类似，但用于表示一整列的位。

66）HASH_KEY[2][NUM_PIECES]［64］：一个多维数组，用于计算棋盘状态的哈希键。其中，［2］表示两种颜色（黑色和白色），［NUM_PIECES］表示不同类型的棋子，［64］表示棋盘上的每个位置。

67）HASH_OO[2]和 HASH_OOO[2]：用于表示王车易位和王车后易位的哈希键。

68）HASH_TURN：用于表示当前轮到哪一方走棋的哈希键。

69）函数 remove（const int t，const int p）：从指定方的指定位置移除一个棋子，更新相关位板和状态信息。

注意：本项目的游戏引擎中还有很多重要的程序文件，例如 Game.cpp。为节省本书的篇幅，在书中不再讲解，有关具体信息，请读者参考本书的配套源码和视频。

17.8 调试运行

本项目的执行效果如图 17-2 所示。

● 图 17-2　执行效果